高等教育课程改革创新教材
公 共 基 础 课 系 列 教 材

计算机基础实用教程
（Windows 7+Office 2016）

黎红星　沈洪旗　主编
李冯林　符小明　何远纲　李　霞　副主编

科学出版社
北　京

内 容 简 介

本书根据教育部高等学校大学计算机课程教学指导委员会制定的《大学计算机基础课程教学基本要求》和全国计算机等级考试大纲编写而成。

本书围绕计算机相关知识，从计算机的发展历史讲起，逐步引入操作系统、计算思维、计算机网络等概念，以帮助学生建立一个完整的计算机立体形象。为了帮助学生更直观地感受计算机的交互方式，方便学生更便捷地理解学习，本书详细介绍了 Windows 7 操作系统及办公软件 Office 2016 的操作方法，主要内容包括：计算机基础知识、计算思维、Windows 7 操作系统、Word 2016 文字处理软件、Excel 2016 电子表格软件、PowerPoint 2016 演示文稿软件、计算机网络基础。

本书可作为职业院校、本科院校计算机基础课程的教学用书，还可作为计算机从业人员或计算机爱好者的参考用书。

图书在版编目(CIP)数据

计算机基础实用教程：Windows 7+Office 2016/黎红星，沈洪旗主编．—北京：科学出版社，2021.8

高等教育课程改革创新教材·公共基础课系列教材

ISBN 978-7-03-069275-7

Ⅰ．①计… Ⅱ．①黎… ②沈… Ⅲ．①Windows 操作系统-高等学校-教材 ②办公自动化-应用软件-高等学校-教材 Ⅳ．①TP316.7 ②TP317.1

中国版本图书馆 CIP 数据核字（2021）第 121684 号

责任编辑：张振华 / 责任校对：赵丽杰
责任印制：吕春珉 / 封面设计：东方人华平面设计部

科学出版社出版
北京东黄城根北街 16 号
邮政编码：100717
http://www.sciencep.com

天津翔远印刷有限公司印刷
科学出版社发行　各地新华书店经销
*
2021 年 8 月第 一 版　开本：787×1092　1/16
2021 年 9 月第二次印刷　印张：16 1/4
字数：375 000

定价：48.00 元

（如有印装质量问题，我社负责调换〈翔远〉）
销售部电话 010-62136230　编辑部电话 010-62135120-2005

前　言

随着计算机信息技术的发展和普及，计算机技术已经应用到社会的各个领域。不仅计算机专业人员需要学习计算机技术，非计算机专业人员也需要学习计算机技术，且后者更迫切学习计算机的相关知识，以便将计算机技术更好地应用在日常的学习、研究和工作中。

本书根据教育部高等学校大学计算机课程教学指导委员会制定的《大学计算机基础课程教学基本要求》编写，目的是希望大学生通过学习能够理解计算机学科的基本知识和方法，掌握基本的计算机应用能力，同时具备一定的计算思维和信息素养。

全书共分为7章。其中，第1章是计算机基础知识，主要介绍了计算机的发展与分类、计算机的特点与应用、计算机系统基础，以及计算机中信息的表示；第2章是计算思维，主要介绍了计算思维的定义、内容和特点，以及计算模式；第3章是Windows 7操作系统，主要介绍了操作系统基础知识、操作系统的功能、Windows 7操作系统的基础知识等内容；第4章是Word 2016文字处理软件，主要介绍Word长文档的编辑、Word文档的修订与共享、Word文档的邮件合并批量处理；第5章是Excel 2016电子表格软件，主要介绍Excel公式和函数、使用Excel创建图表、分析与处理Excel数据、Excel与其他程序的协同与共享；第6章是PowerPoint 2016演示文稿软件，主要介绍PowerPoint幻灯片中对象的编辑、PowerPoint幻灯片交互效果的设置、PowerPoint幻灯片的播放与共享；第7章是计算机网络基础，主要介绍计算机网络协议、计算机网络体系结构、计算机网络拓扑结构等内容。

本书由黎红星（重庆信息技术职业学院）、沈洪旗（重庆信息技术职业学院）担任主编，李冯林（重庆科技职业学院）、符小明（海南省旅游学校）、何远纲（重庆电力高等专科学校）、李霞（重庆市永川职业教育中心）担任副主编，周鸣谦（苏州大学）参编。

由于本书涉及的知识面广，知识点多，加上编者水平有限，书中难免有疏漏和不妥之处，敬请广大读者和专家批评指正。

目　　录

第 1 章　计算机基础知识 …… 1

1.1　计算机概述 …… 1

1.1.1　计算机的发展 …… 1

1.1.2　计算机的分类 …… 2

1.1.3　计算机的应用 …… 3

1.1.4　计算机的热点技术 …… 4

1.2　计算机系统的组成 …… 5

1.2.1　计算机系统的硬件结构 …… 6

1.2.2　计算机系统的软件结构 …… 7

1.3　计算机的基本工作原理 …… 8

1.4　微型计算机的基本组成 …… 10

1.4.1　微型计算机硬件的基本结构 …… 10

1.4.2　微型计算机的外设 …… 11

1.4.3　微型计算机的性能指标 …… 12

1.5　计算机中的信息表示 …… 13

1.5.1　数制及其转换 …… 13

1.5.2　ASCII 码 …… 17

1.5.3　汉字的编码 …… 18

1.6　汉字输入法 …… 20

1.7　多媒体计算机 …… 21

第 2 章　计算思维 …… 23

2.1　计算思维概述 …… 23

2.1.1　计算思维的定义 …… 23

2.1.2　计算思维的内容 …… 24

2.1.3　计算思维的特点 …… 25

2.2　计算模式 …… 26

2.2.1　计算机应用系统的计算模式 …… 26

2.2.2　新的计算模式 …… 29

2.3　计算思维在其他方面的应用 …… 33

第 3 章　Windows 7 操作系统 …… 34

3.1　操作系统简介 …… 34

3.1.1　操作系统的概念 …… 34

3.1.2　操作系统的功能 …… 34

3.2　Windows 7 操作系统概述 …… 35

3.3　Windows 7 操作系统的基本操作 …… 36

3.3.1 Windows 7 操作系统的启动和退出 …… 36
3.3.2 Windows 7 操作系统的桌面 …… 37
3.3.3 窗口 …… 43
3.3.4 菜单 …… 47
3.3.5 对话框 …… 48
3.3.6 鼠标操作 …… 51
3.3.7 应用程序的运行和退出 …… 51
3.3.8 中文输入 …… 52
3.4 文件管理 …… 54
3.4.1 基本概念 …… 54
3.4.2 文件和文件夹管理 …… 56
3.5 调整计算机的设置 …… 62
3.5.1 外观和个性化 …… 63
3.5.2 时钟、语言和区域设置 …… 67
3.5.3 Windows 功能设置 …… 70
3.5.4 硬件设置 …… 70
3.5.5 用户账户设置 …… 71
3.6 软件的安装与卸载 …… 72
3.6.1 安装软件前的准备 …… 72
3.6.2 安装与卸载软件 …… 74
3.7 Windows 7 操作系统的其他重要操作 …… 79
3.7.1 创建快捷方式 …… 79
3.7.2 管理磁盘 …… 80
3.7.3 使用附件工具 …… 81

第 4 章 Word 2016 文字处理软件 …… 84

4.1 Office 2016 概述 …… 84
4.1.1 Office 2016 组件 …… 84
4.1.2 Office 2016 的新特性 …… 85
4.2 Word 2016 窗口 …… 85
4.3 Word 长文档的编辑 …… 87
4.3.1 定义并使用样式 …… 87
4.3.2 文档的分栏处理 …… 96
4.3.3 设置页眉和页脚 …… 99
4.3.4 项目符号、编号和多级列表 …… 103
4.3.5 编辑文档目录 …… 107
4.3.6 插入文档封面 …… 110
4.3.7 插入脚注和尾注 …… 110
4.4 Word 文档的修订与共享 …… 113
4.4.1 修订文档 …… 113
4.4.2 管理文档 …… 118

4.4.3 共享文档 …… 122
4.5 Word 文档的邮件合并批量处理 …… 131
4.5.1 邮件合并基础 …… 132
4.5.2 制作信封 …… 132
4.5.3 制作邀请函 …… 135
第 5 章 Excel 2016 电子表格软件 …… 141
5.1 Excel 2016 基本知识 …… 141
5.1.1 Excel 2016 的特点和工作界面 …… 141
5.1.2 工作表的基本操作 …… 143
5.2 Excel 公式和函数 …… 149
5.2.1 使用公式的基本方法 …… 149
5.2.2 函数的基本用法 …… 151
5.3 使用 Excel 创建图表 …… 153
5.3.1 创建图表 …… 153
5.3.2 编辑图表 …… 157
5.3.3 创建和编辑迷你图表 …… 162
5.4 分析与处理 Excel 数据 …… 168
5.4.1 数据排序 …… 169
5.4.2 数据筛选 …… 173
5.4.3 分类汇总与分级显示 …… 178
5.5 数据透视表和透视图 …… 185
5.6 Excel 与其他程序的协同与共享 …… 189
5.6.1 插入批注 …… 189
5.6.2 获取外部数据 …… 190
5.6.3 与其他程序共享数据 …… 195
第 6 章 PowerPoint 2016 演示文稿软件 …… 198
6.1 PowerPoint 2016 基本知识 …… 198
6.1.1 PowerPoint 2016 窗口 …… 198
6.1.2 创建幻灯片 …… 199
6.1.3 编辑演示文稿 …… 200
6.2 PowerPoint 幻灯片中对象的编辑 …… 200
6.2.1 使用图形 …… 200
6.2.2 使用图片 …… 203
6.2.3 使用表格 …… 204
6.2.4 使用图表 …… 206
6.2.5 使用视频和音频 …… 208
6.2.6 使用艺术字 …… 209
6.2.7 使用自动版式插入对象 …… 210
6.3 PowerPoint 幻灯片交互效果的设置 …… 212
6.3.1 动画效果 …… 212

6.3.2 设置切换效果……216
6.3.3 幻灯片的超链接……217
6.4 PowerPoint 幻灯片的播放与共享……220
6.4.1 播放幻灯片……220
6.4.2 播放设置……221
6.4.3 共享幻灯片……224
6.4.4 幻灯片的输出……226

第 7 章 计算机网络基础……228

7.1 计算机网络概述……228
7.1.1 计算机网络的产生与发展……228
7.1.2 计算机网络的定义……229
7.1.3 计算机网络的组成……229
7.1.4 计算机网络的功能……230
7.1.5 计算机网络的分类……231
7.2 计算机网络协议……232
7.2.1 IPX/SPX 协议……232
7.2.2 NetBEUI 协议……233
7.2.3 TCP/IP……233
7.3 计算机网络体系结构……233
7.3.1 OSI/RM 体系结构……233
7.3.2 TCP/IP 参考模型……234
7.4 计算机网络拓扑结构……236
7.4.1 星形拓扑结构……236
7.4.2 总线型拓扑结构……236
7.4.3 环形拓扑结构……237
7.4.4 其他拓扑结构……237
7.5 计算机网络传输介质与连接设备……237
7.5.1 网络传输介质……237
7.5.2 网络连接设备……239
7.6 Internet 概述及应用……240
7.6.1 Internet 简介……240
7.6.2 Internet 接入方式……241
7.6.3 IP 地址及域名……242
7.6.4 Internet 基础服务……244
7.7 计算机网络安全……247
7.7.1 计算机网络安全概述……247
7.7.2 防火墙技术……248
7.7.3 计算机病毒……249

参考文献……251

第1章 计算机基础知识

计算机是20世纪伟大的科学技术发明之一，是信息社会中必不可少的工具，是人类进入信息时代的重要标志之一。计算机对人类的生产活动和社会活动产生了极其重要的影响，并以强大的潜力飞速发展。以计算机技术、网络通信技术和多媒体技术为主要标志的信息技术涉及众多领域，已渗透到信息化社会经济的各行各业。不同学科有不同的专业背景，计算机是拓展专业研究的有效工具。学习必要的计算机知识，掌握一定的计算机操作技能，是现代人的知识结构中不可缺少的组成部分。

1.1 计算机概述

1.1.1 计算机的发展

一般认为，世界上第一台数字式电子计算机诞生于1946年2月，它是美国宾夕法尼亚大学的物理学家莫奇利和工程师埃克特等人共同开发的电子数字积分计算机（electronic numerical integrator and computer，ENIAC）①。其主要元器件是电子管，每秒能完成5000次加法、300多次乘法运算，比当时最快的计算工具快300倍。该机器使用了1500个继电器，18800个电子管，占地170m^2，重达30多吨，功耗达150kW，耗资40万美元。ENIAC的问世标志着电子计算机时代的到来，它的出现具有划时代的意义。

随着科学技术的发展，计算机技术的发展更是突飞猛进，如今的计算机在体积、运算速度、功耗等各个方面与ENIAC相比，不可同日而语。按照构成计算机的元器件不同，计算机的发展过程大致划分为以下4个阶段。

1. 第一代——电子管计算机（1946～1957年）

这个时期的计算机采用电子管作为主要元器件，因此也被称为电子管时代。这个时期的计算机体积庞大，成本很高，能量消耗大，但运算速度低，每秒只能处理几千到几万条指令。

2. 第二代——晶体管计算机（1958～1964年）

这个时期的计算机由晶体管取代了电子管，因此也被称为晶体管时代。在此期间，计算机的可靠性和运算速度（与电子管计算机相比）均得到提高，运算速度一般为每秒几万

① 1973年，美国联邦地方法院注销了ENIAC的专利，并认定世界上第一台计算机为ABC计算机。

次到几十万次、几百万次。与第一代计算机相比，其体积小、成本低、质量小、功耗小等，不仅在军事与尖端技术方面得到了广泛应用，而且在工程设计、数据处理、事务管理及工业控制等方面也得到了应用。

3. 第三代——中小规模集成电路计算机（1965～1971年）

数字集成电路的出现使计算机再次出现重大进步，产生了以中小规模集成电路为基础，配有更完善的软件的第三代计算机。在这一时期，计算机设计的基础思想是标准化、模块化、系列化，并使计算机的兼容性更好，成本进一步降低，体积进一步缩小，应用范围更加广泛。

4. 第四代——大规模、超大规模集成电路计算机（1972年至今）

这个时期的计算机主要以大规模集成电路作为主要元器件，并且计算机进入了大发展时期，其技术水平迅速提高。半导体存储器取代磁心存储器，而且向着高密度、大容量的方向不断发展。计算机的可靠性和运算速度大幅度提高，体积、成本进一步减小。

目前正在研制新一代计算机，新一代计算机将是微电子技术、光学技术、超导技术、生物工程技术等多学科相结合的产物。它能进行知识处理，自动编程、测试和排错，以及用自然语言、图形、声音和各种文字进行输入和输出。在体系结构上，新一代计算机将会突破冯•诺依曼型计算机的体系结构。新一代计算机将具有更高的运算速度、更大的存储容量，它的实现将对人类社会的发展产生深远的影响。

目前，计算机正朝着巨型化、微型化、智能化、网络化、多媒体化等方向发展，计算机本身的性能越来越优越，应用范围也越来越广泛。

1.1.2 计算机的分类

1. 按处理数据的形态分类

可以从不同的角度对计算机进行分类。按处理数据的形态分类，计算机可以分为模拟计算机和数字计算机两大类。

模拟计算机处理的是连续的数据，称为模拟量。模拟量以电信号的幅值来模拟数值或某物理量的大小，如电压、电流、温度等都是模拟量。由于模拟计算机的运算过程是连续的，计算精度较低，应用范围较窄，目前已很少生产。

数字计算机处理的是离散的量（即由“0”和“1”表示的二进制数），是不连续的数字量。其基本运算部件是数字逻辑电路，具有逻辑判断等功能。数字计算机的优点是精度高、存储量大、通用性强。目前，常用的计算机大多数是数字计算机。

2. 按使用范围分类

按使用范围分类，计算机可以分为通用计算机和专用计算机。

通用计算机适应性强、应用面广，通常所说的计算机均指通用计算机。

专用计算机是为解决特定的问题而设计的计算机，它对某类问题能显示出最有效、最快速和最经济的特性，如工控机、飞机的自动驾驶仪、导弹和火箭上使用的计算机等。专用计算机只能应用于特定的领域，不宜作他用。

3. 按规模、速度和功能分类

按规模、速度和功能分类，计算机可以分为巨型计算机、大型计算机、小型计算机、微型计算机、工作站等 5 类。

（1）巨型计算机

巨型计算机又称为超级计算机，它是目前功能最强、运算速度最快、价格最昂贵的计算机，其浮点运算速度已达每秒万亿次，主要用于大型科学计算，如气象、太空、能源、医药等尖端科学研究中的复杂计算。我国自行研制的“银河”、“曙光”和“神威”等几种品牌的超级计算机，标志着我国计算机的研发能力已经具有世界领先水平。

（2）大型计算机

大型计算机也有很高的运算速度和很大的存储容量，并允许相当多的用户同时使用，其特点是通用，具有很强的处理和管理能力。这类机器通常用于大型企业、商业管理或大型数据库管理系统中，也可作为大型计算机网络中的主机。

（3）小型计算机

小型计算机的结构简单、可靠性高，但仍能支持十几个用户同时使用。其价格较便宜，常用于科研机构和工业控制等领域。

（4）微型计算机

微型计算机也称为个人计算机（personal computer，PC），是应用最广泛、最普及的一种机型。微型计算机的主要特点是小巧、灵活、价格低，能满足一般事务处理，因此可用在各行各业中。随着微型计算机 CPU（central processing unit，中央处理器）芯片的不断发展，又衍生出了体积更小的笔记本型的、掌上型的计算机等。

（5）工作站

工作站是介于微型计算机和小型计算机之间的一种高档微型计算机，通常它拥有比微型计算机更大的存储容量和更快的运算速度，主要用于处理某类特殊事务。

随着计算机技术的发展，包括前几类计算机在内，各类机器之间的差别不再那么明显，逐步演变为客户机和服务器两大类。客户机泛指用户使用的各种计算机，服务器指为用户提供各种服务的计算机。

1.1.3 计算机的应用

目前，计算机的应用非常广泛，几乎遍及人类生产和生活的各个方面。从科学计算到工业控制，从科学技术研究到办公事务处理，从社会到家庭，计算机无处不在。其应用之广、影响之深、发展之快，已成为衡量一个国家现代化水平的重要标志。

计算机主要应用于以下几个领域。

1. 科学计算

计算机最初是为满足科学计算的需要而发明的，早期计算机主要用于科学计算。计算机发展到今天，科学计算仍然是计算机应用的一个重要领域，许多手工难以完成的计算（如天气预报、卫星轨道计算），自从有了计算机以后就变得容易多了。利用计算机进行计算，不仅能节省大量的时间、人力和物力，还能提高计算精度。因此，计算机是发展现代尖端技术不可缺少的重要工具。

2. 信息处理

信息处理是目前计算机应用最广泛的领域。信息处理是指利用计算机来加工、管理、存储和操作任何形式的数据资料，如生产管理、企业管理、办公自动化、信息情报检索等。计算机用于信息处理，对办公自动化、管理自动化乃至社会信息化都有积极的促进作用。

3. 过程控制

利用计算机对连续采集的工业生产过程进行控制称为过程控制。例如，在化工、电力、冶金等生产过程中，用计算机自动采集各种参数，监测并及时控制生产设备的工作状态。过程控制可以提高自动化程度、减轻劳动强度、提高生产效率、节省生产原料、降低生产成本，以及保证产品质量的稳定。

4. 计算机辅助系统

计算机辅助系统包括计算机辅助设计（computer aided design，CAD）、计算机辅助制造（computer aided manufacturing，CAM）、计算机辅助测试（computer aided testing，CAT）和计算机辅助教学（computer aided instruction，CAI）等。

CAD是指利用计算机来帮助设计人员进行工程设计，提高设计工作的自动化程度，节省人力和物力；CAM是指利用计算机来进行生产设备的管理、控制和操作，提高产品的质量、降低生产成本；CAT是指利用计算机进行复杂而大量的测试工作；CAI是指利用计算机实现各种教学管理，如制订教学计划、课程安排、计算机评分、日常的教务管理等。

5. 计算机网络通信

现代通信技术与计算机相结合出现了计算机网络通信。计算机网络通信是指以传输信息为主要目的，在一定的地理区域内将分布在不同地点、不同机型的计算机，用通信线路连接起来组成一个规模大、功能强的计算机网络。计算机联网后，极大地方便了信息的交流和情报、资料的传递。网内的众多计算机系统可共享相互的计算机资源。

6. 人工智能

人工智能是计算机模拟人脑的智能行为，包括感知、学习、推理、决策、预测、直感和联想等，如机器翻译、自动驾驶和AlphaGo。

1.1.4 计算机的热点技术

1. 云计算

云计算是分布式计算、网络计算、并行计算、网络存储及虚拟化计算和网络技术发展融合的产物，或者说是它们的商业实现。最简单的云计算技术，在网络服务中随处可见，如搜索引擎、网络邮箱等都是云计算的具体应用。

云计算的核心思想和根本理念是资源来自网络，即通过网络提供用户所需的计算力、存储空间、软件功能和信息服务等，将大量用网络连接的计算资源统一管理和调度，构成一个计算资源池。向用户提供按需服务、提供资源的网络被称为“云”。“云”中的资源在使用者看来是可以无限扩展的，并且可以随时获取、随时扩展、按使用付费，就像煤气、水电一样取用方便、费用低廉。

2. 中间件技术

中间件是一种独立的系统软件或服务程序，分布式应用软件借助这种软件，在不同的技术之间共享资源。中间件是基础软件中的一大类，属于可复用软件的范畴。

在中间件产生以前，应用软件的开发者都直接使用操作系统、网络协议和数据库等。这些都是计算机最底层的东西，越底层越复杂，因此开发者不得不面临许多很棘手的问题，如操作系统的多样性，复杂的网络程序设计、管理，复杂多变的网络环境，数据分散处理带来的不一致性，性能和效率、安全等。这些问题与用户的业务没有直接关系，但又必须解决，耗费了大量的时间和精力。于是，有人提出将应用软件所面临的共性问题进行提炼、抽象，在操作系统之上再形成一个可复用的部分，供成千上万的应用软件重复使用，中间件由此产生。

3. 物联网

物联网是新一代信息技术的重要组成部分。顾名思义，物联网就是物物相连的互联网。这里有两层含义：第一，物联网的核心和基础仍然是互联网，是在互联网基础上延伸和扩展的网络；第二，其用户端延伸和扩展到了任何物品与物品之间，进行信息交换和通信。因此，物联网是指通过射频识别、红外感应器、全球定位系统、激光扫描器等信息传感设备，按约定的协议，把任何物品与互联网相连接，进行信息交换和通信，以实现对物品的智能化识别、定位、跟踪、监管和管理的一种网络。

物联网被视为互联网的应用扩展，应用创新是物联网发展的核心，以用户体验为核心的创新是物联网发展的灵魂。从互联网到物联网，信息网络已经从人与人之间的沟通发展到人与物、物与物之间的沟通，其功能和作用日益强大，对社会的影响也越发深远。现在的物联网应用领域已经扩展到智能交通、仓储物流、环境保护、平安家居、个人健康等多个领域。

4. 大数据

大数据指的是所涉及的信息量规模巨大到无法通过传统软件工具，在合理的时间内获取、管理和处理的数据集。大数据的基本特征是数据容量大、种类多样性、价值密度低。

5. 虚拟现实技术

虚拟现实技术又称灵境技术，是以沉浸性、交互性和构想性为基本特征的计算机高级人机界面技术。它综合利用了计算机图形学、仿真技术、多媒体技术、人工智能技术、计算机网络技术、并行处理技术和多传感器技术，模拟人的视觉、听觉、触觉等感觉器官，使人能够沉浸在计算机生成的虚拟境界中，并能通过语言、手势等方式与之进行实时交互，创建了一种适人化的多维信息空间，具有广泛的应用前景。

1.2 计算机系统的组成

一个完整的计算机系统一般由计算机硬件和计算机软件两部分组成。

1.2.1 计算机系统的硬件结构

计算机硬件是组成计算机系统的物理设备，它包括以下几个部件。

1. 运算器

运算器是计算机的核心部件，它对信息进行加工和运算，其速度决定了计算机的计算速度。运算器的主要功能是对二进制编码进行算术运算和逻辑运算。参加运算的数（也称为操作数）由控制器控制，从存储器中提取到运算器中。

2. 控制器

控制器是整个计算机的控制指挥中心，其功能是识别翻译指令代码、安排操作次序，并向计算机各部件发出适当的控制信号，以指挥整个计算机有条不紊地工作，即控制输入设备把程序、数据输入内存，控制运算器、存储器有秩序地进行计算，并控制输出设备输出中间结果和最后结果。

运算器和控制器集成在一起称为CPU，它是计算机的核心部件。计算机的所有操作都受CPU的控制，所以它的品质直接影响着整个计算机系统的性能。

CPU的性能指标直接决定了由它构成的计算机系统的性能指标。CPU的性能指标主要包括字长和时钟频率。字长表示CPU每次处理数据的能力，时钟频率决定了CPU处理数据的速度，时钟频率是以MHz为单位的。

3. 存储器

存储器是用来存放数据和程序信息的部件。数据信息存放的最基本单位称为“存储单元”或称为1字节（B）。每字节的数据由8位（bit）二进制数据组成。存储器中存储单元的总数称为“存储容量”，即存储器所具有存储空间的大小。

存储器的基本功能是按照指令的要求向指定的存储单元写入或读出数据信息。当存储单元中的数据信息被读出时，原有的信息并不消失；当写入新的信息时，存储单元中原有的数据信息将被更新。

存储器通常分为两大类，一类是容量不够大、存取周期（从存储器连续读出或写入一个信息所需要的时间）短的存储器，它能直接与CPU交换信息，称为主存储器（或内存）；另一类是存储容量大，但存取周期长的存储器，它不能直接与CPU交换信息，称为外存储器（外存）。

1）内存目前大多数采用半导体存储器，按使用功能分为随机存储器（random access memory，RAM）和只读存储器（read only memory，ROM）。RAM能对其中任意次序进行读或写操作，无论被访问单元在什么位置，读/写时间都是相同的、固定不变的。RAM主要用来存放操作系统、各种运行的应用软件、数据、中间计算机结果并与内存交换信息。RAM有两个主要特点：一是其中的信息随时可以读出或写入，当写入时，原来存储的数据将会被覆盖掉；二是加电使用时其中的信息能正常保存，但是一旦断电或重新启动操作系统，RAM中原来存储的数据将会丢失，而且无法恢复。ROM与RAM不同，它只能读出信息而不能写入信息，因而可以说ROM是RAM的一种特例，它一般存储固定的系统软件和字库等。

2）外存的种类有多种，常用的有磁盘、光盘和利用 Flash 芯片制造的各种 USB 接口的闪存盘等。与内存相比，外存的特点是存储量大、价格较低，更重要的是这类存储器不受断电的影响，存储在其上的信息可以长期保存，所以又称为永久性存储器。

3）存储容量的表示方法：存储器可容纳的二进制信息量称为存储容量。常用的存储容量单位有 B（字节）、KB（千字节）、MB（兆字节）、GB（吉字节）。它们之间的关系如下。

$$1\text{KB} = 2^{10}\ \text{B} = 1024\ \text{B}$$

$$1\text{MB} = 2^{10}\ \text{KB} = 1024\ \text{KB}$$

$$1\text{GB} = 2^{10}\ \text{MB} = 1024\ \text{MB}$$

4. 输入设备

输入设备的主要作用是接收操作者给计算机提供的原始信息，如文字（数据和程序）、图形、图像、声音等，将其转变成计算机能识别和接收的信息方式（如电信号、二进制编码等），并顺序地把它们送入存储器中。

常见的输入设备有键盘、鼠标、扫描仪等。

5. 输出设备

输出设备的主要作用是把计算机处理的数据、计算结果等内部信息转换成人们习惯接收的信息形式（如字符、曲线、图像、表格、声音等）或能以其他机器所接收的形式输出。

常见的输出设备有显示器和打印机等。

运算器、控制器和存储器合称为计算机的主机。计算机硬件系统的基本结构如图 1-1 所示。

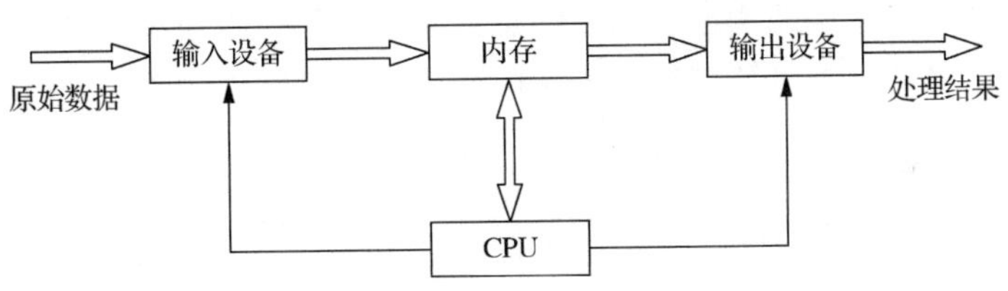

图 1-1 计算机硬件系统的基本结构

1.2.2 计算机系统的软件结构

计算机软件系统是计算机系统的重要组成部分，它包括系统软件和应用软件两部分。

1. 系统软件

系统软件是指管理、控制和维护计算机及外部设备（简称外设），提供用户与计算机之间的界面，支持、开发各种应用软件的程序。

（1）操作系统

操作系统是对计算机进行控制、管理的核心，它负责监控、管理和维护计算机中的各种硬件资源和软件资源，用户只有通过它才能使用计算机。

（2）语言处理程序

语言处理程序包括高级语言编译程序、高级语言解释程序和汇编语言编译程序。它的主要作用是将计算机语言翻译成可以被计算机执行的目标程序。

（3）服务程序

服务程序能够提供一些常用的服务性功能，它们为用户开发程序和使用计算机提供了方便，如微型计算机中经常使用的诊断程序、调试程序和编辑程序等。

（4）数据库系统

数据库系统（database system，DBS）主要由数据库（database，DB）、数据库管理系统（database management system，DBMS）及相应的应用程序组成。数据库是指按照一定联系存储的数据集合，可以为多种应用程序共享。数据库管理系统则是能够对数据库进行加工、管理的系统软件。

数据库系统不但能够存放大量的数据，更重要的是能迅速、自动地对数据进行检索、修改、统计、排序、合并等操作以得到所需的信息。这一点是传统的文件系统无法做到的。

2. 应用软件

应用软件是计算机用户利用计算机的系统软件为解决某一问题而专门编写的程序。这些程序可能是用机器语言、汇编语言或 Basic、FORTRAN、C 等高级语言编写的，它是以系统软件提供的基本功能为依托的。

随着应用软件逐步实现标准化，已经形成了解决各类典型问题的应用软件包，这些软件包也称为软件工具或工具软件。软件包是由计算机厂商和专业软件设计人员精心设计的，用户需要时可随时购置，只要操作系统支持就可方便地使用。

硬件和软件对计算机系统来说都是非常重要的。如果把硬件比作一个人的躯体，那么软件就是一个人的灵魂。硬件必须要由软件进行驾驭和发挥，如果没有软件，计算机硬件只不过是一堆复杂的电子电路而已。需要注意的是，计算机系统是一个整体，它既包括硬件，又包括软件，二者是不可分割的。计算机系统的基本组成如图 1-2 所示。

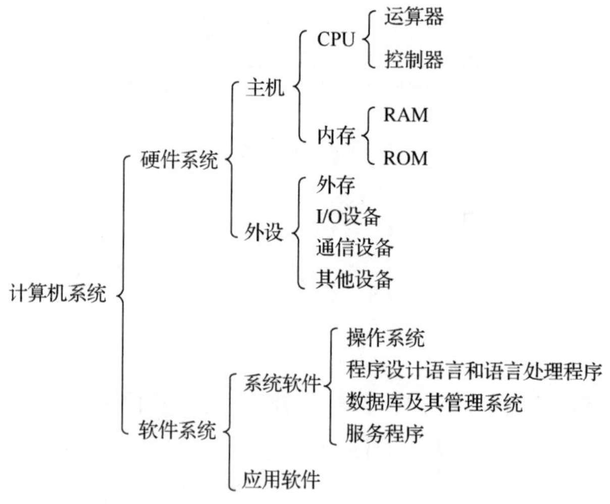

图 1-2 计算机系统的基本组成

1.3 计算机的基本工作原理

计算机的工作过程是执行程序的过程，程序是指令的集合。首先把指挥计算机如何进行操作的指令序列（称为程序）和原始数据，通过输入设备输送到计算机内存储。程序中的每条指令都明确规定了计算机从哪一个单元取数，进行什么操作，然后送到什么地方等步骤。计算机在运行时，先取存储器第一条指令送到控制器中去识别，控制器分析该指令要求做什么事，再根据指令的含义发出相应的命令。例如，从存储单元中取出数据送往运算器，在运算器中进行指定运算和逻辑操作等，再把运算结果送回存储器指定的单元中。接下来，再取第二条指令，在控制器的指挥下完成规定操作。依次进行下去，直到遇到停止指令后，系统才终止执行。

计算机的基本工作过程可以概括为存储指令、取指令、分析指令、执行指令，再取下一条指令，依次周而复始地执行指令序列的过程。也就是说，是进行存储程序控制的过程。这就是计算机最基本的工作原理。

1. 程序与软件

程序是为使计算机完成某项特定的任务而编写的一个有序的命令和数据的集合。这些命令可以是计算机指令，也可以是某种汇编语言或高级语言的词句。特定的任务可以是提高计算机的效能、计算某个具体问题、控制某一制作的工艺流程或处理某件日常事务等。

软件是为方便用户和提高计算机效能而编制的各种程序的总称。从软件工程学的观点来看，软件是程序的完善和发展，它是经过严格的正确性检验和实际试用，并具有相对稳定的文本和完整的文档资料的程序。

按软件工程观点看，程序、软件或软件系统应该由一个个程序模块组成。软件多数使用生命周期法，其特点是自顶向下、逐步细化。

2. 计算机语言及语言处理程序

（1）机器语言

机器语言由机器指令组成，是一种面向机器的低级语言（因此各种机器都有各自的机器语言），可以被计算机直接识别和执行，执行速度最快，由操作码和地址码组成。机器指令是由 0、1 组成的二进制代码串，没有通用性。

（2）汇编语言

汇编语言是采用助记符代替机器指令的操作码，使机器语言变成符号化的形式，是一种面向机器的低级语言（因此各种机器都有各自的汇编语言），必须通过汇编程序汇编和连接后才能被计算机识别和执行。它的指令和翻译后的机器语言指令之间基本上是一一对应的，没有通用性。一条汇编语言指令由标号、操作码、地址码和注释 4 部分组成，操作码不可缺少。

（3）高级语言

高级语言是由表达各种不同意义的“关键字”和“表达式”按一定的语法规则组成的语言，脱离了具体的指令系统。但任何高级语言编写的程序，最终都要通过编译程序或解释程序翻译成机器语言后，计算机才能识别和执行。它由基本元素、表达式和语句组成，包含了数据、运算、控制和传输 4 个部分。

总之，机器语言是计算机语言系统的第一个层次，它能被计算机直接接收、执行，而且速度最快，但编写程序麻烦，很难记忆，不利于计算机应用的推广和普及。

汇编语言是计算机语言系统的第二个层次，执行速度与机器语言相仿，比机器语言容易理解和记忆，也比机器语言程序容易修改和调试，但汇编语言仍不能独立于计算机，没有通用性。汇编语言程序要经过汇编后计算机才能执行。

高级语言是计算机语言系统的第三个层次，它方便、通用，其程序便于推广和交流，受到了广大计算机用户的欢迎。但高级语言程序必须经过编译程序用编译方式或解释方式翻译成机器语言程序后才能执行。与机器语言程序和汇编语言程序相比，高级语言程序要求内存容量较大，运行时间也较长。

（4）语言处理程序

一般计算机用户习惯于使用高级语言来编写程序，但除了机器语言外，无论是用汇编语言，还是高级语言编写程序，要使计算机能够执行，都必须经过翻译。担任这个翻译工作的程序就是语言处理程序，语言处理程序主要有汇编程序、编译程序和解释程序。

如果源语言是某一高级语言，目标语言是机器语言，这个翻译程序称为编译程序。如果源语言是汇编语言，而目标语言是机器语言，这个翻译程序就是汇编程序。因为各种高级语言的语法和结构是不同的，所以它们的编译程序也不同，一般高级语言翻译程序的目标语言是汇编语言或机器语言，所以都称它们为编译程序，编译程序又称为编译系统。

解释程序接收用某种程序设计语言编写的源程序，然后对源程序中的每一条语句进行解释并执行，最后得出结果。也就是说，解释程序对源程序是一边翻译一边执行，所以它是直接执行源程序，并不产生目标程序。解释程序实现的速度要比编译程序慢得多，但占用内存较少，对源程序错误的修改也较方便。

1.4 微型计算机的基本组成

1.4.1 微型计算机硬件的基本结构

我们日常使用的是微型计算机系统。微型计算机的硬件结构遵循计算机的一般原理和结构框架，同样由控制器、运算器、存储器、输入设备和输出设备组成。在微型计算机中这些部件通过总线相连接，如图 1-3 所示。

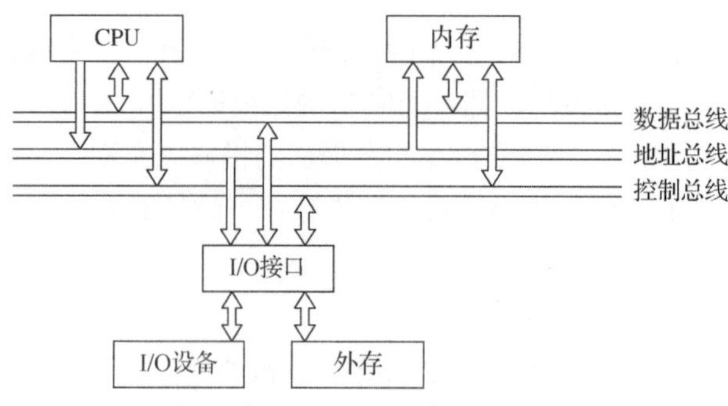

图 1-3　微型计算机的结构

总线是计算机各部件之间传输信息的公共通道，它包括 3 种总线：数据总线（data bus，DB）、地址总线（address bus，AB）和控制总线（control bus，CB）。数据总线用于在不同部件之间传输数据信息，地址总线用于传输地址信息，控制总线用于传送控制信号。例如，

CPU 若要从内存某单元中读取一个数，CPU 的地址形成部件就把形成的内存单元地址通过地址总线送到内存的地址寄存器中，内存按这个地址把指定单元中存储的数传送到它自己的数据寄存器中，并送到数据总线上，这时 CPU 就可以在数据总线上获取这个数。这一过程中的所有活动都由 CPU 通过控制总线发出的控制信号控制执行。

总线传输信息的速度与计算机整机的速度有密切的关系。总线传输信息的速度除与总线的标准类型有关外，还与总线的宽度有关，总线宽度有 8 位的、16 位的、32 位的和 64 位的等。总线的宽度越宽，传输信息的速度就越快。

1.4.2　微型计算机的外设

1. 键盘

键盘是计算机最常用的一种输入设备，它通过一根 5 芯的接口电缆与主机相连接。目前，微型计算机上使用的是 101 键和 108 键的标准键盘。

101 键标准键盘的布局如图 1-4 所示。它有 4 个区域，即主键盘区、副键盘区、功能键区和控制键区。

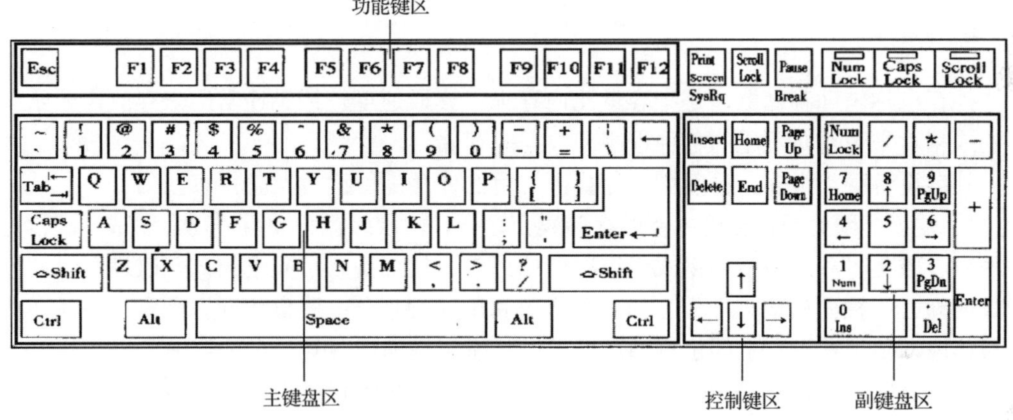

图 1-4　101 键标准键盘

2. 鼠标

鼠标上有两个（或 3 个）按键，利用它可以快速地将光标移动到显示器屏幕的任一指定位置，比用键盘移动光标方便得多，同时它还可用来选择菜单、命令和文件，是目前常用的输入设备。

鼠标有 3 种类型：机械鼠标、光学鼠标和光学机械鼠标。

3. 显示器

显示器又称监视器，是微型计算机系统中必不可少的输出设备。其作用是将主机处理的结果以图形或字符（包括字母、数字、汉字及各种符号）的形式显示在屏幕上。

显示器的种类很多，常见的有阴极射线管（cathode ray tube，CRT）显示器、液晶显示器（liquid crystal displayer，LED）和等离子显示器。

CRT 显示器多用于普通微型计算机或终端，LED 和等离子显示器主要用于便携式计算机，由于 LED 为平板式，具有体积小、质量轻、功耗少等特点，LED 越来越多地用于普通计算机。显示器的尺寸有 14in（1in=2.54cm）、15in、17in、19in、21in 和 34in 等多种形式。

显示器屏幕上图像的分辨率或清晰度取决于能在屏幕上独立显示的点的直径（或称点距），这种独立显示的点称为像素。一般来讲，点距越小，分辨率就越高，显示器质量也就越好。

显示器需要与显卡匹配连接才能构成计算机的显示系统。显卡的主要功能是规定屏幕的显示模式，实现视频数字信号向模拟信号的转换，并完成各种复杂的显示控制任务。目前，常用的显卡有 VGA、SVGA、AVGA，其分辨率都在 640 像素×480 像素以上，可显示的颜色在 256 种以上。

4. 打印机

打印机是计算机中的重要输出设备。其功能是把输出的信息（字符、图像等）打印在纸张上。打印机的种类很多，可以分为针式打印机、喷墨打印机、激光打印机和热敏式打印机 4 类。打印机按打印方式分为串行打印机和并行打印机两种；按打印控制方式分为击打式打印机和非击打式打印机两种。当前流行的是喷墨打印机和激光打印机。

5. 外存

外存也称辅助存储器，是指容量比内存大、读取速度较慢、通常用来存放需要永久保存的或相对来说暂时不用的各种程序和数据的存储器。

外存设备种类很多，目前微型计算机常用的外存是硬盘、光盘和 U 盘等。

1）硬盘：硬盘是计算机主要的存储媒介之一，由硬磁盘和硬盘驱动器组成。硬盘是按柱面号、磁头号和扇区号的格式组织存储信息的。柱面由一组磁盘的同一磁道在纵向上所形成的同心圆柱面构成，柱面上的各个磁道和扇区的划分与磁盘相同。硬盘被封闭在一个金属体内，数据在硬盘上的位置通过柱面号、磁头号和扇区号 3 个参数确定。

2）光盘：光盘通过激光信号读/写信息，其具有存储容量大、存取速度快、性价比高等优点。光盘按性能不同可分为 3 种类型：只读型光盘、一次性写入型光盘和可擦写型光盘。

① 只读型光盘：在出厂时已将有关数字信息写入并永久保存在光盘上，用户只能读，不能写。

② 一次性写入型光盘：用户可以将数据按一定的格式一次性写入，且信息一旦写入，便只能读而不能再写。

③ 可擦写型光盘：其特点是用户可多次擦写，其读/写原理由使用的介质决定。

3）U 盘：U 盘是一种采用 USB 接口，无须物理驱动器的微型高容量移动存储产品，采用的存储介质为闪存盘。它只支持 USB 接口，可直接插入计算机的 USB 接口与计算机连接。

1.4.3 微型计算机的性能指标

计算机的性能指标是衡量一个计算机系统优劣的尺度。主要有以下几个重要的性能指标。

1）字长：是指微型计算机能直接处理的二进制信息的位数，可分为 8 位、16 位、32

位和 64 位。字长越长，运算的速度就越快，运算精度越高，计算机的功能就越强。

2）内存容量：是指内存储器中单元的个数。计算机内存容量越大，能容纳的数据和程序就越多，程序运行的速度就越快，信息处理的能力就越强。

3）存取周期：是指对内存进行一次完整的存取（读/写）操作所花的时间，一般为几十到几百纳秒。存取周期越短、存取速度就越快，计算机的运算速度越快。

4）主频：是指计算机的 CPU 时钟频率。主频大小决定了微型计算机运算速度的快慢。主频越高，运算速度就越快。

5）运算速度：是指计算机每秒钟能完成加法运算的次数。早期的计算机每秒只能完成几十次到几千次，现代的计算机每秒能完成几百万次到几千万次，中大型计算机每秒能完成数万亿次。

除以上主要指标外，可靠性、可维护性、可用性、兼容性、性价比等指标也是评价计算机硬件优劣的依据。

1.5 计算机中的信息表示

在计算机中，信息是以数据的形式表示的，计算机能表示和处理的信息包括数值型数据、字符型数据及音频和视频数据。这些信息在计算机内部都采用二进制数的各种组合来表示，二进制 0、1 的组合就是信息的编码，如计算机中数的符号位用“0”表示正数，“1”表示负数。汉字是用 16 位二进制编码来表示的，如“毛”在计算机中的内码编码是 1100001110101011。

1.5.1 数制及其转换

人们在生产实践和日常生活中，创造了多种表示数的方法，这些数的表示规则称为数制。例如，人们常用的十进制，计算机中使用的二进制等。

1. 十进制数

十进制数由 0～9 共 10 个数字字符组成，如 15、819.18 等。其加法规则是“逢十进一”，减法规则是“借一当十”。

2. 二进制数

计算机最早是作为一种计算工具出现的，所以它的最基本功能是对数进行加工和处理。数在计算机中是以器件的物理状态来表示的。一个具有两种不同的稳定状态且能相互转换的器件，就可以用来表示一位二进制数。所以，二进制数的表示是最简单、可靠的。另外，二进制的运算规则也是最简单的。因此，在计算机中，大多数是用二进制来表示数的。一个二进制数具有以下两个基本特点。

1）由两个不同的数字符号组成，即 0 和 1。

2）加法规则是“逢二进一”，减法规则是“借一当二”。

3. 十六进制数

虽然计算机中采用的是二进制，但是，二进制数的书写和阅读十分不便，而大多数微型计算机的字长是 4 的整数倍，于是人们将 4 个二进制位合并成“一位”，就构成十六进制数。一个十六进制数具有以下两个基本特点。

1）由 0～9 和 A、B、C、D、E、F 共 16 个数字字符组成，其中 A、B、C、D、E、F 分别表示数码 10、11、12、13、14、15。

2）加法规则是“逢十六进一”，减法规则是“借一当十六”。

4. 八进制数

将 3 位二进制数合并成“一位”就得到了八进制数。计算机中为了书写和表示方便也采用八进制数。一个八进制数具有以下两个基本特点。

1）由 0～7 共 8 个数字字符组成。

2）加法规则是“逢八进一”，减法规则是“借一当八”。

5. 各种数制之间的转换

同一个数可以用不同的进位制表示，因此，不同的进位制之间可以进行等值转换。

不同的进位制，其基数是不同的，如十进制的基数是 10，二进制的基数是 2。一个数又可以表示成一个有规则的序列。例如，十进制数 179.65 可以表示为

$$(179.65)_{10}=1\times10^{2}+7\times10^{1}+9\times10^{0}+6\times10^{-1}+5\times10^{-2}$$

用一个括号右下角的数字表示这个数是多少进制的数，如$(179.65)_{10}$代表十进制数。以此类推，对于一个 R 进制数可表示为

$$(N)_R = a_{n-1}\times R^{n-1} + a_{n-2}\times R^{n-2} + \cdots + a_2\times R^2 + a_1\times R^1 + a_0\times R^0 + a_{-1}\times R^{-1} + \cdots + a_{-m}\times R^{-m}$$

计算机采用二进制、八进制和十六进制，它们的基数（一个计数制所包含数字符号的个数）值分别为 2、8、16。任何一个进制数都可以写成其各个位上数字的展开形式。

例如：

$$(1101.01)_2=1\times2^3+1\times2^2+0\times2^1+1\times2^0+0\times2^{-1}+1\times2^{-2}$$

$$(3703)_8=3\times8^3+7\times8^2+0\times8^1+3\times8^0$$

$$(7A3)_{16}=7\times16^2+10\times16^1+3\times16^0$$

（1）二进制数、八进制数、十六进制数转换为十进制数

从上面的例子可以看到，不管是什么进制，只要按公式代入，按加法求和，所得的结果就是十进制数。

例如：

$$(10110101)_2=1\times2^7+0\times2^6+1\times2^5+1\times2^4+0\times2^3+1\times2^2+0\times2^1+1\times2^0=(181)_{10}$$

$$(265)_8=2\times8^2+6\times8^1+5\times8^0=(181)_{10}$$

$$(B5)_{16}=11\times16^1+5\times16^0=(181)_{10}$$

二进制、八进制、十六进制与十进制之间的关系如表 1-1 所示。

表 1-1 二进制、八进制、十六进制与十进制之间的关系

十进制	二进制	八进制	十六进制
0	0000	0	0

续表

十进制	二进制	八进制	十六进制
1	0001	1	1
2	0010	2	2
3	0011	3	3
4	0100	4	4
5	0101	5	5
6	0110	6	6
7	0111	7	7
8	1000	10	8
9	1001	11	9
10	1010	12	A
11	1011	13	B
12	1100	14	C
13	1101	15	D
14	1110	16	E
15	1111	17	F

（2）十进制数转换为二进制数

十进制数转换为二进制数时，需对给定的十进制数的整数部分和小数部分分别采用不同的方法进行转换。具体来说，对于十进制整数，可用除 2 取余法将其转换为二进制数，即将十进制数除以 2，得到一个商数和余数；再将商数除以 2，又到一个商数和余数；继续这个过程，直到商等于零为止。每次相除得到的余数即为二进制的各位数码。第一次得到的余数为最低位，最后一次得到的余数为最高位。

例1-1

将十进制数 45 转换为二进制数。

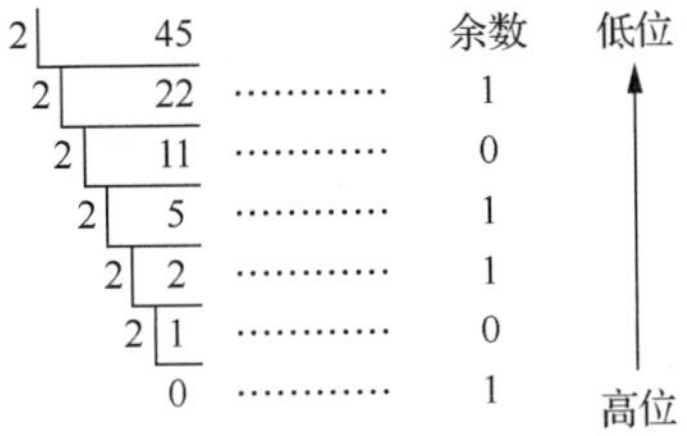

除数	商		余数	
2	45			低位
2	22	…………	1	↑
2	11	…………	0	
2	5	…………	1	
2	2	…………	1	
2	1	…………	0	
	0	…………	1	高位

所以，$(45)_{10}=(101101)_2$。

对于十进制纯小数，用乘 2 取整法将其转换为二进制数，即先用 2 乘十进制纯小数，在得到的积中取出整数部分；再用 2 去乘余下的纯小数部分，在得到的积中取出整数部分；继续这个过程，直到满足所要求的精度或纯小数部分等于零为止。最后把每次乘积的整数部分由上而下依次排列起来，即得所求的对应的二进制小数。

例1-2

将十进制数 0.625 转换为二进制数。

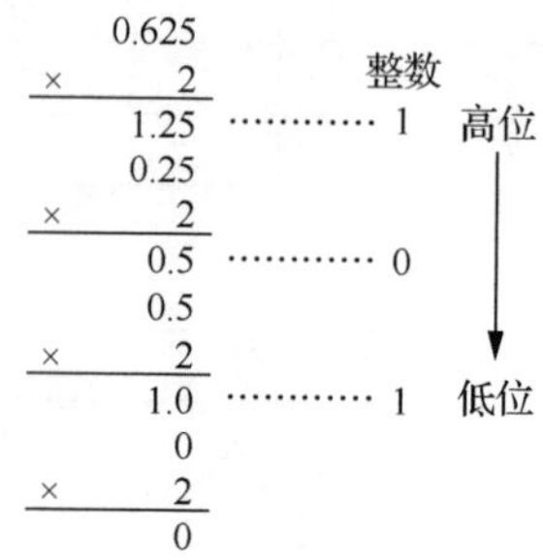

所以，$(0.625)_{10}=(0.101)_2$。

对于既有整数部分，又有小数部分的十进制数，则分两部分，分别用除 2 取余数和乘 2 取整法来转换。

注意

把十进制数转换成二进制数时，对于整数均可用有限位的二进制整数表示。但对于小数通常只能得到近似表示，一般根据精度要求截取到某一位小数即可。

（3）八进制数、十六进制数转换为二进制数

二进制数和八进制数、十六进制数之间分别存在着一种特殊关系，即 $2^4=16$、$2^3=8$。

于是 1 位十六进制数可以用 4 位二进制数表示，1 位八进制数可以用 3 位二进制数（两头位数不够时可以补 0）表示，它们之间存在着直接且唯一的对应关系。

无论是十六进制的整数还是小数，只要把每 1 位十六进制数用相应的 4 位二进制数（两头位数不够时可以补 0）代替，就可以转换为二进制数。同理，把 1 位八进制数用相应的 3 位二进制数（两头位数不够时可以补 0）代替，就可以转换为二进制数。

例1-3

将十六进制数 3AB 转换为二进制数。

```
  3      A      B
  ↓      ↓      ↓
0011   1010   1011
```

所以，$(3AB)_{16}=(1110101011)_2$。

例1-4

将八进制数 135 转换为二进制数。

```
 1     3    5
 ↓     ↓    ↓
001   011  101
```

所以，$(135)_8=(1011101)_2$。

（4）二进制数转换为十六进制数、八进制数

二进制的整数部分由小数点向左，每 4 位（或 3 位）为一组，最后不足 4 位（或 3 位）的在前面补 0。小数部分由小数点向右，每 4 位（或 3 位）为一组，最后不足 4 位（或 3 位）的在后面补 0，然后把每 4 位（或 3 位）二进制数用相应的十六进制（或八进制）数

代替，即可转换为十六进制（或八进制）数。

例1-5

将二进制数 1101111100011.100101111 转换为十六进制数。

0001　1011　1110　0011.　1001　0111　1000
↓　　↓　　↓　　↓　　↓　　↓　　↓
1　　B　　E　　3　　9　　7　　8

所以，$(1101111100011.100101111)_2=(1BE3.978)_{16}$。

例1-6

将二进制数 10110101 转换为八进制数。

010　110　101
↓　　↓　　↓
2　　6　　5

所以，$(10110101)_2=(265)_8$。

1.5.2 ASCII 码

现代计算机不仅要处理数值数据，还要处理大量的非数值数据，如英文字母、标点符号、汉字等。前面已经讲过，无论什么类型的数据，在计算机中必须用二进制编码后才能储存、传送及处理，非数值型数据也不例外。

ASCII 码（American Standard Code for Information Interchange，美国信息交换标准码）是 7 位代码，7 位 ASCII 码可表示 128 种字符，如表 1-2 所示。

1 字节由 8 个二进制位构成，用 1 字节存放一个 ASCII 码，只占用低 7 位，而最高位空闲，一般用 0 补充。

表 1-2　ASCII 码表

$d_3d_2d_1d_0$	$d_6d_5d_4$							
	000	001	010	011	100	101	110	111
0000	NUL	DLE	SP	0	@	P	、	p
0001	SOH	DC1	!	1	A	Q	a	q
0010	STX	DC2	”	2	B	R	b	r
0011	ETX	DC3	#	3	C	S	c	s
0100	EOT	DC4	$	4	D	T	d	t
0101	ENQ	NAK	%	5	E	U	e	u
0110	ACK	SYN	&	6	F	V	f	v
0111	BEL	ETB	’	7	G	W	g	w
1000	BS	CAN	(	8	H	X	h	x
1001	HT	EM	)	9	I	Y	i	y
1010	LF	SUB	*	:	J	Z	j	z
1011	VT	ESC	+	;	K	[	k	{
1100	FF	FS	′	<	L	\	l	|

续表

$d_3d_2d_1d_0$	$d_6d_5d_4$							
	000	001	010	011	100	101	110	111
1101	CR	GS	-	=	M	]	m	}
1110	SO	RS	.	>	N	^	n	~
1111	SI	US	/	?	O	_	o	DEL

1.5.3 汉字的编码

计算机对汉字信息的处理过程实际上是各种汉字编码间的转换过程。这些编码主要包括汉字信息交换码、汉字输入码、汉字内码、汉字字形码和汉字地址码等。

1. 汉字信息交换码

汉字信息交换码是用于汉字信息处理系统之间或汉字信息处理系统与通信系统之间进行信息交换的汉字代码，简称交换码，也称为国标码。1981 年，我国实施了《信息交换用汉字编码字符集 基本集》(GB 2312—1980)。在此标准中，每个汉字（图形符号）用 2 字节表示，每字节只用低 7 位，每字节的最高位为 1，用来区分英文字母和汉字。低 7 位中有 34 种状态用于控制字符，因此，只有 94（128-34）种状态可用于汉字编码。这样双字节低 7 位，只能表示 8836（94×94）种状态。此标准的汉字编码有 94 行、94 列，其行号称为区号，列号称为位号。双字节中，用最高字节表示区号，低字节表示位号。其中，1～15 区为非汉字图形符区；16～87 区是汉字区；88～94 区是保留区。标准中共收录了汉字 6763 个，各种字母符号 682 个，合计 7445 个。这些汉字根据其常用程度又分为一级常用汉字、二级常用汉字。一级常用汉字 3755 个，二级常用汉字 3008 个。

区位码和国标码之间的转换方法是将一个汉字的十进制区号和十进制位号分别转换成十六进制数，然后分别加上 20H，就成为此汉字的国标码。

2. 汉字输入码

为将汉字输入计算机而编制的代码称为汉字输入码，也称为外码。汉字的输入一般是使用标准键盘输入到计算机中的，所以汉字输入码都是由键盘上的字符或数字组合而成的。对同一个汉字来说，不同的输入方法，其汉字的外码也不同。例如，汉字“中”在区位码输入方式下它的外码是“5448”，而在拼音输入方式下是“zhong”。

3. 汉字内码

汉字内码是在计算机内部对汉字进行存储、处理的汉字代码，它应能满足存储、处理和传输的要求。

实际上不管使用何种输入法，在输入码与汉字内码之间都存在着一个对应关系，通过输入码转换模块转换为汉字内码，与所采用的键盘输入法无关。可见输入码仅是供用户选用的编码，而汉字内码则是供计算机识别的内码，其码值是唯一的。二者通过输入码转换模块来转换，如图 1-5 所示。

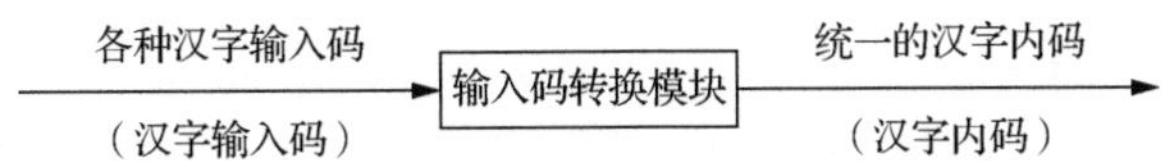

图 1-5　从汉字输入码到汉字内码的转换

因为汉字处理系统要保证中西文的兼容，当系统中同时存在 ASCII 码和国标码时，将会产生二义性。英文字符的内码是 7 位的 ASCII 码，用 1 字节表示，最高位为“0”，而汉字内码采用 2 字节表示。当 2 字节的内容为 30H 和 21H，它既可表示汉字“啊”的国标码，又可表示西文“0”和“!”的 ASCII 码。为此，汉字内码应对国标码加以适当处理和变换。为了与英文字符区别，汉字内码中 2 字节的最高位均规定为“1”，即相当于每字节加上 80H，所以汉字内码=汉字国标码+8080H，如“毛”字排在 35 区 11 位，即它的区位码为 3511；用十六进制表示，它的区码为 23H、位码为 0BH，区位码为 230BH，国标码为 432BH，用二进制编码表示就是 01000011 00101011，对应的内码编码就是 1100001110101011。

4. 汉字字形码

汉字字形码是存放汉字字形信息的编码，它与汉字内码一一对应。每个汉字的字形码是预先存放在计算机内的，常称为汉字库。描述汉字字形的方法主要有点阵字形和矢量表示方法。

通常汉字显示使用 16×16 点阵，用一个排列成方阵的点的黑白来描述。如图 1-6 所示给出了汉字“阿”字的点阵构成示意图。汉字打印可选用 24×24、32×32、48×48 等点阵。点数越多，打印的字体越美观，但汉字占用的存储空间也就越大。例如，一个 16×16 的汉字占用的空间为 32 字节，一个 24×24 的汉字将占用 72 字节的空间。

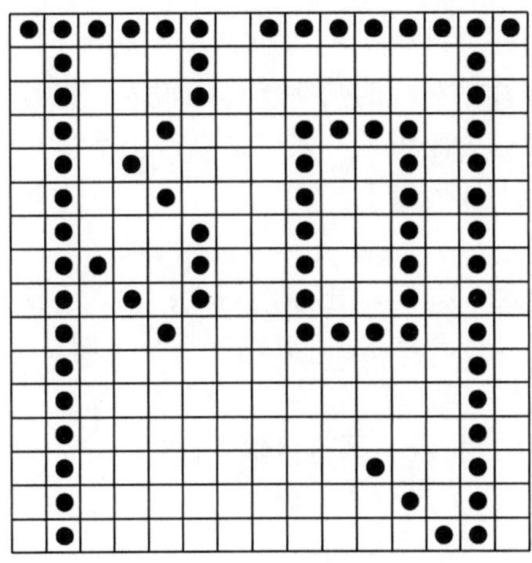

图 1-6　“阿”字的点阵

5. 汉字地址码

汉字地址码是指汉字库（主要指点阵式字模库）中存储汉字字形信息的逻辑地址码。在汉字库中，字形信息都是按一定顺序连续存放在存储介质上（通常是存放在硬盘上）的，所以汉字地址码大多是连续有序的，而且与汉字内码之间有着简单的对应关系，这样就可以简化汉字内码到汉字地址码的转换。

1.6 汉字输入法

目前，输入汉字的方法主要有音码输入法、形码输入法和语音输入法 3 种。在 Windows 7 中，若进行汉字输入，就需要启动汉字输入法。启动汉字输入法的方法很简单，在 Windows 7 的任务栏上，单击语言指示器图标，即可启动已安装的输入法菜单，如图 1-7 所示。可按 Ctrl+Space 组合键来启动或关闭中文输入法，也可按 Ctrl+Shift 组合键在各种输入法之间进行切换。

中文(简体) - 美式键盘
中文(简体) - 搜狗拼音输入法
中文(简体) - 极品五笔2014
中文(简体) - 微软拼音新体验输入风格
中文(简体) - 微软拼音 ABC 输入风格

图 1-7　输入法菜单

1. 拼音输入法

搜狗拼音输入法是搜狗推出的一款基于搜索引擎技术的新一代的输入法产品。

搜狗输入法现在支持的是声母简拼和声母的首字母简拼。例如，当想输入“张靓颖”时，输入“zhly”或“zly”都可以输入“张靓颖”。同时，搜狗输入法支持简拼和全拼的混合输入，如输入“srf”“sruf”“shrfa”都是可以得到“输入法”的。

注意

这里声母的首字母简拼的作用和模糊音中的 z、s、c 相同。但是，这属于两回事，即使没有选择设置里的模糊音，同样可以用“zly”输入“张靓颖”。有效地用声母的首字母简拼可以提高输入效率、减少误输入。

搜狗拼音输入法默认的翻页键有逗号（向前）、句号（向后），即输入拼音后，按句号（。）进行向下翻页选字，按其相对应的数字键即可输入。推荐使用这两个键翻页，因为用逗号、句号时手不用移开键盘主操作区，效率最高，也不容易出错。

搜狗拼音输入法的几个小技巧如下。

（1）快速时间日期

输入“rq”（“日期”首字母），可输出系统日期；输入“sj”（“时间”首字母），可输出系统时间；输入“xq”（“星期”首字母），可输出系统星期。

（2）笔画输入生字

输入“u”后，用鼠标单击相应笔画直接输入汉字。

（3）手写输入生字

搜狗拼音输入法如果安装了手写输入模块，输入“u”后，单击“打开手写输入”链接，可打开“手写输入”对话框，如图 1-8 所示，在框中用鼠标书写生字，然后在右边寻找这个字，单击这个字即可输入。

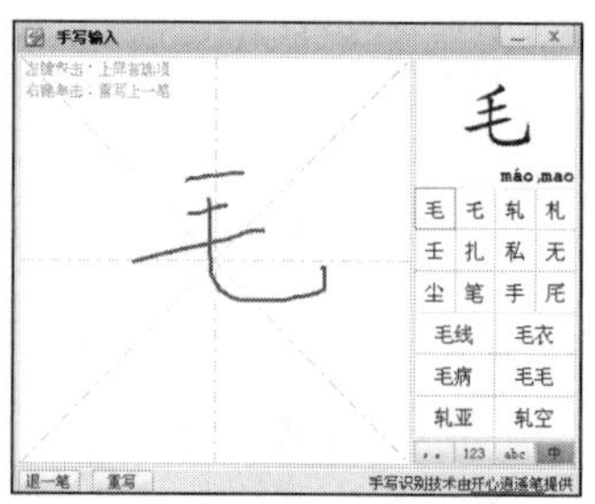

图 1-8　“手写输入”对话框

2. 五笔字型输入法

五笔字型输入法（又称为王码输入法）是一种根据汉字的字形进行编码的输入方法。五笔字型编码方案选用了 130 个基本字根，并将这 130 个基本字根科学、合理地安放到除“Z”键以外的 25 个英文字母键上。五笔字型编码方案认为所有汉字都可以由 130 个基本字根像搭积木一样拼合而成。

五笔字型输入法的主要特点是以字根为基本单位进行输入，因此，使用该输入法输入汉字时重码率极低、输入速度极快。对于那些对拼音不太熟悉，或者有一定输入速度要求的用户来说，五笔字型输入法是较好的选择。

掌握五笔字型输入法需要熟记字根及字根在键盘上的分布，需要掌握编码规则和拆字规则，需要较长时间的练习，学起来比较慢。

1.7 多媒体计算机

多媒体技术是计算机技术和社会需求的综合产物，它是计算机发展的一个重要方向。多媒体技术最早起源于 20 世纪 80 年代中期，之后多媒体技术迅速发展，它对传统的计算机系统、音频设备和视频设备带来了巨大的变革，并极大地影响和改变着人们的生活和工作方式。

1. 多媒体技术的概念

媒体是指信息的表示和传输的载体，文字、声音、图形、图像、动画和视频等都是信息的载体，它们之中的两个或多个的组合构成了多媒体。

多媒体技术是利用计算机对文字、声音、图形、图像、动画和视频等多种信息进行综合处理、建立逻辑关系和人机交互作用的产物。这个定义是基于人们目前对多媒体的认识总结归纳出来的。然而，随着多媒体技术的不断发展，计算机所能处理的媒体种类也不断增多，功能也会不断完善和进一步发展，多媒体技术也将有新的含义。

多媒体技术是建立在计算机技术基础上的，其技术背景是针对计算机技术而言的，所以计算机技术是实现多媒体技术的必要条件和保证。

（1）多媒体计算机的硬件条件

多媒体计算机是以普通计算机为基础的，要实现多媒体技术，计算机需要大容量存储器、高速的 CPU、只读型光盘、高效的声音适配器，以及视频处理适配器等多种必备的硬件设备，并且还需要配置相关的外设（如扫描仪、打印机、投影仪、数码照相机等）。

（2）数据压缩技术

在多媒体技术的发展过程中，数据压缩和解压缩技术是关键技术。多媒体的数据压缩技术解决了大量多媒体信息数据压缩存储的问题。利用数据压缩技术，对于图像文件、声音文件、视频文件进行数据压缩，使这些原本数据量非常大的文件得以轻松地保存和在网络中传输。

（3）多媒体的软件条件

多媒体技术的应用离不开计算机软件。人们为了更好地使用计算机，编制了大量的内容广泛、使用方便的软件。借助计算机软件，才可以使计算机充分发挥其功能，才可以使计算机得到更广泛的应用，从而使人们可以利用多媒体技术解决相关的问题。

2. 多媒体技术的特性

多媒体技术的特性，实际上就是指多媒体的集成性、实时性和交互性。

（1）集成性

集成性是指将多种媒体信息有机地组织在一起，共同表达一个完整的多媒体信息，使文字、声音、图像、视频一体化。这就意味着既包括媒体信息的集成，又包括表现媒体设备的集成，即多媒体系统一般不仅包括计算机本身，还包括了如电视、音响、录像机、激光唱机等设备。

（2）实时性

声音和视频图像的实时压缩与解压缩、传输与同步等，在很多场合都需要。这就决定了多媒体技术必须支持实时处理，实时处理技术使用户能够通过操作命令实时控制相应的多媒体信息。

（3）交互性

交互性是多媒体有别于传统家用声像设备的主要特点之一。普通家用声像设备无交互性，即用户只能被动收看，而不能介入到媒体的加工和处理之中。多媒体技术则可以实现人对信息的主动选择和控制，在人与计算机的交互过程中，人是主动者，多媒体是被动者。

3. 多媒体个人计算机系统

一台计算机如果具备了多媒体的硬件条件和适当的软件系统，那么这台计算机就具备了多媒体功能。具有多媒体功能的计算机有大型、中型、小型和微型计算机系统。其中，人们使用最广泛、最为普及的是微型计算机系统。具有多媒体功能的微型计算机称为多媒体个人计算机。多媒体个人计算机的硬件结构与一般的 PC 并无太大差别，只不过是多一些软硬件配置而已。因此，多媒体个人计算机并不是一种新型的计算机，而是符合多媒体个人计算机标准的具有多媒体功能的 PC。

多媒体个人计算机基本的硬件结构如下。

1）一个功能强大、速度快的 CPU。

2）大容量的存储器。

3）高分辨率的显示接口与设备。

4）可处理音响的接口与设备。

5）可处理图像的接口与设备。

6）可存放大量数据的配置等。

一个典型的多媒体个人计算机的配置主要有以下几个方面。

1）光盘驱动器。光盘驱动器包括只读型光盘、一次性写多次读光盘驱动器、可重写光盘驱动器，以及近两年推出的数字视频光盘。光盘驱动器对用户来说是必需的。可重写光盘将是今后发展的方向。

2）音频卡。在计算机中，利用音频卡可以将模拟音频信号数字化，并通过计算机处理之后进行存储；也可以将数字化声音转为模拟信号播放。

3）视频卡。视频卡的主要作用是进行视频采集，视频采集是指将视频信号数字化并记录到文件上的过程。视频卡还可细分为视频捕捉卡、视频处理卡、视频播放卡及电视编码器等专用卡。

第2章 计算思维

计算思维是人类求解问题的一种思维方法，是一种基础的技能。其关键是使用计算机模拟现实世界，解决问题。

2.1 计算思维概述

2.1.1 计算思维的定义

1. 计算

了解了计算机的组成，就能理解计算机解决问题的过程。下面来看一个常见任务——用计算机写文章。为了完成这个任务，首先需要编写具有输入、编辑、保存等功能的程序，如微软公司的程序员编写的 Word 程序。如果计算机的辅助存储器（磁盘）中已经存在这个程序，那么可以通过双击 Word 程序图标等方式启动程序，使该程序从磁盘加载到主存储器（内存）中；然后 CPU 逐条取出该程序的指令并执行，直至最后一条指令执行完毕，程序即告结束。在执行过程中，有些指令会与用户进行交互，如用户利用键盘输入或删除文字，利用鼠标操作进行保存或打印等。这样，通过执行成千上万条简单的指令，最终完成了利用计算机写文章的任务。

针对一个问题，设计出解决问题的程序（指令序列），并由计算机来执行这个程序，这就是计算（computation）。通过计算，只会执行简单操作的计算机就能够完成复杂的任务，所以计算机的各种复杂功能其实都是计算的“威力”。下面举一个关于计算的例子。Amy 是一个只学过加法的一年级学生，她能完成一个乘法运算任务吗？解决问题的关键在于编写出合适的指令序列让 Amy 机械地执行。例如，下列算法就能使 Amy 算出 $m \times n$：

在纸上写下 0，记住结果；

给所记结果加上第 1 个 n，记住结果；

给所记结果加上第 2 个 n，记住结果；

……

给所记结果加上第 m 个 n，记住结果。至此就得到了 $m \times n$ 的结果。

不难看出，这个指令序列的每一步都是 Amy 能够做到的，因此最后她也能完成乘法运算。这就是“计算”带来的成果。

计算机就是通过这样的“计算”来解决所有复杂问题的。执行大量简单指令组成的程序虽然枯燥烦琐，但计算机作为一种机器，其优点正是可以机械地、忠实地、不厌其烦地执行大量的简单指令。

2. 计算思维

2006 年 3 月，美国卡内基梅隆大学计算机科学系主任周以真教授在美国计算机权威期刊 *Communications of the ACM* 上定义了计算思维（computational thinking）。周教授认为，计算思维是运用计算机科学的基础概念进行问题求解、系统设计及人类行为理解等涵盖计算机科学之广度的一系列思维活动。

正如数学家在证明数学定理时有独特的数学思维，工程师在设计制造产品时有独特的工程思维，艺术家在创作诗歌、音乐、绘画时有独特的艺术思维一样，计算机科学家在用计算机解决问题时也有自己独特的思维方式和解决方法，人们将其统称为计算思维。从问题的计算机表示、算法设计到编程实现，计算思维贯穿于计算的全过程。学习计算思维，就是学会像计算机科学家一样思考和解决问题。

图灵奖获得者艾兹格·W. 迪科斯彻（Edsger Wybe Dijkstra）曾指出，人们所使用的工具影响着人们的思维方式和思维习惯，从而也将深刻地影响着人们的思维能力。

计算思维吸取了解决问题所采用的一般数学思维方法、现实世界中巨大复杂系统设计与评估的一般工程思维方法，以及复杂性、智能、心理、人类行为的理解等一般科学思维方法。

作为一种思维方法，计算思维的优点体现在，其建立在计算过程的能力和限制之上，由人或机器执行。计算方法和模型使人们敢于去处理那些原本无法由个人独立完成的问题和系统设计。

计算思维的关键是用计算机模拟现实世界。对于计算思维可以用“抽象”“算法”4 个字来概括，也可以用“合理抽象”“高效算法”8 个字来概括。

2.1.2 计算思维的内容

计算思维建立在计算过程的能力和限制之上，由机器执行。计算方法和模型使我们敢于去处理那些原本无法由任何人独自完成的问题求解和系统设计。计算思维直面机器智能的不解之谜：什么事情人类比计算机做得好？什么事情计算机比人类做得好？最基本的问题是：什么是可计算的？迄今为止，我们对这些问题仍是一知半解。

计算思维是每个人的基本技能，不仅仅属于计算机科学家。每个人在培养解析能力时不仅要掌握阅读、写作和算术（reading，writing，arithmetic，3R），还要学会计算思维。正如印刷出版促进了 3R 的普及一样，计算和计算机也以类似的正反馈促进着计算思维的传播。

当我们求解一个特定问题时，首先会问：解决这个问题有多么困难？怎样才是最佳的解决方法？计算机科学可根据坚实的理论基础来准确地回答这些问题。表述问题的难度就是工具的基本能力，必须考虑的因素包括机器的指令系统、资源约束和操作环境。

为了有效地求解一个问题，我们可能要进一步询问：一个近似解是否满足，是否可以利用随机化，以及是否允许误报（false positive）和漏报（false negative）？计算思维就是通过约简、嵌入、转化和仿真等方法，把一个看似困难的问题重新阐释成一个容易解决的问题。

计算思维是一种递归思维。它是并行处理的，可以把代码译成数据，又可把数据译成代码。对于间接寻址和程序调用的方法，计算思维既知道其威力又了解其代价。在评价一个程序时，不仅仅根据其准确性和效率，还有美学考量，而对于系统的设计，还考量简洁和优雅。

计算思维采用抽象和分解来迎接庞杂的任务或设计巨大复杂的系统。它选择合适的方式去陈述一个问题，或者选择合适的方式对一个问题相关方面的建模进行处理。它利用不变量简明扼要且表述性地刻画系统的行为，使我们在不必理解每一个细节的情况下就能够安全地使用、调整和影响一个大型复杂系统的信息。它就是为预期的未来应用而进行的预取和缓存。

计算思维利用启发式推理来寻求解答，就是在不确定情况下的规划、学习和调度，是搜索、搜索、再搜索，其结果是一系列的网页，或一个赢得游戏的策略，或一个反例。计算思维利用海量数据来加快计算，在时间和空间之间，在处理和存储容器之前进行权衡。

考虑下面日常生活中的实例：当早晨去学校时，你会把当天需要的书放进书包，这就是预置和缓存；当弄丢手套时，你会沿走过的路寻找，这就是回推；你会思考什么时候可以停止租用滑雪板而为自己买一副，这就是在线算法；在超市付账时，你选择排哪个队，这就是多服务器系统的性能模型；为什么停电时电话仍然可用，这就是失败的无关性和设计的冗余性；完全自动的大众图灵测试如何区分计算机和人类，即 CAPTCHA（completely automated public turing test to tell computers and humans apart，全自动区分计算机和人类的图灵测试）程序是怎样鉴别人类的？这就是充分利用求解人工智能难题的艰难来挫败计算机代理程序。

计算思维代表一种普遍的认识和一类普适的技能，每一个人，而不仅仅是计算机科学家，都应学习和运用它。

2.1.3 计算思维的特点

计算思维的所有特征和内容都在计算机科学中得到了充分体现，并且随着计算机科学的发展而同步发展。

1. 概念化，不是程序化

计算机科学不只是计算机编程，像计算机科学家那样思维意味着不仅能为计算机编程，还要能够在抽象的多个层次上思维。

2. 基础的，不是机械的技能

计算思维是一种基础的技能，是每一个人为了在现代社会中发挥职能所必须掌握的。生搬硬套的机械的技能意味着机械地重复。具有讽刺意味的是，只有当计算机科学解决了人工智能的宏伟挑战——使计算机像人类一样思考之后，思维才会变成机械的生搬硬套。

3. 人的，不是计算机的思维

计算思维是人类求解问题的一条途径，但决非试图使人类像计算机那样思考。计算机计算枯燥且沉闷，人类聪颖且富有想象力。人类赋予计算机激情，计算机赋予人类强大的计算能力，人类应该好好利用这种力量解决各种需要大量计算的问题。配置了计算设备，人们就能用自己的智慧去解决那些计算时代之前不敢尝试的问题，就能建造那些过去无法建造的系统。

4. 数学和工程思维的互补与融合

计算机科学本质上源于数学思维，因为像所有的科学一样，它的形式化解析基础筑于数学之上。计算机科学本质上又源于工程思维，因为人们建造的是能够与实际世界互动的系统。基本计算设备的限制迫使计算机科学家必须计算性地思考，而不能只是数学性地思考。构建虚拟世界的自由使人们能够超越物理世界去打造各种系统。

5. 是思想，不是人造品

计算思维不只是人们生产的软件、硬件等人造品以物理形式到处呈现并时时刻刻触及人们的生活，更重要的是，还有人们用于接近和求解问题、管理日常生活、与他人交流和互动的计算性概念。

6. 面向所有的人、所有地方

当计算思维真正融入人类活动的整体而不再是一种显式哲学的时候，它就成为现实。它作为解决问题的有效工具，人人都应当掌握，处处都会被使用。计算思维最根本的内容，即其本质是抽象（abstraction）和自动化（automation）。它反映了计算的根本问题，即什么能被有效地自动进行。计算是抽象的自动执行，自动化需要某种计算机去解释、抽象。从操作层面上讲，计算就是如何让计算机求解问题，隐含地说就是要确定合适的抽象，选择合适的计算机去解释并执行该抽象，后者就是自动化。计算思维中的抽象完全超越物理的时空观，并完全用符号来表示，其中数字抽象只是一类特例。与数学和物理科学相比，计算思维中的抽象显得更为丰富，也更为复杂。数学抽象的最大特点是抛开现实事物的物理、化学和生物学等特性，仅保留其量的关系和空间的形式。而计算思维中的抽象不仅仅如此，计算思维虽然具有计算机的许多特征，但其本身并不是计算机的专属。实际上，即使没有计算机，计算思维也会逐步发展，甚至有些内容与计算机没有关系。但是，正是计算机的出现给计算思维的发展带来了根本性变化。这些变化不仅推进了计算机的发展，而且推进了计算思维本身的发展。在这个过程中，一些属于计算思维的特点被逐步揭示出来，计算思维与理论思维、试验思维的差别也越来越清晰。

2.2 计 算 模 式

2.2.1 计算机应用系统的计算模式

自世界上第一台计算机诞生以来，计算机作为人类信息处理的工具已有半个多世纪，在这一发展过程中，计算机应用系统的模式发生了几次变革，分别是单主机计算模式、分布式客户/服务器（client/server，C/S）计算模式和浏览器/服务器（browser/server，B/S）计算模式。

1. 单主机计算模式

1985 年以前，计算机应用一般采用单台计算机构成的单主机计算模式。单主机计算模式又可分为两个阶段。

1）单主机计算模式的早期阶段，系统所用的操作系统为单用户操作系统，系统一般只有一个控制台，限单独应用，如劳资报表统计等。

2）分时多用户操作系统的研制成功及计算机终端的普及，使早期的单主机计算模式发展成为单主机-多终端的计算模式，在该计算模式中，用户通过终端使用计算机，每个用户都感觉是在独自享用计算机的资源，但实际上主机是分时轮流为每个终端用户服务的。

2. 分布式客户/服务器计算模式

20 世纪 80 年代，随着个人计算机的发展和局域网技术的逐渐成熟，用户可以通过计算机网络共享计算机资源，计算机之间通过网络可协同完成某些数据处理工作。虽然个人计算机的资源有限，但在网络技术的支持下，应用程序不仅可利用本机资源，还可通过网络方便地共享其他计算机的资源，在这种背景下分布式客户/服务器的计算模式就形成了。

在 C/S 计算模式中，网络中的计算机被分为两大类：一类是用于向其他计算机提供各种服务（主要有数据库服务、打印服务等）的计算机，统称为服务器；另一类是享受服务器所提供的服务的计算机，称为客户机。

客户机一般由微机承担，运行客户应用程序。应用程序被分散地安装在每台客户机上，这是 C/S 计算模式应用系统的重要特征。部门级和企业级的计算机作为服务器运行服务器系统软件（如数据库服务器系统、文件服务器系统等），向客户机提供相应的服务。

在 C/S 计算模式中，数据库服务是最主要的服务，客户机将用户的数据处理请求通过客户机的应用程序发送到数据库服务器，数据库服务器分析用户请求，实时对数据库进行访问与控制，并将处理结果返回给客户机。在这种模式下，网络上传送的只是数据处理请求和少量的结果数据，网络负担较小。

对于较复杂 C/S 计算模式的应用系统，数据库服务器一般情况下不止一个，而是根据数据的逻辑归属和整个系统的地理安排可能有多个数据库服务器（如各子系统的数据库服务器及整个企业级数据库服务器等），企业的数据分布在不同的数据库服务器上。

C/S 计算模式是一种较成熟且应用广泛的企业计算模式，其客户端应用程序的开发工具也较多，这些开发工具分为两类：一类是针对某一种数据库管理系统的开发工具，如针对 Oracle 的 Developer 2000；另一类是对大部分数据库系统都适用的前端开发工具，如 PowerBuilder、Visual Basic、Visual C++、Delphi、C++ Builder、Java 等。

3. 浏览器/服务器计算模式

浏览器/服务器（B/S）计算模式是在 C/S 计算模式的基础上发展而来的。导致 B/S 计算模式产生的原动力是不断增大的业务规模和不断复杂化的业务处理请求，解决这个问题的方法是在传统 C/S 计算模式的基础上，由原来的两层结构（客户/服务器）变成三层结构，即数据访问层、业务逻辑层和用户界面层。B/S 计算模式的具体结构为浏览器/Web 服务器/数据库服务器。在三层应用结构中，用户界面（客户端）负责处理用户的输入和输出（出于效率的考虑，它可能在向上传输用户的输入前进行合法性验证）。业务逻辑层负责建立数据库的连接，根据用户的请求生成访问数据库的 SQL 语句，并把结果返回给客户端。数据访问层负责实际的数据库储存和检索，响应中间层的数据处理请求，并将结果返回给业务逻辑层。

B/S 计算模式的系统以服务器为核心，程序处理和数据存储基本上都在服务器端完成，用户无须安装专门的客户端软件，只要通过网络中的计算机连接服务器，使用浏览器就可以进行事务处理，浏览器和服务器之间通过通信协议 TCP/IP 进行连接。B/S 计算模式具有易于升级、便于维护、客户端使用难度低、可移植性强、服务器与浏览器可处于不同的操作系统平台等特点，同时也受到灵活性差、应用模式简单等问题的制约。在早期的 OA（办公自动化）系统中，B/S 计算模式是被广泛应用的系统模式，一些 MIS（management information system，管理信息系统）、ERP（enterprise resource planning，企业资源计划）系统也采取这种模式。B/S 计算模式主要的应用平台有 Windows Server 系列、Lotus Notes、Linux 等，其采用的主要技术手段有 Notes 编程、ASP、Java 等，同时使用 COM+、ActiveX 控件等技术。

尽管相对于更早的文件服务器来说，C/S 计算模式有了很大的进步，但与之相比，B/S 计算模式的优点还是很明显的。

（1）相对 C/S 计算模式，B/S 计算模式的维护工作量大大减少

C/S 计算模式的每个客户端都必须安装和配置软件。假如一个企业有 50 个客户站点，使用一套 C/S 计算模式和软件，那么当这套软件进行了哪怕很微小的改动后（如增加某个功能），系统维护员都必须先将服务器更新到最新版本，将客户端原有的软件卸载，再安装新的版本，然后进行设置。最可怕的是，客户端的维护工作必须不折不扣地进行 50 次。若其中有部分客户端是在另外一个地方，则系统维护员还必须到该处进行卸载、安装、设置工作。而对于 B/S 计算模式，不必安装及维护客户端。也就是说，若将前面企业的 C/S 计算模式和软件换成 B/S 计算模式，那么软件升级后，系统维护员只要将服务器的软件升级到最新版本就可以了。其他客户端只要重新登录系统，使用的就是最新版本的软件。

（2）相对 C/S 计算模式，B/S 计算模式能够降低总体拥有成本

C/S 计算模式一般采用两层结构，而 B/S 计算模式采用的是三层结构。两层结构中，客户端接收用户的请求后向数据库服务提出请求，数据库服务将数据提交给客户端，客户端将数据进行计算（可能涉及运算、汇总、统计等）并将结果呈现给用户。在三层结构中，客户端接收用户的请求后向应用服务提出请求，应用服务从数据库服务中获得数据，并将数据进行计算后将结果提交给客户端，客户端将结果呈现给用户。这两种结构的不同点是，两层结构中客户端参与运算，而三层结构中客户端不需要参与计算，所以对客户端的计算机配置要求是比较低的。另外，由于从应用服务到客户端只传递最终的结果，数据量较少，使用电话线也能够胜任。而采用 C/S 两层结构，使用电话线作为传输线路可能因为速度太慢而不能够接受。采用三层结构的 B/S 计算模式可以提高服务器的配置，降低客户端的配置。这样，增加的只是一台服务器（应用服务和数据库服务可以放在同一台计算机中）的价格成本，降低的却是几十台客户端机器的价格成本，从而起到降低总体成本的作用。

从技术发展趋势上看，B/S 计算模式最终将取代 C/S 计算模式。但同时，网络计算模式很可能是 B/S、C/S 同时存在的混合计算模式。这种混合计算模式将逐渐推动商用计算机向两极化（高端和低端）和专业化方向发展。在混合计算模式的应用中，处于 C/S 计算模式下的商用计算机根据应用层次的不同，体现出高端和低端的两极化发展趋势；而处于 B/S 计算模式下的商用计算，因为仅仅作为网络浏览器，已经不再是一个纯粹的 PC，而变成了一个专业化的计算工具。

2.2.2 新的计算模式

1. 普适计算

普适计算（pervasive computing/ubiquitous computing），指的是无所不在的、随时随地可以进行计算的一种方式——无论何时何地，只要需要，就可以通过某种设备访问到所需的信息。

普适计算（又称普及计算、普存计算）的概念早在 1999 年就由 IBM 公司提出，它有如下特征。

1）间断连接、轻量计算（即计算资源相对有限）。

2）无所不在特性（pervasive）：用户可以随地以各种接入手段进入同一信息世界。

3）嵌入特性（embedded）：计算和通信能力存在于我们生活的世界中，用户能够感觉到它和作用于它。

4）游牧特性（nomadic）：用户和计算均可按需自由移动。

5）自适应特性（adaptable）：计算和通信服务可按用户需要和运行条件提供充分的灵活性和自主性。

6）永恒特性（eternal）：系统在开启以后再也不会死机或需要重启。

普适计算所涉及的技术是移动通信技术、小型计算设备制造技术、小型计算设备上的操作系统技术及软件技术等。普适计算技术的主要应用方向是嵌入式技术（除笔记本式计算机和台式计算机外的具有 CPU 且能进行一定数据计算的电器，如手机等都是嵌入式技术研究的方向）、网络连接技术（包括 TSDN、ADSL 等网络连接技术）、基于 Web 的软件服务架构（即通过传统的 B/S 架构，提供各种服务）。

普适计算把计算和信息融入人们的生活空间，使人们生活的物理世界与在信息空间中的虚拟世界融合为一个整体。人们生活在其中，可随时、随地得到信息访问和计算服务，从根本上改变了人们对信息技术的思考方式，也改变了人们整个生活和工作的方式。

普适计算是对计算模式的革新，对它的研究虽然才刚刚开始，但它已显示了巨大的生命力，并带来了深远的影响。普适计算的新思维极大地活跃了学术思想，推动了对新型计算模式的研究。在此方向上已出现了许多诸如平静计算（calm computing）、日常计算（everyday computing）、主动计算（proactive computing）等新的研究方向。

2. 网格计算

网格计算作为一种分布式计算日益流行，它非常适合企业计算的需求。很多领域正在采用网格计算解决方案来解决自己关键的业务需求。例如，金融服务已经广泛地采用网格计算技术来解决风险管理和规避问题，自动化制造业使用网格计算解决方案来加速产品的开发和协作，石油公司大规模采用网格技术来加速石油勘探并提高成功采掘的概率。随着网格计算的不断成熟，该技术在其他领域技术的应用也会不断增加。

网格诞生于那些非常需要进行协作的研究和学术社区。研究中非常重要的一个部分是分发知识的能力——共享大量信息和帮助创建这些数据的计算资源的效率越高，可以实现的协作质量就越好，协作级别也越广泛。

通常，人们都会混淆网格计算与基于集群的计算这两个概念，实际上这两个概念之间有一些重要的区别。需要说明的是，集群计算实际上不能真正视为一种分布式计算解决方案，但对于理解网格计算与集群计算之间的关系是很有用的。

网格是由异构资源组成的。集群计算主要关注的是计算资源，网格计算则对存储、网格和计算资源进行了集成。集群通常包含同种处理器和操作系统，网格则可以包含不同供应商提供的运行不同操作系统的机器。例如，IBM、Platform Computing、Data Synapse 和 United Devices 等网络计算公司提供的网格工作负载管理软件，都可以将工作负载分发到类型和配置不同的多种机器上。

网格计算和云计算有相似之处，特别是计算、并行与合作的特点，但它们的区别也是明显的，具体如下。

1）网格计算的思路是聚合分布资源，支持虚拟组织，提供高层次的服务，如分布协同科学研究等。云计算的资源相对集中，主要以数据中心的形式提供底层资源的使用，并不强调虚拟组织（virtual organization，VO）的概念。

2）网格计算用聚合资源来支持挑战性的应用，这是初衷，因为高性能计算的资源不够用，要把分散的资源聚合起来。2004 年以后，网格计算逐渐强调适应普遍的信息化应用，特别是在我国，强调支持信息化的应用。近几年，网格计算研究在我国得到迅速发展，我国也设立了网格计算研究的重大专项，如用于高性能计算的国家高性能计算环境（national high performance computing environment，NHPCE）、中国国家网格（China national grid，CNGrid）和中国教育科研网格（ChinaGrid）等。但云计算从一开始就支持广泛企业计算、Web 应用，普适性更强。

3）在对待异构性方面，两者理念上有所不同。网格计算用中间件屏蔽异构系统，力图使用户面向同样的环境，把困难留给中间件，让中间件完成任务。而云计算实际上承认异构，用镜像执行，或者提供服务的机制来解决异构性的问题。当然，不同的云计算系统还不太一样，如 Google 一般使用比较专用的子集的内部平台来支持。

4）网格计算以作业形式使用，在一个阶段内完成作业产生数据。而云计算支持持久服务，用户可以利用云计算作为其部分 IT（information technology，信息技术）基础设施，实现业务的托管和外包。

5）网格计算更多地面向科研应用，商业模型不清晰。云计算从诞生开始就是针对企业商业应用，商业模型比较清晰。

6）云计算是以相对集中的资源，运行分散的应用（大量分散的应用在若干较大的中心执行）。网格计算是聚合分散的资源，支持大型集中式应用（一个大的应用分到多处执行）。但从根本上说，从应对 Internet 应用的特征而言，它们是一致的，即在 Internet 下支持应用，解决异构性、资源共享等问题。

3. 云计算

网络电影是随着网络技术流媒体的应用进入我们生活的。实际上，在线影视系统不是完整的云计算，因为它还有相当一部分的计算工作要在用户本地的客户端上完成，但是，这类系统的点播等方面的工作是在服务器上完成的，而且这类系统的数据中心及存储量是巨大的。

SaaS（software as a service，软件即服务）是一种通过 Internet 提供软件的模式。在此模式下，用户不用再购买软件，而改为向提供商租用基于 Web 的软件来管理企业的经营活动，且无须对软件进行维护，服务提供商会全权管理和维护软件。SaaS 被认为是云计算的典型应用之一，搜索引擎其实就是基于云计算的一种应用方式。在使用搜索引擎时，并不考虑搜索引擎的数据中心在哪里，是什么样的。事实上，搜索引擎的数据中心规模是相当庞大的，而对于用户来说，搜索引擎的数据中心是无从感知的。所以，搜索引擎就是公共云的一种应用方式。

云计算最早为Google、Amazon等其他扩建基础设施的大型互联网服务提供商所采用。近几年，云计算服务市场年增长快速，云计算将大幅度提升中小企业的信息化水平和市场竞争力。

（1）对企业的影响

1）IT公司的商业模式将从软/硬件产品销售变为软/硬件服务的提供。

2）云计算将大大降低信息化基础设施投入和信息管理系统运行的维护费用。

3）云计算将扩大软/硬件应用的外延，改变软/硬件产品的应用模式。

4）产业链影响，传统的软/硬件开发及销售将被软/硬件服务所替代。

（2）对个人的影响

1）不再依赖某一台特定的计算机来访问及处理自己的数据。

2）不用维护自己的应用程序，不需要购买大量的本地存储空间，用户端负载降低、硬件设备简单。

3）现代化生活影响，云计算服务将实现从计算机到手机、汽车、家电的迁移，把所有的家用电器中的计算芯片联网，那时人们在任何地方都能轻松控制家里的电气设备。

4. 人工智能

人工智能的定义可以分为两部分，即“人工”和“智能”。“人工”比较好理解，争议性也不大。有时我们会考虑什么是人力所能及的，或者人自身的智能程度有没有达到可以创造人工智能的程度等，但总体来说，人工智能就是通常意义下的人工系统。

“智能”涉及其他诸如意识（consciousness）、自我（self）、思维（mind）（包括无意识的思维）等问题。人唯一了解的智能是人本身的智能，这是普遍认同的观点，但是人们对自身智能的理解非常有限，对构成人的智能的必要元素也了解有限，所以就很难定义什么是“人工”制造的“智能”。因此，人工智能的研究往往涉及对人的智能本身的研究。其他关于动物或其他人造系统的智能也普遍认为是人工智能相关的研究课题。

人工智能目前在计算机领域得到了广泛的重视，并在机器人、经济政策决策、控制系统、仿真系统中得到应用。

人工智能学科研究的主要内容包括表示、自动推理和搜索方法、机器学习和知识获取、知识处理系统、自然语言理解、计算机语言理解、计算机视觉、智能机器人、自动程序设计等。

人工智能的第一大成就就是下棋程序。在下棋程序中应用的某些技术，如向前看几步，把一个困难的问题分解成一些较容易的子问题，已发展成为搜索和问题归纳这样的人工智能基本技术。今天的计算机程序已能够达到各种方盘棋和国际象棋锦标赛的水平。但是，其中一个问题是尚未解决人类棋手具有但尚不能明确表达的能力问题，如国际象棋大师洞察棋局的能力。另一个问题则涉及问题的原概念，在人工智能中称为问题表示的选择，人们常能找到某种思考问题的方法，从而使求解变易而解决该问题。到目前为止，人工智能程序已能知道如何考虑它们要解决的问题，即搜索答案空间，寻找较优解答。

逻辑推理是人工智能研究较持久的领域之一，其中特别重要的是要找到一些方法，只把注意力集中在一个大型的数据库的有关事实上，留意可信的证明，并在出现新信息时适时修正这些证明即可（为数学中臆测的题及定理寻找一个证明或反证，需要有根据假设进行演绎的能力，而许多非形式的工作，包括医疗诊断和信息检索，都可以和定理证明问题一样加以形式化）。因此，在人工智能方法的研究中，定理证明是一个极其重要的论题。

专家系统是目前人工智能中较活跃、较有成效的一个研究领域，它是一种具有特定领域内大量知识与经验的程序系统。近年来，在“专家系统”或“知识工程”的研究中已出现了成功和有效应用人工智能技术的趋势。人类专家具有丰富的知识，因此才能具有优异的解决问题的能力，那么计算机程序如果能体现和应用这些知识，也应该能解决人类专家所解决的问题，而且应该能帮助人类专家发现推理过程中出现的差错，现在这一点已被证实。经正式鉴定结果，计算机程序对患有细菌血液病、脑膜炎方面的诊断和提供的治疗方案已超过了这方面的专家。

5. 物联网

目前，物联网是全球研究的热点问题，国内外都把它的发展提到了国家级的战略高度，被称为继计算机、互联网之后，世界信息产业的第三次浪潮。在不同的阶段，从不同的角度出发，对物联网有不同的理解、解释。目前，有关物联网定义的争议还在进行之中，尚不存在一个世界范围内认可的权威定义。

物联网是通过各种信息传感器及系统（传感网、射频识别、红外感应器、激光扫描器等）、条码与二维码、全球定位系统，按约定的通信协议，将物与物、人与物、人与人连接起来，通过各种接入网、物联网进行信息交换，以实现智能化识别、定位、跟踪、监控和管理的一种信息网络。这个定义的核心是，物联网的主要特征是每一个物件都可以寻址，每一个物件都可以控制，每一个物件都可以通信。

物联网的概念分为广义和狭义两方面。广义来讲，物联网是一个未来发展的愿景，等同于“未来的互联网”，或者是“泛在网络”，能够实现人在任何时间、地点，使用任何网络与任何人或物进行信息交换。狭义来讲，物联网隶属于泛在网，但不等同于泛在网，只是泛在网的一部分；物联网涵盖了物品之间通过感知设施连接起来的传感网，不论它是否接入互联网，都属于物联网的范畴；传感网可以不接入互联网，但当需要时，随时可利用各种接入网接入互联网。从不同角度看，物联网会有多种类型，不同类型的物联网的软/硬件平台的组成有所不同，但在任何一个网络系统中，软/硬件平台却是相互依赖、共生共存的。

物联网是面向应用的、贴近客观物理世界的网络系统，它的产生、发展与应用密切相关。就传感网而言，经过不同领域研究人员多年来的努力，其已经在军事领域、精细农业、安全监控、环保监测、建筑领域、医疗监护、工业监控、智能交通、物流管理、自由空间探索、智能家居等领域得到了充分的肯定和初步应用。传感网、RFID 技术是物联网目前应用研究的热点，两者结合组成的物联网可以以较低的成本应用于物流和供应链管理、生产制造与装配及安防等领域。

2.3 计算思维在其他方面的应用

1. 数学

很多人认为计算机在发明之初就是为数学学科服务的，对于数学学科来说，它仅仅是一种计算工具。但是随着计算机技术的发展及数学研究领域的扩大，计算机已成为数学研究的一种重要手段。例如，有些问题对初始数据特别敏感，初始数据相差即便是很微小，最终结果也会出现几个数量级的差距，所以使用人工计算是无法达到精度要求的，而进行高精度的运算，对于计算机而言是十分简单的。

2. 生物信息学

生物信息学是当前较热门、较前沿的学科之一。它主要是研究各种生物 DNA 的获取、分析、存储及其上的一系列的研究。它的每一步骤都离不开计算机科学，如数据库、数据挖掘、人工智能、图形图像等。例如，如果生物学家获取到某一地方的一抔土中所含有的各种 DNA，便可以通过数据挖掘技术及大数据比对分析得到有哪些生物路过该地，从而了解该地的生物群及环境等。

3. 物理学

物理学旨在发现、解释和预测宇宙运行规律。如今的物理学，越来越离不开计算机。例如，物理学中提出的某种假想学说，需要进行大量物理实验证明或者否定，此时可以先通过计算机进行大量模拟实验；当实验中产生大量精确的数据时，又可通过计算机来分析，提高效率。

4. 化学

化学在传统上被认为是一种纯实验科学，以往的实验大部分是纯人工操作。当计算机和化学融合后，产生了计算化学。计算机在化学中的应用包括分子图像显示、化学中的模式识别及化学数据库等。例如，在化学实验中可以通过大量计算来发现未发现过的化学分子或从未观察过的化学现象等。

5. 艺术

计算机艺术是将计算机应用于各种艺术形式从而产生的一种新兴的学科，主要包括音乐、影视、绘画、广告、服装设计等领域。例如，对于室内设计，设计师可以使用计算机来制作效果图，以给消费者提供直观的感受，方便消费者选择自己满意的家装。

6. 其他

计算机科学在其他领域也有非常重要的作用，如经济学、工程学、社会科学等。

第3章

Windows 7 操作系统

操作系统是现代计算机系统不可缺少的重要组成部分，用来管理计算机的系统资源。有了操作系统，计算机的操作就变得十分简便、高效。微软（Microsoft）公司开发的 Windows 操作系统是微型计算机使用的主流操作系统。

3.1 操作系统简介

3.1.1 操作系统的概念

为了使计算机系统的所有软、硬件资源协调一致，有条不紊地工作，必须有一种软件来进行统一的管理和调度，这种软件就是操作系统。操作系统是最基本的系统软件，也是系统软件的核心。

操作系统直接运行在裸机上，是对计算机硬件系统的第一次扩充。操作系统的作用主要体现在两个方面：一是方便用户使用计算机，是用户和计算机的接口；二是统一管理计算机系统的全部资源，组织计算的工作流程，以便充分、合理地发挥计算机的效率。

目前常用的操作系统有 Windows 操作系统、UNIX 操作系统、Linux 操作系统等。

Windows 操作系统是由微软公司推出的基于图形用户界面的操作系统，因其友好的用户界面和简便的操作方法，吸引着成千上万的用户，成为目前装机率较高的一种操作系统。Windows 操作系统有两个系列，一是个人计算机操作系统，如 Windows Vista、Windows 7、Windows 10 等；二是网络操作系统，如 Windows Server 2003、Windows Server 2008、Windows Server 2012 等。

UNIX 操作系统是 1969 年在 AT&T Bell 实验室诞生的，是一种分时操作系统，最初在中小型计算机上运行。UNIX 操作系统的优点是可移植性好，具有较高的可靠性和安全性，支持多任务、多处理器、多用户的网络管理和网络应用；缺点是缺乏统一的标准，应用程序不够丰富，且不易学习。

Linux 操作系统是一种源代码开放（开源）的操作系统，是从 UNIX 操作系统发展起来的。Linux 操作系统继承了 UNIX 操作系统以网络为核心的设计思想，是一个性能稳定的多用户网络操作系统。

3.1.2 操作系统的功能

操作系统的功能主要体现在对计算机资源——处理器、存储器、外设、文件等的管理上。操作系统将这些管理功能分别设置成相应的程序管理模块，因此操作系统的主要功能分别是处理器管理、存储管理、设备管理和文件管理。

1）处理器管理。处理器管理是指对 CPU 的管理。CPU 有很强的处理能力，为了充分利用 CPU 的资源，操作系统可以同时运行多个任务，对 CPU 如何分配、如何调度，都属于操作系统的处理器管理。处理器管理的核心是进程管理。进程是指一个具有一定独立功能的程序在一个数据集合上的一次动态执行过程。简而言之，进程就是正在执行的程序。进程管理包括进程控制、进程同步、进程通信和调度。

2）存储管理。存储器主要用来存放各种信息。操作系统对存储器的管理主要体现在对内存储器的管理上，而内存储器管理的主要内容是对内存储器空间的分配、保护和扩充。

3）设备管理。计算机外设分为输入设备、输出设备和外存储器。设备管理是指对计算机外设的管理，主要体现在两个方面，一是提供用户与外设的接口，二是提供缓冲管理。

4）文件管理。计算机外存储器中以文件形式存储了大量信息，如何组织和管理这些信息，并且方便用户的使用，就是文件管理的功能。

3.2 Windows 7 操作系统概述

2009 年 10 月，微软公司发布了 Windows 7 操作系统，号称 Windows 的第 7 代操作系统，它是面向 PC 的多任务操作系统。Windows 7 操作系统的发布是 Windows 操作系统发展史上的一次全面飞跃，是一个里程碑事件。

Windows 7 操作系统共有 6 个版本，分别是 Starter（初级版）、Home Basic（家庭普通版）、Home Premium（家庭高级版）、Professional（专业版）、Enterprise（企业版）和 Ultimate（旗舰版）。本书以旗舰版为例介绍 Windows 7 操作系统的操作和使用。

Windows 7 操作系统主要有以下特点。

1. 易用性

易用性是 Windows 操作系统的普遍特点，Windows 7 操作系统在这方面有了更大的进步。Windows 7 操作系统做了许多方便用户的设计，如快速最大化、窗口半屏显示、跳转列表、窗口预览、系统故障快速修复等，这些新功能使 Windows 7 操作系统成为较先前版本更易用的 Windows 操作系统。

2. Aero 视觉体验

Aero 是真实（authentic）、动感（energetic）、反射性（reflective）及开阔（open）的缩写，其含义是具有立体感、透视感、令人震撼和宽阔的用户界面。Windows 7 操作系统家庭高级版、专业版和旗舰版中均提供 Aero 桌面视觉体验。它的特点是具有透明的玻璃质感、精致的窗口动画和新窗口颜色。

3. 便捷的访问

Windows 7 操作系统提供的跳转列表（jump lists）功能，可帮助用户快速访问常用的文档、图片、歌曲或网站，特别是可以把一些经常访问的内容锁定到跳转列表中，从而大大提高工作效率，减少冗余操作。用户只需右击任务栏上的程序图标，即可打开跳转列表（也可以在“开始”菜单中找到跳转列表）。

4. 全新的文件管理方式——库

库可以将用户的文件汇集在一个位置显示，而无论文件实际存储在什么位置。

5. 快速搜索

在 Windows 7 操作系统中，可以在多个位置中搜索，而且是动态搜索，速度更快。此外，Windows 7 操作系统还可以搜索 Internet 和库。

3.3 Windows 7 操作系统的基本操作

3.3.1 Windows 7 操作系统的启动和退出

1. Windows 7 操作系统的启动

Windows 7 操作系统安装成功后，便可通过启动 Windows 7 操作系统来启动计算机。启动计算机的步骤如下。

步骤01 打开显示器等外设（本次工作需要使用的）电源。

步骤02 打开主机电源。

步骤03 计算机执行自检程序进行硬件测试，测试无误后即开始执行系统引导程序，引导启动 Windows 7 操作系统。

步骤04 在 Windows 7 操作系统的用户登录界面，如图 3-1 所示，单击要登录的用户名，输入密码，然后按 Enter 键或者单击文本框右侧按钮（根据设置不同，也可以不需要用户名和密码，直接登录系统），即可加载个人设置，进入 Windows 7 操作系统桌面，完成启动。

图 3-1 Windows 7 操作系统的用户登录界面

2. Windows 7 操作系统的退出

如果长时间不使用计算机，应及时将其关闭。正确的关闭计算机的步骤如下。

步骤01 关闭所有打开的应用程序。

步骤02 选择“开始”→“关机”命令即可关闭计算机，如图 3-2 所示。

步骤03 关闭显示器等外设电源。

图 3-2　“关机”命令

关闭计算机时，不能直接按电源按钮来关闭（除非遇到死机等异常情况，这时需要持续按住电源按钮几秒钟进行强制关机）。否则，可能会造成数据丢失或系统故障。

此外，Windows 7 操作系统还提供了其他关机选项，以实现不同程度的系统退出。具体方法是选择“关机”级联菜单中的命令，执行相应的操作。

1）切换用户。当需要切换成另一用户使用时，可使用此功能。此时，当前用户的工作将转入后台，然后转到用户登录界面，另一用户可以登录系统。当前用户工作结束后，可以再次切换到前一个用户，原来的工作仍然继续。

2）注销。结束当前用户的工作，转到用户登录界面，可以选择一个用户登录。

3）锁定。如果用户暂时离开计算机而又不想让别人对系统进行操作，那么可以使用锁定功能，将系统切换到用户登录界面。当用户再次进入系统时，必须输入正确的密码才可以恢复到锁定前状态。需要注意的是，如果用户没有设置登录密码，那么锁定功能就形同虚设了。

4）重新启动。系统先关闭计算机，然后自动开机，多用于更新系统设置。

5）睡眠。进入一种节能状态。在启动睡眠状态时，Windows 7 操作系统会将当前工作状态包括打开的文档和程序等保存到内存储器中，并使 CPU、硬盘、显示器等处于低能耗状态。

3.3.2 Windows 7 操作系统的桌面

Windows 7 操作系统启动成功后呈现在用户面前的是桌面，如图 3-3 所示。桌面是指 Windows 操作系统所占据的整个屏幕界面。桌面主要由桌面图标和任务栏组成。桌面可以放置用户经常用到的对象图标，在使用时双击图标就能够快速启动相应的程序，以及打开文件或文件夹。

图 3-3　Windows 7 操作系统的桌面

1. 桌面图标

（1）图标的概念

图标是计算机中的一个重要概念，主要作用是支持图形用户界面和所见即所得的体验。程序、驱动器、文件夹、文件等都以图标形式显示，是相应对象的图形象征。一般地，一个图标由图片和文字组成。

桌面图标按性质大致分为 3 类，分别是系统图标、程序图标和用户图标。

1）系统图标。系统图标是由微软公司开发 Windows 时定义下来的，专门用来代表特定的 Windows 文件和程序。常见的有"计算机""回收站""Administrator""网络"等。初装 Windows 7 操作系统时，桌面上只有"回收站"一个图标。其他系统图标可以通过"个性化"命令进行设置。在 Windows 7 操作系统中，系统图标除"回收站"外，其他桌面图标都可以删除。

2）程序图标。程序图标是安装软件后生成的图标。

3）用户图标。用户图标是用户根据自己的需要在桌面上放置的文件、文件夹或创建的快捷方式等对应的图标。

桌面图标按表现形式又可分为两类，分别是快捷方式图标和普通图标。

1）快捷方式图标。其特点是左下角有一个小箭头，表示是应用程序等对象的快速链接，对应文件的扩展名为.lnk。当删除快捷方式图标时，不会删除其所指向的对象。

2）普通图标。普通图标表示内容本身（系统图标除外），删除一个普通图标，该图标所对应的对象也就删除了。

表 3-1 列出了常见的系统图标、文档图标和一个指向 Word 应用程序的快捷方式图标。

表 3-1　常见图标及含义

图标	含义	图标	含义
	IE 浏览器图标		Word 文档图标

续表

图标	含义	图标	含义
	"计算机"图标		文件夹图标
	"回收站"图标		记事本文档图标
	"Administrator"图标		Excel 文档图标
	"网络"图标		指向 Word 应用程序的快捷方式图标

（2）桌面系统图标简介

1）"计算机"图标。双击桌面上的"计算机"图标，打开图 3-4 所示的"计算机"窗口，它是用户管理和使用计算机资源最直接、最有效的工具。

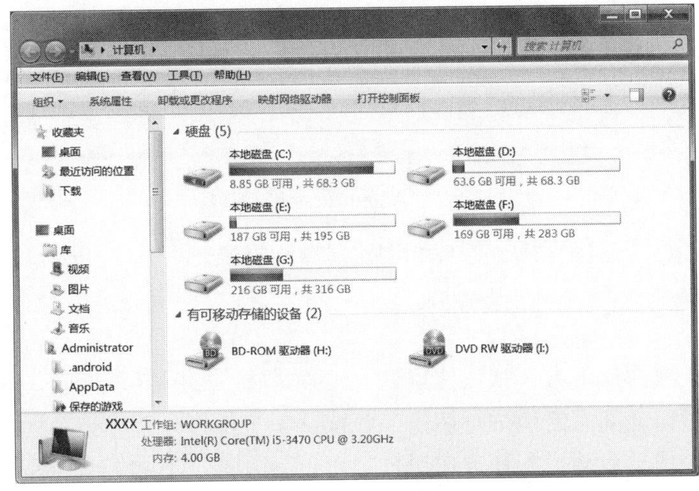

图 3-4　"计算机"窗口

2）"Administrator"图标。Administrator 是 Windows 7 操作系统用于管理用户文档的文件夹，是文档保存时的默认位置，如图 3-5 所示。"Administrator"图标对应的是"C:\Users\Administrator"文件夹，在这里可以对文档进行分类管理。注意，Administrator 是当前登录 Windows 的用户，若是其他用户登录系统，便会显示对应用户名的文件夹。

3）"回收站"图标。回收站是磁盘上的一块区域，为用户提供了一个安全删除磁盘上文件或文件夹的解决方案。用户从磁盘删除文件或文件夹时，Windows 7 操作系统会将被删除的内容放入回收站中，用户可以清空、删除或还原回收站中的内容，其主要作用是防止误删除。当回收站中没有删除的内容时，回收站图标显示为空的样式；当回收站中有删除的内容时，回收站图标显示为满的样式。

对回收站的主要操作有清空回收站、删除、还原等，清空回收站是把回收站中的全部内容彻底删除；删除是把回收站中选中的内容彻底删除；还原是把回收站中选中的内容还原到原来的位置，取消删除。具体操作方法如下。

清空回收站：右击桌面上的"回收站"图标，在弹出的快捷菜单中选择"清空回收站"命令。或者在"回收站"窗口中选择"文件"→"清空回收站"命令。

删除：进入回收站，选中要删除的对象并右击，在弹出的快捷菜单中选择"删除"命令，或者选择"文件"→"删除"命令。

还原：进入回收站，选中要还原的对象并右击，在弹出的快捷菜单中选择"还原"命令，或者选择“文件”→“还原”命令。

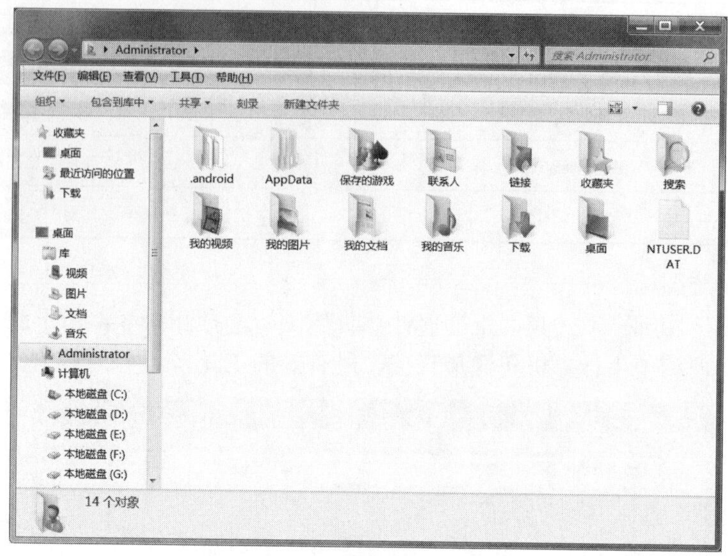

图 3-5 “Administrator”窗口

4）“网络”图标。该图标用于管理和浏览局域网资源。

2. 任务栏

任务栏是位于桌面最下方（默认位置）的长条区域，如图 3-6 所示。任务栏的主要功能是在多个任务窗口之间方便地进行切换。Windows 7 操作系统在任务栏方面进行了较大的调整，将原来的快速启动栏和任务按钮合二为一。这样，Windows 7 操作系统的任务栏主要由“开始”按钮、任务按钮区、语言栏、通知区域和“显示桌面”按钮组成。

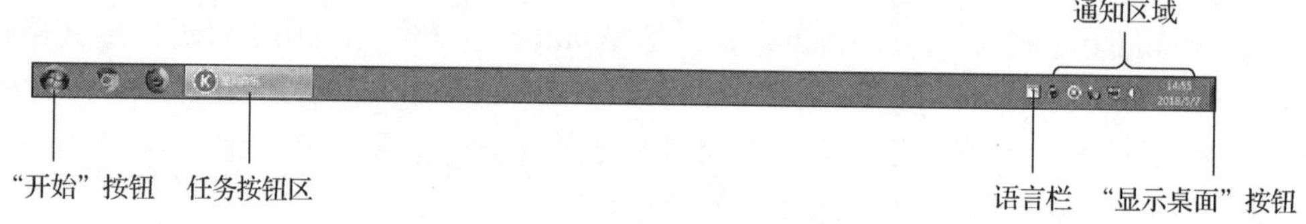

图 3-6 任务栏

（1）“开始”按钮

“开始”按钮在任务栏左端，单击“开始”按钮可打开“开始”菜单。

（2）任务按钮区

任务按钮区主要存放两种按钮，一种是用于显示用户已经打开的应用程序的按钮，方便用户在多个应用程序的任务窗口之间进行切换；另一种是存放锁定到任务栏的快捷方式（应用程序对应的快捷方式）的按钮，单击这些按钮可以快速启动相应应用程序。在任务按钮区，Windows 7 操作系统还新增了一些实用功能，如跳转列表、窗口预览等。

1）任务切换。单击任务按钮区的某个任务按钮，则该任务被切换为当前任务。

2）任务按钮合并显示。同一类型的任务按钮（如多个 Word 任务按钮）可以合并显示，按钮为层叠样式。任务按钮是否合并显示，可以在“任务栏和「开始」菜单属性”对话框中进行设置。

3）跳转列表。右击某个任务按钮图标，弹出与该任务相关的跳转列表，如图 3-7 所示。跳转列表包括最近打开的项目、对应的应用程序、“将此程序锁定到任务栏”命令、“关闭所有窗口”命令。利用跳转列表功能可以快速打开最近访问过的应用程序和文档。

4）窗口预览。Windows 7 操作系统的任务栏新增了窗口预览功能，只需将鼠标指针指向任务栏图标，即可查看已经打开的文件或程序的缩略图，如图 3-8 所示。将鼠标指针移到缩略图上，即可进行全屏预览。单击缩略图可以使该窗口成为当前窗口。单击缩略图上的“关闭”按钮可以关闭该窗口。窗口预览功能大大提高了用户的使用效率。

图 3-7 跳转列表

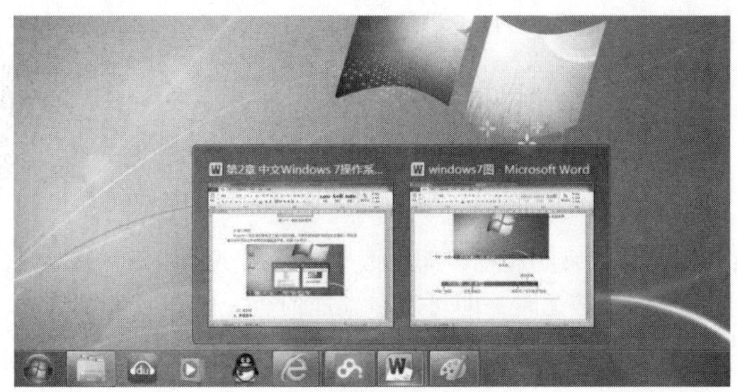

图 3-8 窗口预览

（3）语言栏

语言栏用于选择、显示或设置输入法。

（4）通知区域

通知区域用于显示时钟、音量、网络连接等特定程序和设置状态的图标。

（5）“显示桌面”按钮

“显示桌面”按钮在任务栏的右端。将鼠标指针移到该按钮上，可预览桌面，移开后返回原界面。单击该按钮，可以在窗口和桌面之间进行切换，方便用户快速查看桌面内容。

（6）属性设置

在任务栏空白处右击，在弹出的快捷菜单中选择“属性”命令，打开“任务栏和「开始」菜单属性”对话框，如图 3-9 所示。用户可以通过任务栏的各个属性选项，对相关功能进行自定义和调整。

1）任务栏外观设置。任务栏外观设置用于改变任务栏的显示方式，包括是否锁定任务栏、是否自动隐藏、是否使用小图标、任务栏位置、任务栏按钮的显示方式等项的设置。

对于任务栏的大小、位置的调整也可以直接通过鼠标拖动方法进行改变，当然首先要解除对任务栏的锁定才能调整。任务栏按钮和通知区域的按钮可以通过鼠标拖动的方法改变相对位置。

2）通知区域的图标和通知设置。Windows 7 操作系统安装成功后，通知区域就已经有一些图标。安装新软件时，有些软件会自动将一些图标添加到通知区域。用户可以根据自己的需要决定哪些图标可见或隐藏。具体方法是单击“自定义”按钮，在打开的窗口中对通知区域图标的行为进行设置。

图 3-9 “任务栏和「开始」菜单属性”对话框

3）使用 Aero Peek 预览桌面设置。如果选中“使用 Aero Peek 预览桌面”复选框，则鼠标指针指向“显示桌面”按钮时，即可查看桌面内容，离开后恢复原状。

3. “开始”菜单

在 Windows 7 操作系统中，所有的操作都可以通过“开始”菜单开始，“开始”菜单是应用程序的基本入口，包含了计算机中安装的所有程序的快捷方式。通过“开始”菜单，可以运行应用程序、打开文档、改变系统设置、查找特定信息等。

单击“开始”按钮，或者按 Windows 徽标键，或者按 Ctrl+Esc 组合键，均可以打开“开始”菜单。

（1）“开始”菜单的组成

如图 3-10 所示，Windows 7 操作系统的“开始”菜单分为左窗格和右窗格两部分。左窗格显示常用程序列表，右窗格为系统自带功能，这种布局使用户能够很方便地访问经常使用的程序，提高工作效率。

1）固定程序区。该区域中的项目会固定或锁定在“开始”菜单中，以便于用户快速打开其中的程序。一般地，使用频率较高的程序会安排在固定程序区。用户可以根据需要在该区域中添加、删除或解锁相应项目。添加项目的方法是右击常用程序区、“所有程序”子菜单或其他位置中的指向程序的快捷方式图标，在弹出的快捷菜单中选择“附到「开始」菜单”命令。删除项目的方法是右击某项目，在弹出的快捷菜单中选择“从列表中删除”命令。解锁项目的方法是右击某项目，在弹出的快捷菜单中选择“从「开始」菜单解锁”命令。

2）常用程序区。Windows 7 操作系统根据用户的操作情况列出了常用的一些程序项目，以便用户使用。默认为 10 个，最多可以设置 20 个。对于这个区域，用户无法添加项目，但可以删除，方法是右击某项目，在弹出的快捷菜单中选择“从列表中删除”命令。

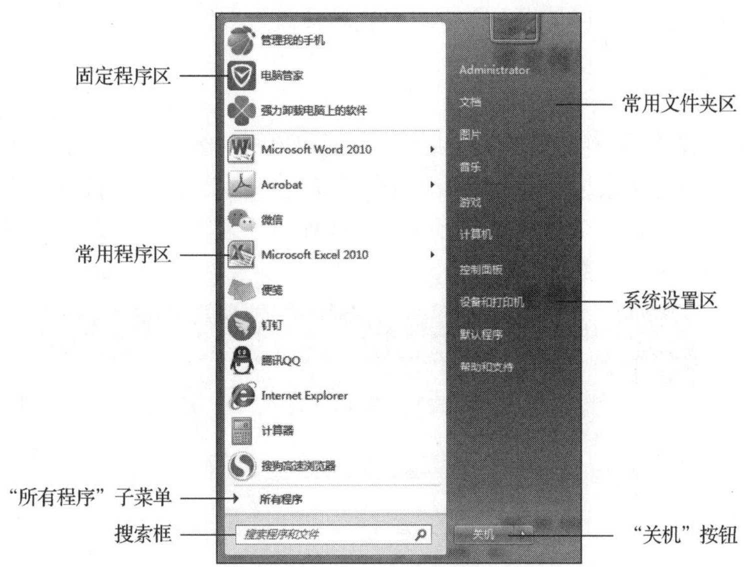

图 3-10 “开始”菜单

3）“所有程序”子菜单。鼠标指针指向“所有程序”命令，可以在出现的窗格中查找到安装在计算机上的所有程序，单击可以启动对应的应用程序。如果有文件夹，还可以通过单击来打开它，从而在文件夹内部找到快捷方式。

4）搜索框。位于左窗格的底部，通过输入搜索内容可以在计算机上查找程序和文件。

5）常用文件夹区。“文档”“图片”“音乐”命令分别对应文档库、图片库、音乐库，用于对用户文件进行分类管理。

6）系统设置区。该区域包含了用于系统设置的主要程序，如控制面板、设备和打印机等。

（2）“开始”菜单的使用

通过单击“开始”菜单中的快捷方式项目来启动对应的程序，非常方便和快捷，是使用计算机的主要入口。

例如，用户想使用“计算器”，通过“开始”菜单打开“计算器”应用程序的操作步骤如下：单击“开始”按钮，在打开的“开始”菜单中指向“所有程序”命令，打开程序列表，单击“附件”文件夹（可以通过拖动滚动条找到该文件夹），在打开的文件夹中找到“计算器”，然后单击即可启动它。

（3）自定义“开始”菜单

右击“开始”按钮，在弹出的快捷菜单中选择“属性”命令，打开“任务栏和「开始」菜单属性”对话框，选择“「开始」菜单”选项卡，单击“自定义”按钮，打开“自定义「开始」菜单”对话框。在这个对话框中，用户可以自行组织和定义“开始”菜单的外观和内容，根据需要删除及添加菜单项，决定其数目及显示方式。

3.3.3 窗口

窗口是 Windows 应用程序运行的基本框架，它限定每个应用程序都必须在该区域内运行或显示，即无论什么操作，都是在窗口中进行的。窗口是用户与应用程序交换信息的界面，用户可以通过窗口与正在运行的应用程序进行对话。Windows 每启动一个程序都会生成一个程序窗口，同时在任务栏上产生一个任务按钮。

1. 窗口组成

Windows 7 操作系统的窗口有着共同的特征和相同的组件。窗口是一个矩形区域，四周有决定窗口大小的 4 条边框，通过拖动边框可以改变窗口大小。如图 3-11 所示窗口是“计算机”窗口。一般地，一个窗口包括标题栏、地址栏、菜单栏、工具栏、导航窗格、工作区、细节窗格和搜索栏等部分。

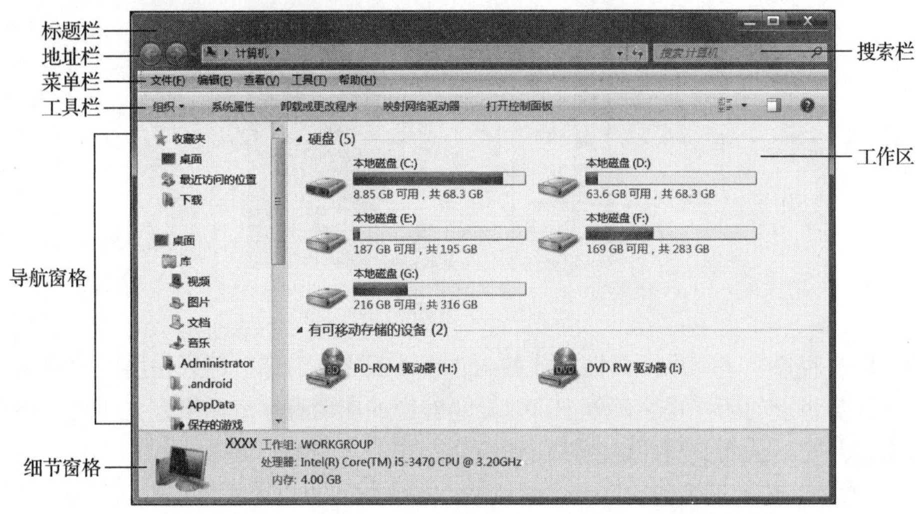

图 3-11 “计算机”窗口

（1）标题栏

标题栏位于窗口的顶部，其右端是“最小化”按钮、“最大化/向下还原”按钮、“关闭”按钮。当窗口标题栏处于高亮度显示时，表明此窗口是当前窗口。

（2）地址栏

地址栏用于显示或输入对象（文件、文件夹、网址等）的地址。地址栏左侧是 3 个按钮，分别是“后退”按钮、“前进”按钮和“最新网页”按钮。Windows 7 操作系统会把一次操作中访问过的地址排队，假设把最先访问的地址称为队头地址，把最后访问的地址称为队尾地址。单击“后退”按钮则向队头方向返回到上一次浏览的地址；单击“前进”按钮则向队尾方向前进到上一次浏览的地址。单击“最新网页”按钮，则会弹出一个由访问过的地址组成的下拉列表，当前地址前面有对号（√），通过选择其中的选项可快速定位到该位置。

地址栏的 3 个按钮后面是文本框，用于显示或输入地址。在该文本框中单击“▸”按钮，会弹出一个下拉列表显示该按钮左侧地址含有的文件夹，选择其中的选项可快速定位到该地址位置。单击文本框的空白位置，会显示当前位置的详细地址。

（3）菜单栏

菜单栏中有多个菜单，每个菜单中包含多个命令。例如，“计算机”窗口菜单栏中包含“文件”、“编辑”、“查看”、“工具”和“帮助”5 个菜单，如图 3-11 所示。菜单中列出了应用程序操作的所有命令，不同应用程序窗口的菜单栏中包含的菜单是不一样的。窗口中是否显示菜单栏，用户可以根据需要来设置。具体方法是选择“组织”→“布局”→“菜单栏”命令。

（4）工具栏

工具栏中包含常用的操作命令，这些命令以按钮的形式展现。在 Windows 7 操作系统中，工具栏上的按钮会根据查看内容的不同有所变化，但一般有“组织”按钮、“视图”按钮和“预览窗格”按钮。通过工具栏可以快速实现相应对象的操作。例如，对于文件或文件夹对象，通过工具栏可以实现剪切、复制、粘贴、删除、重命名、包含到库中、共享等操作，还可以改变显示视图和预览文件（有些类型的文件无预览）内容。

（5）导航窗格

Windows 7 操作系统中的导航窗格可以看作系统资源的索引，由很多链接组成。这些链接按层次分类组织，最外层是“收藏夹”和桌面。“收藏夹”下面又有“下载”“最近访问的位置”“桌面”等。“桌面”下面又有“库”“Administrator”“计算机”“网络”“控制面板”等。

导航窗格中链接项目左侧的三角图标称为展开/折叠按钮。黑实心表示处于展开状态，已经展开其下级对象；空心表示处于折叠状态，隐藏下级对象。展开/折叠操作不会改变工作区中的内容。

单击导航窗格中某项目图标时，右侧工作区中会显示该项目所包含的内容。

窗口中是否显示导航窗格，用户可以根据需要来设置。具体方法是在工具栏中选择“组织”→“布局”→“导航窗格”命令。

（6）工作区

工作区占据窗口的大部分区域，用于显示或操作导航窗格中当前选项包含的内容。如图 3-11 所示，导航窗格的当前项目是“计算机”，工作区中显示了该计算机中的所有磁盘和其他存储设备、位置。当工作区中的内容不能在窗口中全部显示时，工作区会出现水平或垂直滚动条。通过拖动滚动条滑块、单击滚动条两端的滚动箭头或单击滚动条的空白处来滚动窗口内容。

（7）细节窗格

细节窗格位于窗口的下方，用于显示当前项目的细节信息。如图 3-11 所示，当前项目是“本地磁盘（D:)”，细节窗格显示了该磁盘的相关信息。

（8）搜索栏

Windows 7 操作系统随处可见搜索栏，当用户在其中输入搜索内容时，搜索工作即开始。搜索的最终结果将显示在工作区中。

2. 窗口操作

窗口操作在 Windows 操作系统中是很重要的，可以通过鼠标来操作，也可以通过键盘来操作，但主要是通过鼠标操作窗口。窗口操作包括移动窗口、改变窗口大小、切换窗口、排列窗口、关闭窗口等。

对某个窗口进行操作前要打开该窗口。启动一个应用程序后自动打开对应的窗口。另外，在默认状态下，双击桌面图标或“计算机”窗口中的对象图标都能打开对应的窗口。

（1）移动窗口

当窗口处于非最大化状态时，将鼠标指针指向标题栏，按住鼠标左键并拖动到合适的位置后再释放，即可完成移动窗口操作。

（2）改变窗口大小

1）缩放窗口：当窗口处于非最大化状态时，通过拖动窗口的 4 条边框和 4 个角均可以改变窗口大小。当鼠标指针指向窗口的边框时，鼠标指针变成一个双向箭头，此时按住鼠标左键并拖动，窗口可在拖动方向上改变大小。当鼠标指针指向窗口的某个角时，鼠标指针变成一个倾斜的双向箭头，此时按住鼠标左键并拖动，可使窗口的高度和宽度同时发生改变。

2）最小化窗口：单击“最小化”按钮，将窗口缩小为任务栏上的一个按钮（并不是关闭该窗口）。若要还原最小化的窗口，只需单击任务栏上对应的窗口按钮即可。

3）最大化窗口：单击“最大化”按钮或双击标题栏，窗口会扩大到整个桌面，这时的窗口不能改变大小，也不能移动。当窗口最大化之后，“最大化”按钮就变成了“向下还原”按钮，单击它可以使窗口恢复到原来的大小。

4）还原窗口：当窗口处于最小化或最大化状态时，单击“向下还原”按钮，可以将窗口还原到原来的状态。当窗口处于最大化状态时，双击标题栏或按住鼠标左键并拖动标题栏也可以还原窗口。

5）窗口的 Aero 行为：Aero 行为是指用户可将窗口拖动到屏幕的不同边界从而改变它们的布局。例如，将窗口拖动到屏幕左侧边界时，窗口会自动占用左侧的一半屏幕。同样，将窗口拖动到屏幕右侧边界时，窗口会自动放大至右侧的一半屏幕。如果用户拖动窗口至屏幕顶部边界，则可将窗口最大化，当窗口最大化后，用户还可拖动该窗口使其返回原始大小。

Windows 7 操作系统还提供了其他 Aero 特效操作，如 Aero Shake、Aero Peek 和 Aero Snap。

Aero Shake：将鼠标指针指向标题栏，按住鼠标左键并摇动窗口两次，则其他窗口将最小化。

Aero Peek：将鼠标指针指向任务栏右侧端“显示桌面”按钮，所有窗口将变成透明状态，只留下边框。

Aero Snap：该特效支持通过 Windows 徽标键和方向键的组合来调整窗口位置和大小。Windows 徽标键和向上方向键组合可以实现窗口最大化；Windows 徽标键和向下方向键组合可以实现窗口还原或窗口最小化；Windows 徽标键和向左方向键组合可以实现窗口靠左占用一半屏幕显示；Windows 徽标键和向右方向键组合可以实现窗口靠右占用一半屏幕显示。

（3）切换窗口

Windows 7 操作系统可同时打开多个窗口，当前正使用的窗口称为活动窗口，操作系统总是将下一个按键或命令应用于活动窗口。同一时刻活动窗口只能有一个，桌面上未选中的窗口是不活动的。通过切换窗口操作可以改变活动窗口。切换窗口较常用的方法是单击任务栏上相应的窗口按钮或单击相应窗口的可见部分。

（4）排列窗口

打开多个窗口后，窗口之间会相互遮挡，为了便于操作，可以对窗口进行排列。排列的方式有 3 种：层叠显示、堆叠显示和并排显示。具体方法是在任务栏的空白处右击，在弹出的快捷菜单中选择对应的命令，当前打开的所有窗口会按相应的方式进行重新排列。同时，快捷菜单中出现相对应的撤销命令，用户可以选择该命令撤销本次排列。

（5）关闭窗口

单击标题栏右端的“关闭”按钮或按 Alt+F4 组合键来关闭窗口。关闭窗口后，该窗口对应的任务也就结束了。

如果关闭的是文档编辑窗口并且没有选择保存命令，系统会打开一个对话框，询问是否对所做的修改进行保存。单击“保存”按钮，进行保存操作，然后关闭窗口；单击“不保存”按钮，则不保存文档，直接关闭窗口；单击“取消”按钮，则不关闭窗口。

3.3.4 菜单

Windows 7 操作系统和应用软件的功能与操作基本体现在菜单中，菜单是命令的集合，是用户操作计算机的一种主要途径。

在 Windows 7 操作系统中有 3 类菜单，分别是“开始”菜单、窗口菜单、快捷菜单。“开始”菜单前面已经介绍，下面介绍窗口菜单和快捷菜单，以及菜单项的一些约定。

1. 窗口菜单

窗口菜单是相对于该窗口的命令集，不同的窗口有不同的窗口菜单，但它们的操作方法一致，菜单约定相同。

单击菜单栏中的某个菜单或用快捷键（Alt+访问键，菜单后面字母对应的键称为访问键）打开菜单。打开某个菜单就是弹出它对应的下拉菜单。下拉菜单中有许多菜单项，可以通过单击来选择，也可以按访问键来执行。如果菜单项后面有快捷键，在没有打开菜单的状态下直接按快捷键便可选择该命令。打开菜单后，如果不想从菜单中选择命令，单击菜单以外的任何地方或按 Esc 键均可取消菜单。

2. 快捷菜单

任何情况下，在某对象上右击都会弹出一个快捷菜单。快捷菜单中列出了该对象当前可选择的命令，这些命令是和上下文相关联的。因此，不同的对象、不同的状态，快捷菜单的内容是不同的。若不想选择任何命令，单击快捷菜单以外的任何地方或按 Esc 键即可取消该快捷菜单。

3. 菜单项约定

菜单中的命令上有一些特殊的标记，这些标记代表了不同的含义，如图 3-12 所示。

（1）灰色的菜单项

正常的菜单项是黑色的，单击就可以选择该命令。灰色的菜单项表示该命令在当前状态下是无效的，也就是由于当前条件不满足，该命令无法使用。当条件满足时，该菜单项会自动变为黑色。因此，菜单项是否为灰色显示是动态变化的，与该菜单项所要求的状态有关。

（2）带有“…”的菜单项

菜单项后面带有省略号“…”，表示选择该命令后，会打开一个对话框，在对话框中需进一步输入或设置其他信息。

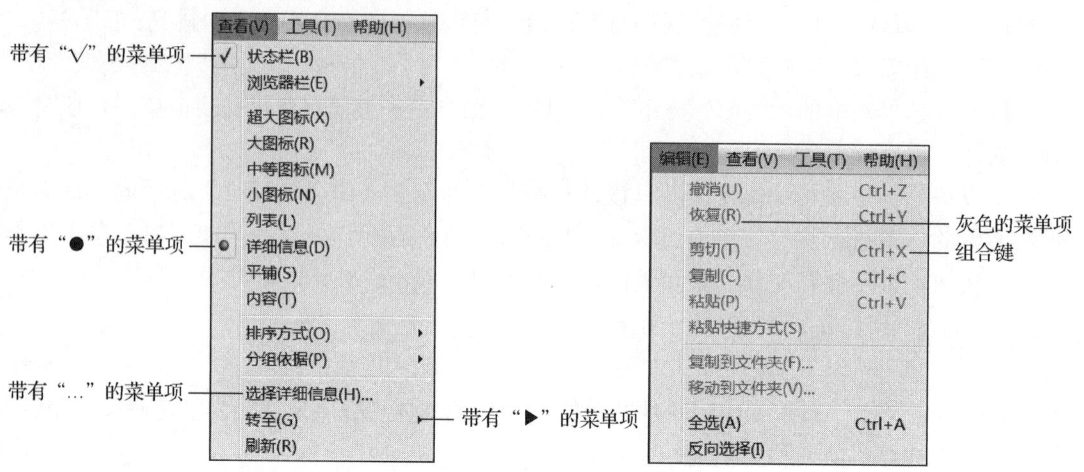

图 3-12　菜单上的特殊标记

（3）带有“√”的菜单项

菜单项前的“√”是一个选择标记，菜单项前有此符号时，表示该命令已经生效，再次单击该菜单项，前面的“√”消失，相应的功能也被取消。执行一次该菜单命令，就在选中和取消之间进行一次切换。

（4）带有“●”的菜单项

前面带有“●”的菜单项表示该项已经选用。一般成组出现，组内互斥，即在同组中，只能有一个被选中，被选中的菜单项前面出现“●”，如果再选同组中的其他命令，则先前选中的命令自动失效。

（5）带有“▸”的菜单项

后面带有“▸”的菜单项表示该项有子菜单，当鼠标指针指向它时，会自动弹出子菜单。

（6）带有组合键的菜单项

有的菜单项后面带有组合键，组合键是该命令的快捷键，不需要打开菜单直接使用组合键就可以选择该菜单命令。在操作中，记住一些常用命令的快捷键可以提高操作效率。

3.3.5 对话框

对话框是大小固定的特殊类型窗口，当某个操作需要用户进行一些响应才能继续执行时，通常会用到对话框。用户在对话框中通过对选项进行操作，就能完成相关对象属性的修改或者命令参数设置。对话框广泛应用于 Windows 7 操作系统中，也是一种人机对话方式。

1. 对话框的打开与关闭

当用户选择带有“...”的菜单项或需要进一步进行设置的命令时，都会打开对应的对话框。

图 3-13 所示为“文件夹选项”对话框，打开方法是在“计算机”窗口中选择“组织”→“文件夹选项”命令。

一般地，关闭对话框有两种方法，一种是“取消”关闭，另一种是“确定”关闭。单击对话框右上角的“关闭”按钮或单击“取消”按钮，这时关闭了对话框，同时取消了所有的设置，这是“取消”关闭对话框。单击“确定”按钮，这时关闭了对话框，并且使所有的设置生效，这是“确定”关闭对话框。由于对话框不同，“确定”关闭对话框的命令按钮也不同，“打开”按钮、“保存”按钮等都属于这一种。

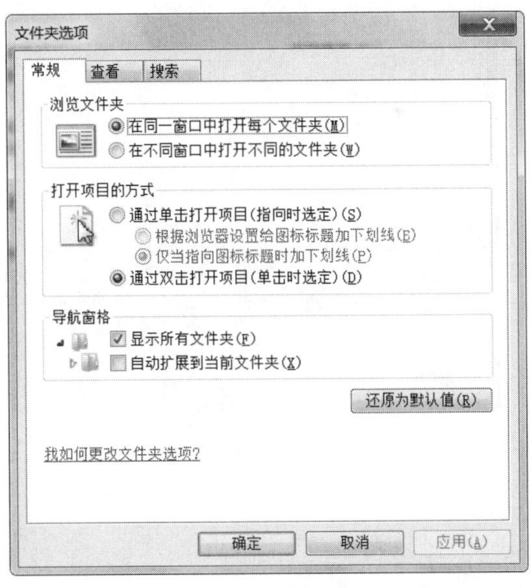

图 3-13 “文件夹选项”对话框

2. 对话框的组成元素

对话框形态不一，有简单的也有复杂的。组成对话框的元素一般有选项卡、文本框、列表框、下拉列表、单选按钮、复选框、命令按钮等。图 3-14 和图 3-15 中列出了对话框中常见的元素。

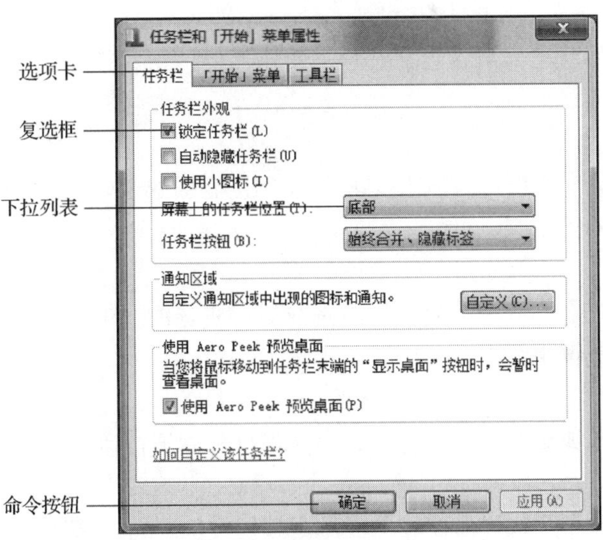

图 3-14 对话框中的常见元素 1

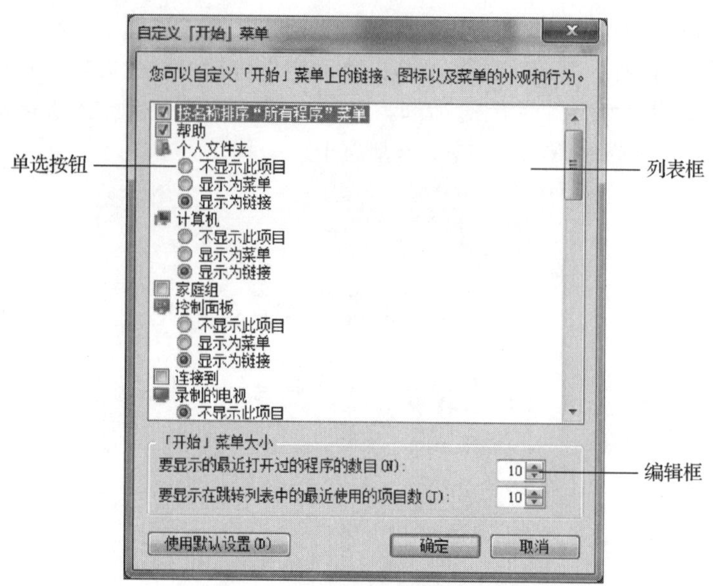

图 3-15　对话框中的常见元素 2

（1）选项卡

对话框的内容比较多时，系统会根据不同的主题（分类）设置多个选项卡，一个选项卡中包含了一组选项。单击选项卡的标签可以在选项卡之间进行切换。

（2）文本框

文本框是用于输入或显示文本信息的矩形框。

（3）列表框

列表框是一个显示多个选项的对话框元素，用户可单击选择其中任一选项。如果列表框中选项较多，不能全部显示，会自动出现滚动条。

（4）下拉列表

下拉列表的初始状态只包含当前选项，单击右侧的下拉按钮可以打开下拉列表供用户进行选择。

（5）单选按钮

单选按钮显示为一个圆圈，单选按钮组是一组互斥的选项，一次只能选中其中的一个，被选中的单选按钮中出现圆点。

（6）复选框

复选框显示为一个小方框，复选框组是一组可复选的选项，一次可选中一项、多项或不选，被选中的复选框中会出现“√”。

（7）编辑框

编辑框用于输入或设置一个数值，它由文本框和微调按钮组成。

（8）命令按钮

命令按钮对应一个可执行命令，单击命令按钮可执行它。“确定”和“取消”是对话框中常用的两个命令按钮。单击“确定”按钮是确认设置生效；若取消设置，可单击“取消”按钮。

3.3.6　鼠标操作

1. 鼠标操作概述

在 Windows 7 操作系统中，鼠标是一种重要的输入设备，主要有 5 种操作。

（1）指向

移动鼠标，将指针移到某一对象上，通常会激活该对象或显示有关该对象的提示信息。

（2）单击

迅速按下并立即释放鼠标左键这一过程称为单击。单击某个对象会选中或打开该对象。

（3）右击

迅速按下并立即释放鼠标右键这一过程称为右击。右击某个对象会弹出对应的快捷菜单。

（4）双击

快速地连续两次单击左键即为双击，一般用于启动程序或者打开窗口。

（5）拖动

拖动包括左键拖动和右键拖动。将鼠标指针指向某一对象，按住鼠标左键或右键并拖动将对象移动到指定位置后，释放鼠标。左键拖动通常用于滚动条操作、标尺滑块滑动操作，或复制、移动对象操作。右键拖动后会弹出快捷菜单，可选择相应的命令完成操作。本书中除非特别指明是右键拖动，提到的“拖动”都是指左键拖动。

2. 鼠标指针形状

在执行不同任务或处于不同状态时，鼠标指针的形状会有所不同。表 3-2 是 Windows 标准方案中常见的鼠标指针形状。

表 3-2　Windows 标准方案中常见的鼠标指针形状

鼠标指针形状	形状含义	可执行的操作
	标准选择	表示系统处于闲置状态，随时可执行任务
	帮助选择	此时单击某项目，可获得该项目的帮助信息
	后台操作	表示系统正在执行任务，但还可以执行其他任务
	忙	表示系统正忙于处理某项任务，无暇处理其他任务
	文字选择	表示此时可以通过拖动鼠标来选择文字
	不可用	表示当前鼠标操作无效
	手写	表示此时可用手写输入
	调整垂直大小	拖动鼠标可改变对象高度
	调整水平大小	拖动鼠标可改变对象宽度
	对角线调整	拖动鼠标可同时改变对象高度和宽度
	移动	拖动鼠标可改变所选对象位置
	链接选择	单击可打开所指向的对象

3.3.7　应用程序的运行和退出

利用计算机解决问题必须通过相关的软件来完成。一个软件系统由多个可执行的程序

文件和数据文件组成。使用软件的实质是运行相关的应用程序。

1. 应用程序的运行

在 Windows 7 操作系统中，大多数应用程序的扩展名是.exe，少部分应用程序的扩展名是.com 和.bat。运行应用程序，就是运行对应的程序文件。Windows 7 操作系统中提供了多种运行应用程序的方法，下面介绍几种常用的运行应用程序的方法。

1）通过“开始”菜单运行。这是运行应用程序最常用的方法。例如，要运行画图应用程序，可选择“开始”→“所有程序”→“附件”→“画图”命令，这样画图应用程序就运行了。

2）双击桌面上的应用程序图标或快捷方式图标来运行应用程序。

3）打开文档来运行对应的应用程序。Windows 7 操作系统中，文档与产生它的应用程序建立了关联，打开文档会自动启动相应的程序。

4）选择“开始”→“运行”命令来运行程序。

一般地，应用程序运行后，桌面上会出现相应的应用程序窗口，并且代表该程序的任务按钮出现在任务栏上。

2. 应用程序的退出

退出应用程序就是结束应用程序的运行，释放所占资源。下面介绍几种常用的退出应用程序的方法。

1）单击应用程序窗口的“关闭”按钮，这是最常用的方法。

2）选择“文件”菜单中的“退出”命令。

3）按 Alt+F4 组合键。

3.3.8 中文输入

1. 中文输入法的使用

Windows 7 操作系统安装时预装了“微软拼音”“简体中文全拼”等多种输入法。用户可根据需要安装或删除输入法，方法是右击任务栏中的语言栏，在弹出的快捷菜单中选择“设置”命令，在打开的“文本服务和输入语言”对话框中进行操作。另外，还可以通过输入法安装程序进行安装，通过“开始”菜单中对应的卸载快捷方式进行删除。

当用户有中文输入任务时，可以单击任务栏中语言栏的键盘图标或某输入法图标，在弹出的菜单中选择想要使用的输入方法，也可以按 Ctrl+Shift 组合键实现各输入法之间的切换。按 Ctrl+Space 组合键来启动和关闭中文输入法，即在中文输入法和英文输入法之间进行切换。

下面以目前较常用的搜狗拼音输入法(9.0 官方正式版)为例来介绍中文输入法的使用。用户选用搜狗拼音输入法后，屏幕上会出现对应的输入法状态栏。搜狗拼音输入法状态栏有两种外观，图 3-16（a）所示为标准外观，图 3-16（b）所示为应用了皮肤的外观。下面介绍标准外观的输入法状态栏。

（a）标准外观　　（b）应用了皮肤的外观

图 3-16　搜狗拼音输入法状态栏的两种外观

图 3-17 所示是搜狗拼音输入法的状态栏，下面按从左到右的顺序介绍各按钮的含义。

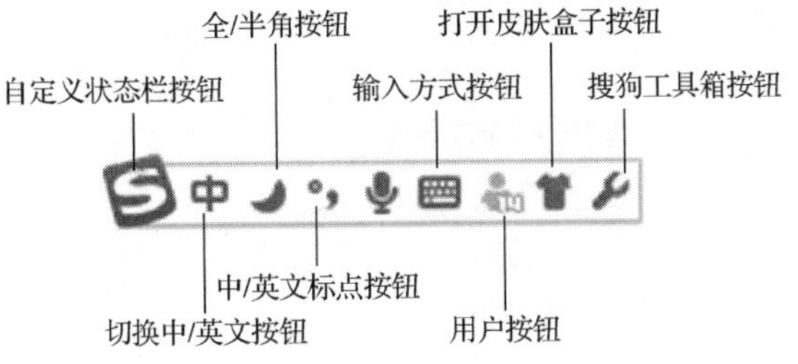

图 3-17　搜狗拼音输入法的状态栏

（1）自定义状态栏按钮

单击该按钮可以自定义状态栏中出现的按钮、颜色等特征。

（2）切换中/英文按钮

单击该按钮或按 Shift 键可以在中文输入和英文输入之间切换。当按钮显示“英”时，表示英文输入；当按钮显示“中”时，表示中文输入。若要输入汉字，则键盘应处于小写状态，在大写状态下不能输入汉字。

（3）全/半角按钮

单击该按钮或按 Shift+Space 组合键，可进行全角和半角的切换。按钮上显示月牙形时，表示半角方式；显示圆点时，表示全角方式。半角方式下输入的英文字母、数字每个字符占 1 字节，而在全角方式下，每个字符占 2 字节。

（4）中/英文标点按钮

单击该按钮或按 Ctrl+.组合键，可实现中、英文标点符号之间的切换。当按钮上显示中文句号（空心的）和逗号时，表示当前处于中文标点符号状态；当按钮上显示英文句号（实心的）和逗号时，表示当前处于英文标点符号状态。

在中文标点方式下，键盘字符与中文标点之间的对应关系如表 3-3 所示。

表 3-3　键盘字符与中文标点之间的对应关系

键盘字符	中文标点	键盘字符	中文标点
,	，逗号	?	？问号
.	。句号	(	（　左圆括号
‘	‘’ 单引号（自动配对）	)	）　右圆括号
“	“” 双引号（自动配对）	\	、顿号
;	；分号	—	——破折号
:	：冒号	!	！　叹号

续表

键盘字符	中文标点	键盘字符	中文标点
<	《 〈　左书名号	$	￥人民币符号
>	》 〉　右书名号	^	……省略号

（5）输入方式按钮

单击此按钮，会显示输入方式列表，包括语音输入、手写输入、特殊符号和软键盘。选择软键盘时，在屏幕上会出现一个模拟键盘，称为软键盘。搜狗拼音输入法提供了 13 种软键盘布局，默认的是 PC 键盘布局。若要显示其他布局的软键盘，则右击此按钮，在弹出的快捷菜单中进行选择。

若要关闭软键盘，则再次单击此按钮即可。

（6）其他按钮

1）用户按钮。该按钮用于登录搜狗网站，从而可以获得更多的支持。用户可以通过 QQ 账号、微信账号、搜狗账号 3 种方式登录。

2）打开皮肤盒子按钮。单击该按钮可打开皮肤盒子。皮肤盒子提供了大量的皮肤，用户可以选择喜欢的皮肤对状态栏进行换肤。

3）搜狗工具箱按钮。单击该按钮可打开搜狗工具箱。工具箱中提供了许多支持特殊输入的工具，用户可以选择使用。

2. 注意事项

1）输入汉字时，键盘应处于小写状态，否则无法完成输入。输入汉字时既可采用全拼输入，又可采用简拼输入。全拼输入就是按规范的汉语拼音输入，简拼输入就是输入各个音节的第一个字母，对于包含 zh、ch、sh 的音节，也可以取前两个字母。两个音节及以上的词语，可以采用混拼输入，即有的音节采用全拼，有的音节采用简拼，一般首字采用全拼。另外应该注意的是，字母 ü 用 V 来代替。

2）熟练应用上面提到的组合键：Ctrl+Shift、Ctrl+Space 和 Ctrl+.等，应用这些组合键可以显著提高操作效率。

3）应用软键盘可以输入一些特殊符号，如数字序号、数学符号、单位符号等。

3.4 文件管理

3.4.1 基本概念

1. 文件

文件是一组相关信息的集合，所有的程序、数据和文档都是以文件的形式存放在计算机的外存储器（如磁盘）上的。任何一个文件都有自己的名称，称为文件名，文件名是存取文件的依据，即按名存取。文件的基本属性包括文件名、大小、类型、修改日期等。

在 Windows 7 操作系统中，任何一个文件都有图标，根据图标就可以知道该文件的类型。

2. 文件夹

在一个计算机系统中，文件有成千上万个，这些文件都要存放到磁盘上。为了便于管理，一般要把文件存放到不同的文件夹中。文件夹是容器，对文件起着分类、组织和管理的作用。文件夹中除了存放文件外，还可以存放文件夹，称为该文件夹的子文件夹或下级文件夹。每个文件夹都对应一个图标。

3. 文件的路径

文件的存储位置称为文件的路径。文件的完整路径由 3 部分组成，分别是盘符、文件夹层次结构和文件名。

对于每个外部存储设备［磁盘（硬盘分区）、可移动存储设备］都要有一个标识，该标识称为盘符。盘符的表示方法是在相应的字母后面加上冒号，如“C:”表示 C 盘。

对于每个外部存储设备，Windows 采用树状文件夹结构对磁盘上的所有文件进行组织和管理。磁盘就像树的根，文件夹就是树枝，文件就是树叶。每个盘符下可以包含多个文件和文件夹，每个文件夹下又有文件或文件夹，这样一直延续下去就形成了树状结构。

在文件路径的描述中，多级文件夹之间用反斜杠“\”隔开。例如，“D:\mydocument\notice\test.txt”是文件 test.txt 的路径。

4. 库

Windows 7 操作系统中的库是一个逻辑文件夹，用户可以像使用真实文件夹那样搜索、删除、添加文件和文件夹。与文件夹不同的是，库可以收集多个位置中的文件和文件夹。实际上，库并不存储对象本身，而是存储对象位置的快捷方式。使用库最重要的目的是对文件或文件夹进行归类管理。通过库将不同位置同类对象的快捷方式组织在一起，统一进行管理，从而提高了操作效率。默认情况下，库中有 4 个子库，分别是文档库、图片库、音乐库和视频库。

5. 文件和文件夹的命名

文件和文件夹都是有名称的，通过名称可对它们进行管理。Windows 7 操作系统支持长文件名，文件名最长可达 255 个字符。

（1）文件和文件夹的命名格式

文件或文件夹命名的格式如下：

```
主名[.扩展名]
```

文件或文件夹的名称由两部分组成，即主名和扩展名，两部分用“.”隔开，扩展名可以省略，同时“.”也要省略。

对于文件来说，扩展名虽然可以省略，但不推荐，因为扩展名指示了该文件的类型。常见的文件扩展名与对应的文件类型如表 3-4 所示。

表 3-4 常见的文件扩展名与对应的文件类型

扩展名	文件类型
.exe	可执行的程序文件
.txt	文本文件
.doc 或.docx	Word 文档文件
.xls 或.xlsx	Excel 工作簿文件
.ppt 或.pptx	PowerPoint 演示文稿文件

续表

扩展名	文件类型
.mp3	音频文件
.bmp	位图文件
.gif，.jpg，.tif	图片文件

文件的扩展名可以显示也可以隐藏，具体在“文件夹选项”对话框中设置。

对于文件夹来说，扩展名虽然可以存在，但无实际意义，一般省略。

（2）命名约定

1）支持长文件名，长度可达255个字符（包括盘符和路径的长度）。

2）可以使用字母、数字和其他符号。

3）可以使用空格、加号（+）、逗号（,）、分号（;）、左方括号（[）、右方括号（]）、等号（=）等字符。

4）可以使用汉字。

5）不可以使用的9个字符：斜杠（/）、反斜杠（\）、冒号（:）、星号（*）、问号（?）、双撇号（"）、左尖括号（<）、右尖括号（>）和竖杠（|）。

6）英文字母不区分大小写。

（3）重名问题

文件或文件夹的重名是指两个文件或两个文件夹的主名和扩展名完全相同。在同一文件夹（同一个地址）下，不允许有同名文件或同名文件夹存在。

3.4.2 文件和文件夹管理

Windows 7操作系统中“计算机”与Windows资源管理器都是用于管理文件和文件夹的工具。两者其实是同一个工具，原因是它们运行的是同一个应用程序explorer.exe。

打开“计算机”窗口的方法如下。

1）双击桌面上的“计算机”图标。

2）选择“开始”→“计算机”命令。

打开“Windows资源管理器”窗口的方法如下。

1）右击“开始”按钮，在弹出的快捷菜单中选择“打开Windows资源管理器”命令。

2）选择“开始”→“所有程序”→“附件”→“Windows资源管理器”命令。

3）如果Windows资源管理器对应的快捷方式已经锁定到任务栏，则单击该按钮即可，这也是最常用的方法。

初始时，“计算机”窗口中显示的是“计算机”导航项目的内容，包括磁盘和可移动存储设备，工具栏中出现的是和计算机系统操作相关的命令。“Windows资源管理器”窗口中显示的是“库”导航项目的内容，工具栏中显示的是和库操作相关的命令。

1. 剪贴板工具

在文件和文件夹的管理及Windows应用程序的操作过程中经常会用到剪贴板工具，它是Windows操作系统中的一个重要工具。

（1）概念

剪贴板是内存储器中的一块区域，是Windows应用程序之间用于交换信息的临时存储区，主要用于文件及文件夹的移动和复制、不同软件之间的信息交换、文档的编辑等操作中。

（2）与剪贴板有关的 3 个操作

1）剪切（Ctrl+X）：把选中的内容送往剪贴板。对于文件及文件夹，粘贴后删除原对象，且只能粘贴一次。对于文档，剪切的同时删除了原内容，但可以多次粘贴。

2）复制（Ctrl+C）：把选中内容的副本送往剪贴板，原内容不变。

3）粘贴（Ctrl+V）：把剪贴板中的内容复制到目标位置。

（3）具体操作步骤

使用剪贴板工具需要以下 4 步。

步骤01 选中对象。

步骤02 送到剪贴板。

步骤03 确定目标位置。

步骤04 粘贴。

（4）剪贴板的特点

1）剪贴板只能存放最后一次剪切或复制的内容。

2）可以多次粘贴（文件或文件夹的剪切操作除外）。

（5）使用剪贴板捕获整个屏幕或窗口

利用剪贴板工具和 PrintScreen 键可以以图片形式来捕获屏幕。按 PrintScreen 键将捕获整个屏幕，即整个屏幕以图片形式送入剪贴板；按 Alt+PrintScreen 组合键将捕获活动窗口，即活动窗口以图片形式送入剪贴板。然后可以粘贴到图片编辑软件（如画图应用程序）中进行编辑。

2. 文件夹的创建

创建文件夹之前，要明确两个问题：在哪创建（文件夹地址）和文件夹的名称是什么。创建文件夹的方法很多，通过快捷菜单中的“新建”命令和“文件”→“新建”命令创建文件夹是两种比较常用的方法。具体步骤如下。

步骤01 确定位置。

步骤02 在窗口工作区空白处右击，在弹出的快捷菜单中选择“新建”→“文件夹”命令；或者选择“文件”→“新建”→“文件夹”命令；或者在工具栏中单击“新建文件夹”按钮。

步骤03 输入文件夹的名称，按 Enter 键或单击其他位置，结束创建。

例如，要求在 D 盘中创建“照片”文件夹，在“照片”文件夹下创建“家人照片”和“同学照片”两个文件夹，在“同学照片”文件夹下创建“初中照片”、“高中照片”和“大学照片”3 个文件夹。上述过程可按以下步骤完成。

步骤01 双击“计算机”图标，打开“计算机”窗口。

步骤02 双击“D:”图标，进入 D 盘。

步骤03 在窗口工作区空白处右击，在弹出的快捷菜单中选择“新建”→“文件夹”命令，输入“照片”作为文件夹名称，然后按 Enter 键。

步骤04 双击“照片”文件夹，进入该文件夹。

步骤05 创建“家人照片”和“同学照片”两个文件夹。

步骤06 双击“同学照片”文件夹，进入该文件夹。

步骤07 创建“初中照片”、“高中照片”和“大学照片”3 个文件夹。

3. 文件的创建

创建文件时，要明确 3 个问题：在哪创建、文件名称是什么和文件类型是什么。创建文件的方法有很多，通过应用程序创建和“新建”命令来创建是两种常用的方法。通过应用程序创建文件的方法可参见 3.7.3 节记事本文档的创建。下面介绍通过“新建”命令来创建文件的方法。

步骤01 确定位置。

步骤02 在窗口工作区空白处右击，在弹出的快捷菜单中选择“新建”命令，在其级联菜单中选择要创建的文件类型；或者选择“文件”→“新建”命令来创建。

步骤03 输入文件名称，按 Enter 键或单击其他位置，结束创建。

例如，要在 D 盘的“照片”文件夹（如果不存在要先创建）中建立一个名称为“照片说明”的文本文件，可以按以下步骤完成。

步骤01 双击“计算机”图标，双击“D:”图标，双击“照片”文件夹图标，进入该文件夹。

步骤02 在空白处右击，在弹出的快捷菜单中选择“新建”→“文本文档”命令。

步骤03 输入“照片说明”作为文件名称（默认状态下，不用输入扩展名.txt，系统会自动提供该文件的扩展名，如果用户输入的是“照片说明.txt”，其中“.txt”不再是该文件的扩展名，而是文件主名的一部分，即文件的完整名称是“照片说明.txt.txt”），然后按 Enter 结束创建。

4. 文件及文件夹的选择

对文件和文件夹进行某些操作之前，要先进行选择操作，以便确定操作对象。

1）选中单个对象：单击文件或文件夹图标。

2）选中多个连续对象：单击第一个文件或文件夹，按住 Shift 键，单击最后一个文件或文件夹。

3）选中多个不连续对象：按住 Ctrl 键，单击所要选择的文件或文件夹。

4）全部选中：选择“编辑”→“全选”命令或按 Ctrl+A 组合键可实现全选，也就是选中当前文件夹中的全部文件和文件夹。

5）反向选择：选择“编辑”→“反向选择”命令可实现反向选择，即选中当前没有选中的文件和文件夹，并取消原来被选中的文件或文件夹。

如果要取消选中的所有内容，单击其他对象或空白处即可。如果要从已选中的内容中取消部分项目，则按住 Ctrl 键，单击要取消的项目即可。

5. 文件及文件夹的重命名

用户可以根据需要改变文件或文件夹的名称，具体操作步骤如下。

步骤01 选中要改名的文件或文件夹。

步骤02 右击选中的文件或文件夹，从弹出的快捷菜单中选择“重命名”命令，则该文件或文件夹名称反白显示并被边框围起来。也可以通过选择“文件”→“重命名”命令来实现。

步骤03 直接输入新的名称替换原名称，或单击原名称，定位插入点后进行修改，然后按 Enter 键即可。

注意

如果是对文件重命名，并且当前的设置是显示文件扩展名的，一般情况下不要修改或删除扩展名。

6. 文件及文件夹的移动

移动文件或文件夹就是将文件或文件夹放到新位置上，执行移动命令后，原位置的文件或文件夹消失，出现在目标位置上。移动文件或文件夹的方法有很多，下面介绍利用剪贴板工具来实现移动操作的具体步骤。

步骤01 选中要移动的文件或文件夹。

步骤02 右击选中的文件或文件夹，在弹出的快捷菜单中选择“剪切”命令。也可以选择“编辑”→“剪切”命令，或者按 Ctrl+X 组合键。

步骤03 确定移动的目标位置。

步骤04 在窗口工作区的空白处右击，在弹出的快捷菜单中选择“粘贴”命令，或者按 Ctrl+V 组合键，或者选择“编辑”→“粘贴”命令，完成移动。

7. 文件及文件夹的复制

复制文件及文件夹就是将文件或文件夹的副本放到目标位置上，执行复制命令后，原位置和目标位置均有该文件或文件夹。复制文件或文件夹的方法有很多，下面介绍利用剪贴板工具来实现复制操作的具体步骤。

步骤01 选中要复制的文件或文件夹。

步骤02 右击选中的文件或文件夹，在弹出的快捷菜单中选择“复制”命令。也可以选择“编辑”→“复制”命令，或者按 Ctrl+C 组合键。

步骤03 确定复制的目标位置。

步骤04 在窗口工作区的空白处右击，在弹出的快捷菜单中选择“粘贴”命令，或者按 Ctrl+V 组合键，或者选择“编辑”→“粘贴”命令，完成复制。

8. 文件及文件夹的删除

当文件或文件夹不再使用时，用户可将其删除，以节省空间，也有利于对文件或文件夹的管理。硬盘上的文件或文件夹删除后将被放到回收站中，用户可以选择将其彻底删除或还原到原来的位置。删除文件或文件夹的操作步骤如下。

步骤01 选中要删除的文件或文件夹。

步骤02 右击选中的文件或文件夹，在弹出的快捷菜单中选择“删除”命令，打开确认对话框，在对话框中完成操作。也可以按 Delete 键，或者选择“文件”→“删除”命令。

如果是删除硬盘上的内容，会询问是否放入回收站，单击“是”按钮，则删除的内容进入回收站，单击“否”按钮，则取消本次删除操作。通过对回收站的操作，可以永久删除或还原这些内容。如果想直接永久删除硬盘上的内容而不进入回收站，只需在执行删除命令的同时，按住 Shift 键。回收站的清空、删除和还原操作请参考 3.3 节。

如果删除可移动存储设备上的内容，确认删除后，被删除的内容不进入回收站，而是直接被永久删除。

前面讨论了关于文件和文件夹的几个重要操作，对于文件和文件夹的重命名、移动、复制、删除操作，执行命令后，均有相应的撤销命令来撤销已完成的操作。具体方法如下：选择“编辑”菜单中的相应撤销命令或在窗口工作区空白处右击，在弹出的快捷菜单中选择相应的撤销命令。

9. 文件及文件夹的属性

文件或文件夹都具有一定的属性，如名称、大小、类型、修改日期、只读、隐藏、存档等。文件或文件夹的只读属性可以保护该对象不被修改。具有隐藏属性的文件或文件夹在默认设置下是不显示的。每次创建一个新文件或修改一个旧文件时，Windows 都会为其分配存档属性，存档属性说明文件或文件夹自上次备份后已被修改。

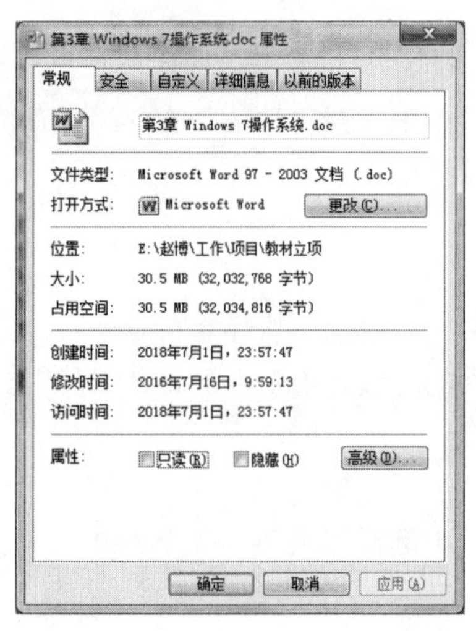

图 3-18　文件的属性对话框

在这些属性中，只读、隐藏、存档属性可以通过“属性”命令来查看和设置。查看和设置属性的方法如下：右击已选中要查看或设置属性的文件或文件夹，在弹出的快捷菜单中选择“属性”命令（或选择“文件”→“属性”命令），打开如图 3-18 所示的属性对话框，在对话框中完成相关操作。

10. 文件及文件夹的搜索

在实际应用中，搜索是常用的操作。利用 Windows 7 操作系统的搜索功能，能够快速查找计算机中的程序、文件或文件夹等。

Windows 7 操作系统在“开始”菜单和资源管理器窗口中均提供了搜索功能。从用户在搜索框中输入搜索信息时起，搜索工作就开始了。用户可以从文件或文件夹的名称、包含的文字、时间、类型和大小等几个方面对文件和文件夹进行搜索。

通常按文件或文件夹的名称信息进行搜索，必要时在搜索信息中使用通配符。利用通配符可以描述具有某些共同特征的一批文件，通配符有两个，分别是“*”和“?”。“*”代表零个或多个合法字符，“?”代表一个合法字符。例如：

1）*.*代表所有文件。

2）*.exe 代表扩展名为.exe 的所有文件。

3）ab*c.txt 代表主名以 ab 开头，以 c 结尾，中间可以是零个或多个合法字符的扩展名为.txt 的所有文件。

4）ab?c.txt 代表主名长度为 4 且以 ab 开头，以 c 结尾的扩展名为.txt 的所有文件。

（1）使用“开始”菜单中的搜索框

Windows 7 操作系统“开始”菜单中的搜索框是多功能搜索框，既可以搜索程序和文件，也可以运行程序。它可以在 Windows 文件夹、Program File 文件夹、Path 环境变量指向的文件夹、库、运行程序历史中快速搜索文件，搜索速度非常快。但这里的搜索不能做进一步筛选。

用户输入搜索信息后，搜索的结果分类显示在“开始”菜单中，单击“查看更多结果”按钮会显示全部搜索结果。

用户也可以输入系统命令，按 Enter 键后开始执行。例如，输入“cmd”后按 Enter 键即启动“命令提示符”程序。

（2）使用文件夹或库中的搜索框

如果要对指定的地址进行搜索，使用此搜索是合适的，并且可以通过“修改日期”和“大小”进行筛选。该搜索分两步进行，首先确定搜索地址，然后输入搜索内容。例如，要搜索 D 盘中所有的文本文件，首先打开 D 盘，然后在搜索框中输入“*.txt”，搜索结果即显示在窗口工作区中。

11. 文件及文件夹的显示方式

用户可以改变文件或文件夹在窗口中的显示方式。Windows 7 操作系统提供了 8 种显示方式，分别是超大图标、大图标、中等图标、小图标、列表、详细信息、平铺、内容。

用户可以选择“查看”菜单中的相应命令来改变显示方式，或者单击工具栏上的“视图”按钮来选择显示方式，也可以在窗口空白处右击，在弹出的快捷菜单中选择“查看”级联菜单中的命令来实现。

12. 文件及文件夹图标的排序

用户可以对窗口中的图标和桌面上的图标进行排序。Windows 7 操作系统提供了 4 种排序方式，分别是按名称、修改日期、类型和大小排序。针对每种排序方式，还可以选择递增或递减规律。

1）按名称：按名称的字典次序排列图标。

2）按修改日期：按修改日期和时间排列图标。

3）按类型：按扩展名的字典次序排列图标。

4）按大小：按所占存储空间的大小排列图标。

（1）窗口中的图标排序

用户可以选择“查看”→“排序方式”命令，在其级联菜单中选择相应的命令来排列图标。也可以在窗口空白处右击，在弹出的快捷菜单中选择“排序方式”级联菜单中的命令来实现。

如果是在详细资料显示方式下，还可以通过单击列表的标题进行快速排序。单击列表标题后，在标题上会出现一个三角形。正三角形表示按升序排序，倒三角形表示按降序排序。

（2）桌面上的图标排列

桌面上的图标也可以按一定的规则进行排列。方法是在桌面空白处右击，在弹出的快捷菜单中选择“排序方式”命令，在级联菜单中选择排序方法。

3.5 调整计算机的设置

Windows 7 操作系统的环境可以调整计算机的设置，这些功能主要集中在控制面板中。控制面板是用来对系统进行设置的一个工具集，用户可以根据自己的需要，更改鼠标、键盘、显示器、打印机等硬件的设置，也可以更改软件和应用环境的设置。启动控制面板的方法很多，常用的有以下两种：

1）选择“开始”→“控制面板”命令。

2）打开“计算机”窗口，单击工具栏上的“打开控制面板”按钮。

控制面板中为图标的显示提供了 3 种查看方式，即类别、大图标和小图标。在“控制面板”窗口右上角的“查看方式”下拉列表中可选择查看方式。图 3-19 所示为控制面板的类别显示方式，图 3-20 所示为控制面板的小图标显示方式。下面以控制面板的类别显示方式为例介绍如何调整计算机的设置。

图 3-19　控制面板的类别显示方式

图 3-20　控制面板的小图标显示方式

3.5.1　外观和个性化

“外观和个性化”窗口主要为用户提供对 Windows 7 操作系统的桌面个性化设置、显示设置、桌面小工具设置、任务栏和“开始”菜单的属性设置、文件夹的设置及字体设置等。

1. 个性化设置

个性化设置主要包括主题、桌面背景、窗口颜色、屏幕保护程序、桌面图标等的设置。可以通过以下方法打开“个性化”窗口（图 3-21）。

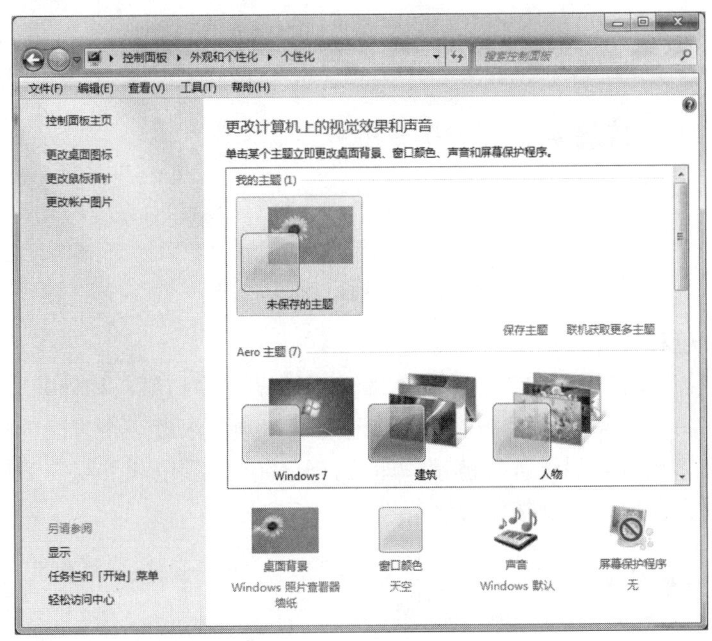

图 3-21　“个性化”窗口

1）在控制面板中单击“外观和个性化”链接，在打开的窗口中单击“个性化”链接。

2）在桌面的空白处右击，在弹出的快捷菜单中选择“个性化”命令。

（1）设置主题

主题决定了桌面的总体外观，也就是说，一旦选择了一个新的主题，桌面、窗口、图标、字体、颜色、背景图片及屏幕保护程序等也随之改变。Windows 7 操作系统为用户提供了多个主题，包括 7 个 Aero 主题及 6 个基本和高对比度主题，用户可以根据个人喜好选择一个主题。方法是单击主题列表中的某个主题，该主题会立即生效。当然，在应用了一个主题后用户也可以单独更改主题中的某些元素，进而变成自定义的主题，出现在“我的主题”列表中。

（2）设置桌面背景

桌面可以用一张图片作为背景（也称为壁纸），也可以用多张图片以幻灯片播放的形式作为背景。单击“个性化”窗口下方的“桌面背景”链接即可打开“桌面背景”窗口，如图 3-22 所示。如果不想选用 Windows 7 操作系统提供的图片，可单击“浏览”按钮来选择其他图片。通过“图片位置”下拉列表可以为背景选择位置。当用户选择多张图片时，还可以设置播放的时间间隔和播放方式。设置完成后，单击“保存修改”按钮即可。

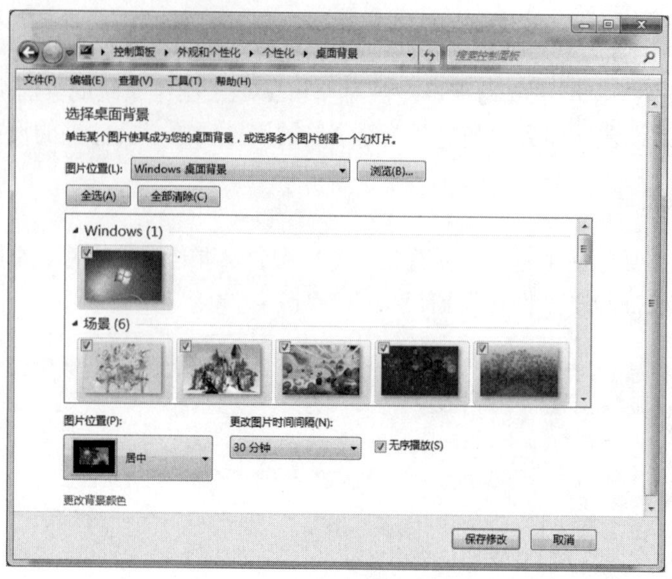

图 3-22 “桌面背景”窗口

（3）设置颜色和外观

单击“个性化”窗口下方的“窗口颜色”链接即打开“窗口颜色和外观”窗口，如图 3-23 所示。在该窗口中可对 Aero 颜色方案、窗口透明度和颜色浓度 3 个方面的外观选项进行优化设置；若单击“高级外观设置”链接，即可打开“窗口颜色和外观”对话框，可以进一步对桌面、菜单、窗口、标题按钮等进行设置。

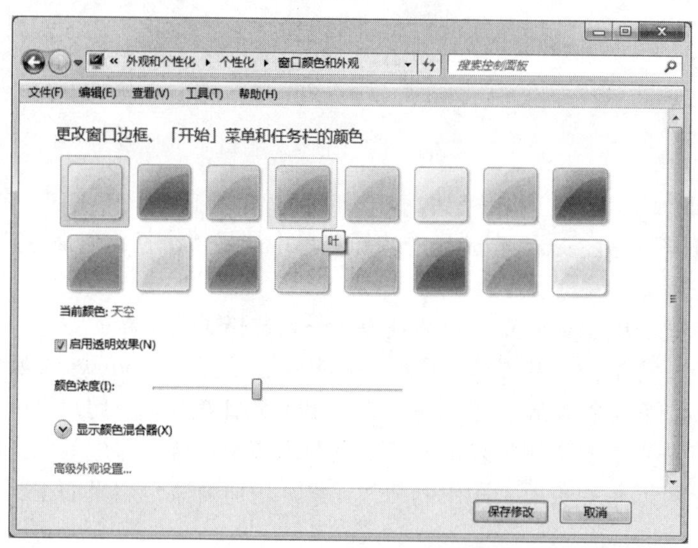

图 3-23 “窗口颜色和外观”窗口

（4）设置屏幕保护程序

屏幕保护程序是指在指定的一段时间内没有使用计算机时，在屏幕上出现的移动动画或图案。使用屏幕保护程序可以保护信息安全，延长显示器使用寿命。当对计算机不进行任何操作的时间达到设置值时，屏幕保护程序将自动启动。移动鼠标或按任意键可以停止屏幕保护程序的运行。

单击“个性化”窗口下方的“屏幕保护程序”链接，打开“屏幕保护程序设置”对话框，如图 3-24 所示。在“屏幕保护程序”下拉列表中选择屏幕保护程序，在“等待”编辑框中输入启动屏幕保护程序的时间。单击“预览”按钮可以预览效果，单击“设置”按钮可以对当前屏幕保护程序做进一步设置。如果选中“在恢复时显示登录屏幕”复选框，那么需要输入密码才能退出屏幕保护程序。最后单击“确定”按钮完成设置。

图 3-24 “屏幕保护程序设置”对话框

（5）设置桌面图标

Windows 7 操作系统安装完成后，默认情况下，桌面上只有“回收站”图标。为了使用方便，用户可以把一些常用的系统图标添加到桌面上。在“个性化”窗口左上方单击“更改桌面图标”链接，打开“桌面图标设置”对话框，如图 3-25 所示。用户通过选中相应复选框来选择桌面上显示的图标，也可以通过单击“更改图标”按钮来更改选项的图标。最后单击“确定”按钮完成设置。

图 3-25 “桌面图标设置”对话框

2. 显示设置

显示设置主要包括放大或缩小文本大小和其他项目、屏幕分辨率等的设置。在“控制面板”窗口中单击“外观和个性化”链接，在打开的窗口中单击“显示”链接，打开“显示”窗口，如图 3-26 所示。

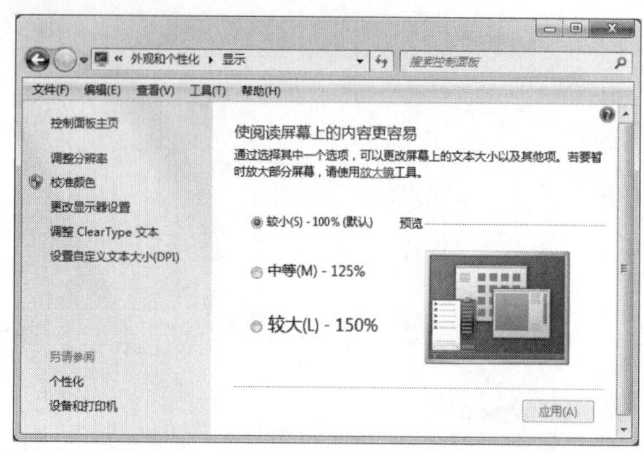

图 3-26 “显示”窗口

（1）放大或缩小文本大小和其他项目

通过该项设置，可以更改屏幕上的文本及其他项目大小，以适应用户的视觉。默认为“较小（S）-100%”，可以放大到“中等（M）-125%”或“较大（L）-150%”。如果这些选项不合适，还可以通过“设置自定义文本大小（DPI）”链接设置。

（2）设置屏幕分辨率

屏幕分辨率是指显示器上显示的像素数量，分辨率越高，项目越清楚，同时屏幕上的项目显得越小，因此屏幕可以显示的内容就越多，反之则越少。推荐使用厂商提供的分辨率。

单击“显示”窗口左上方“调整分辨率”链接，或右击桌面空白处，在弹出的快捷菜单中选择“屏幕分辨率”命令，均可打开“屏幕分辨率”窗口，如图 3-27 所示。用户可在“分辨率”下拉列表中调整分辨率，调整结束后单击“确定”按钮。另外，可以单击“高级设置”链接，进行相应设置。

图 3-27 “屏幕分辨率”窗口

3. 桌面小工具设置

Windows 7 操作系统自带了很多漂亮且实用的桌面小工具，如日历、时钟、天气、CPU 仪表盘、幻灯片和图片拼图板等。这些小程序可以提供即时信息及轻松访问常用工具的途径。用户可以通过以下方法打开“桌面小工具”窗口（图 3-28）。

图 3-28　“桌面小工具”窗口

1）在“控制面板”窗口中单击“外观和个性化”链接，在打开的窗口中单击“桌面小工具”链接。

2）在桌面的空白处右击，在弹出的快捷菜单中选择“小工具”命令。

用户可以从“桌面小工具”窗口中选择自己喜欢的小工具，然后双击小工具图标或右击，在弹出的快捷菜单中选择“添加”命令，即可将小工具添加到桌面，更简单的方法是用鼠标将小工具直接拖动到桌面上。如果要删除桌面上的小工具，只需单击小工具工具栏上的“关闭”按钮，或者右击小工具，在弹出的快捷菜单中选择“关闭小工具”命令即可。

3.5.2　时钟、语言和区域设置

“时钟、语言和区域设置”窗口主要为用户提供对 Windows 7 操作系统的日期和时间、区域和语言设置。

1. 日期和时间设置

日期和时间设置主要包括日期和时间、更改时区等的设置。用户可以通过以下方法打开“日期和时间”对话框（图 3-29）。

1）在“控制面板”窗口中单击“时钟、语言和区域”链接，在打开的窗口中单击“日期和时间”链接。

2）单击任务栏通知区域的“时钟”按钮，在弹出的窗格中单击“更改日期和时间设置”链接。

3）右击任务栏通知区的“时钟”按钮，在弹出的快捷菜单中选择“调整日期/时间”命令。

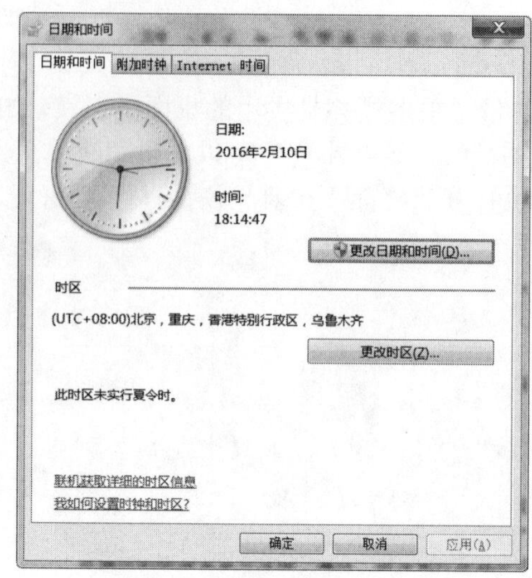

图 3-29 “时期和时间”对话框

在打开的“日期和时间”对话框中，单击“更改日期和时间”按钮，将打开“日期和时间设置”对话框，可对日期和时间进行设置。单击“更改时区”按钮，将打开“时区设置”对话框，可对时区进行设置。

2. 区域和语言设置

区域和语言设置主要包括日期、时间或数字格式、键盘或其他输入法等的设置。在“控制面板”窗口中单击“时钟、语言和区域”链接，在打开的窗口中单击“区域和语言”链接，打开“区域和语言”对话框，如图 3-30 所示。

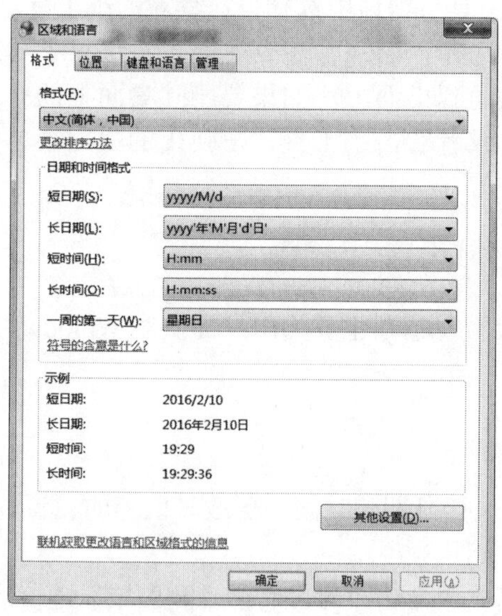

图 3-30 “区域和语言”对话框

（1）日期、时间或数字格式设置

在“区域和语言”对话框中的“格式”选项卡中，可以根据需要来更改日期和时间格式，具体方法是在对应项的下拉列表中进行选择。单击“其他设置”按钮，打开“自定义格式”对话框，如图 3-31 所示。在该对话框中可进一步对数字、货币、时间、日期等格式进行设置。

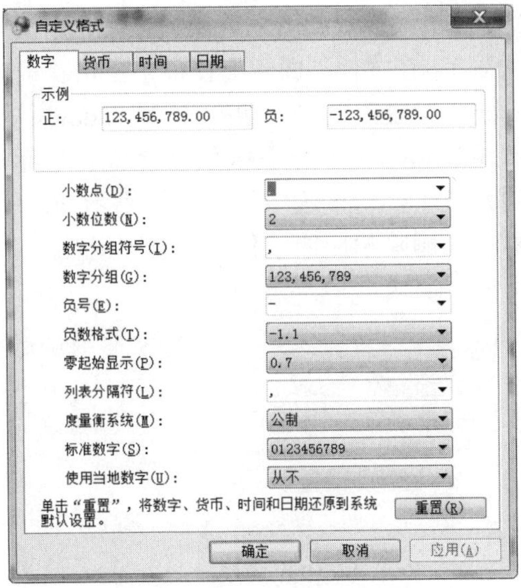

图 3-31 “自定义格式”对话框

（2）键盘或其他输入法设置

这里只讨论输入法的设置。在“区域和语言”对话框的“键盘和语言”选项卡中单击“更改键盘”按钮，或右击任务栏中的语言栏，在弹出的快捷菜单中选择“设置”命令，都会打开“文本服务和输入语言”对话框，如图 3-32 所示。

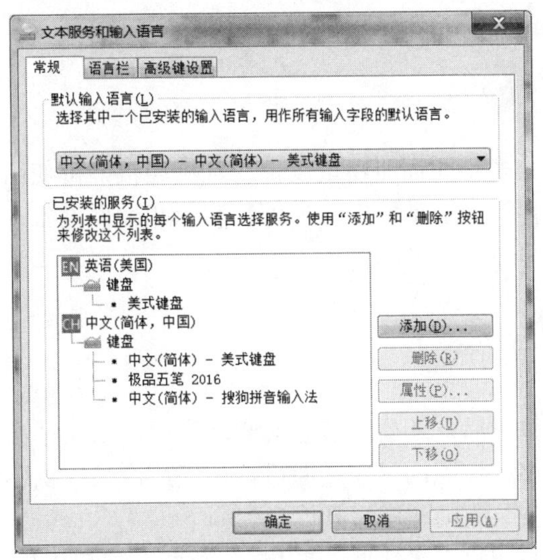

图 3-32 “文本服务和输入语言”对话框

在该对话框中单击“添加”按钮，可添加 Windows 7 操作系统自带的中文等多种汉字输入法。在“已安装的服务”列表框中选择一种输入法后，单击“删除”按钮可将其删除。在“已安装的服务”列表框中选择一种输入法后，通过单击“上移”按钮和“下移”按钮可以调整该输入法的位置，从而调整输入法切换的顺序。

3.5.3 Windows 功能设置

Windows 7 操作系统提供了很多可供用户选择的组件，用户可以根据实际需要添加到系统中，也可以从系统中删除。在“控制面板”窗口中单击“程序”链接，在打开的窗口中单击“打开或关闭 Windows 功能”链接，即打开“Windows 功能”窗口，如图 3-33 所示。组件列表框中列出了 Windows 7 操作系统所包含的组件名称。凡是被选中的复选框表示该组件已经被安装到系统中；未被选中的复选框表示尚未安装的组件。用户可以选中或取消选中复选框来添加或删除相应的组件，单击“确定”按钮后完成组件的添加或删除操作。

图 3-33 “Windows 功能”窗口

3.5.4 硬件设置

当前计算机的硬件大多是即插即用型设备，直接连接即可使用。对于非即插即用型的硬件，如打印机等则需要安装驱动程序。另外，对一些硬件设备，还可以进行设置。这里主要讨论添加/删除打印机和鼠标的设置。

1. 添加/删除打印机

（1）添加打印机

把打印机连接到计算机后，还要安装它的驱动程序。如果厂商提供了驱动程序的安装程序，那么执行安装程序，按照向导安装即可。如果厂商只提供驱动程序，而不是安装程序，那么用户需要手动安装驱动程序，具体步骤如下。

步骤01 打开“添加打印机”对话框。在“控制面板”窗口中单击“硬件和声音”链接，在打开的窗口中单击“添加打印机”链接；或者选择“开始”→“设备和打印机”命令，在打开窗口的工具栏上单击“添加打印机”按钮。

步骤02 选择安装打印机的类型。安装打印机的类型有两种，一种是“添加本地打印机”，另一种是“添加网络、无线或 Bluetooth 打印机”。这里以添加本地打印机为例，因此选择“添加本地打印机”。

步骤03 选择打印机端口。

步骤04 选择厂商和型号。如果没有对应的型号，可以单击“从磁盘安装”按钮来获得驱动程序。

步骤05 输入打印机名称。单击“下一步”按钮，开始安装驱动程序。

步骤06 打印机共享设置。单击“下一步”按钮，完成安装。

（2）删除打印机

不再使用打印机后，要对它进行删除操作，具体步骤如下。

步骤01 打开“设备和打印机”窗口。在控制面板中单击“硬件和声音”链接，在打开的窗口中单击“设备和打印机”链接；或者选择“开始”→“设备和打印机”命令。

步骤02 单击要删除的打印机图标，在工具栏中单击“删除设备”按钮进行删除，也可以右击要删除的打印机，在弹出的快捷菜单中选择“删除设备”命令进行删除。

2. 鼠标的设置

在“控制面板”窗口中单击“硬件和声音”链接，在打开的窗口中单击“鼠标”链接，打开“鼠标 属性”对话框，如图 3-34 所示。在该对话框中，用户可以改变鼠标左/右键的功能，以适应左手习惯。用户还可以设置双击速度、指针方案、指针选项等。

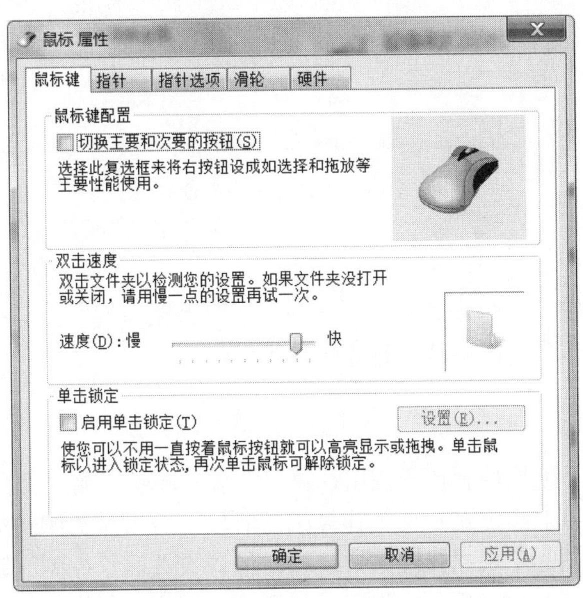

图 3-34　“鼠标 属性”对话框

3.5.5　用户账户设置

Windows 7 操作系统支持多用户使用，每个用户只需建立一个独立的账户，即可按自己的需要进行个性化设置。每个用户用自己的账号登录 Windows 7 操作系统，并且多用户间的系统设置是相互独立的。Windows 7 操作系统提供了 3 种不同类型的账户，分别是管理员账户、标准账户和来宾账户。其中，管理员账户操作权限最高，具有完全访问权，可以对计算机进行最高级别的控制；标准账户适用于日常使用；来宾账户是给临时用户使用的，只能执行基本的操作，且不能对系统进行修改。Windows 7 操作系统默认生成 Administrator 和 Guest 两个账户。

1. 创建新账户

在“控制面板”窗口中单击“用户账户和家庭安全”链接，在打开的窗口中单击“添加或删除用户账户”链接，打开“管理账户”窗口，如图 3-35 所示。单击“创建一个新账户”链接，打开“创建新账户”窗口。输入新账户名称，选择账户类型后，单击“创建账户”按钮，即可完成一个新账户的创建。

图 3-35 “管理账户”窗口

2. 设置账户

在“管理账户”窗口中单击某账户，便弹出“更改账户”窗口，在该窗口可以进行更改账户名称、创建密码、更改图片、删除账户等操作。

3. 设置家长控制

为了能够让家长方便地控制孩子使用计算机，Windows 7 操作系统提供了家长控制功能。使用该功能，可以对指定账户使用计算机的时段、可以玩的游戏类型及可以运行的程序进行限制。具体方法为单击“管理账户”窗口的“设置家长控制”链接进行设置。需要注意的是，开启家长控制功能后，作为家长的管理员用户必须设置密码，否则家长控制不起作用。

3.6 软件的安装与卸载

Windows 操作系统自带的程序有限，如果要让计算机完成更多的工作，就需要购买或者从网络上下载所需的软件，这些软件绝大部分需要安装后才能使用，因此本节将着重介绍在 Windows 7 操作系统中安装与卸载软件的方法。

3.6.1 安装软件前的准备

安装在计算机中的软件并不是越多越好，软件过多不仅会占用计算机的磁盘空间，还会影响系统的稳定性和计算机的运行速度，因此用户应根据自身的实际需要安装一些必需和常用的软件。在安装软件前，首先应了解目前市场上的软件种类、获取软件的方法，以及查找安装软件时使用的序列号的方法等。

1. 常用软件的分类

常用软件的种类很多，根据其性质的不同，可大致分为系统软件和应用软件两类，下面分别进行讲解。

1）系统软件：系统软件是为了用户管理、控制和维护计算机系统，方便使用计算机而设计的软件，主要包括操作系统（如 Windows 7）、语言处理程序和实用程序等。

2）应用软件：也称为应用程序，是针对计算机用户在某一方面的实际需要而设计的程序，主要面向应用领域和用户，包括办公软件（如 Office 等）、辅助设计软件（如 AutoCAD 等）、图形图像软件（如 Photoshop、CorelDRAW 等）及工具软件（ACDSee、WinRAR）等。

应用软件中的工具软件是用户使用最频繁的软件类型，主要包括以下 3 种类型。

1）演示软件：为了让用户先了解软件的功能而发布的版本，主要介绍软件可以实现的功能和软件的特性。如果需要使用该软件，可以购买正式版本。

2）共享软件：是购买或注册前，用户可以试用的一类软件。这类软件虽然有版权但可免费下载并试用，但是在一定的试用时间后，用户必须注册或购买这个软件才能继续使用。

3）免费软件：用户可以免费下载、安装和使用，并可以在同事和朋友之间传递。与共享软件不同的是，用户无须注册和购买即可使用其提供的所有功能。

注意

共享软件多数不是永久免费的，开发者的最终目的是希望用户在了解软件后购买产品，所以共享软件往往限制使用时间或只提供部分功能，不过与纯粹的免费软件相比，共享软件在安全方面要强很多。

2. 获取软件的途径

要安装软件，首先应获取软件的安装程序，获取的途径主要有以下几种。

（1）从软件销售商处购买安装光盘

光盘是存储软件和文件的媒体之一，用户可以从软件销售商处购买所需的软件安装光盘。需要注意的是，不要购买盗版软件，因为盗版软件不能得到很好的售后服务，同时不能得到软件商的技术支持，最重要的是盗版软件的安全性差，购买的盗版光盘中可能存在危害计算机安全的计算机病毒程序等。另外，盗版软件还侵犯了软件开发者的知识产权。

（2）从网络上下载安装程序

目前，许多共享软件和免费软件都可以从网络上获取，用户可以将所需的软件程序下载下来使用。但在网络上下载程序时应选择知名度较高的网站，因为网络是计算机病毒最重要的传播渠道，知名度较高的网站在安全性方面会做得更好。

（3）购买软件书时赠送

一些软件方面的杂志或书籍也常以光盘的形式为读者提供一些小的软件程序，这些软件大多是免费的，且经过了测试，用户可以放心使用。

3. 查找安装序列号

在安装一些商业或共享软件的过程中，常常需要输入安装序列号（又叫注册码），如果没有正确的序列号将不能继续安装。获取安装序列号一般有以下几种方法：

1）阅读安装光盘的包装，很多软件商都将安装序列号印刷在光盘的包装封面上，用户可以通过包装封面来获取安装序列号。

2）在安装共享软件或免费软件之前，应仔细阅读软件的安装说明书或随机文档资料。根据软件的大小或用途，其软件安装说明书的内容也各不相同，但一般可通过它获取软件的安装序列号、软件的安装方法和步骤等，要注意其中以 CN、SN、Readme 或“序列号”等命名的文件。

3.6.2 安装与卸载软件

在获取软件和安装序列号后，即可开始进行软件的安装。该过程其实并不复杂，只要掌握了安装软件的途径和一般步骤，就可按照安装程序的提示正确安装。

1. 安装软件的两种途径

做好软件安装准备后，即可开始安装软件。安装软件一般有以下两种途径。

1）将安装光盘放入光驱，然后双击其中的 setup.exe 或 Install.exe 文件，打开“安装向导”对话框，再根据提示进行安装。某些安装光盘提供了智能化功能，即只需将安装光盘放入光驱，系统就会自动运行可执行文件，打开“安装向导”对话框。

2）如果安装程序是从网络上下载并存放在硬盘中的，则可在资源管理器窗口中找到该安装程序的存放位置，双击其中的安装文件，再根据提示进行操作即可。

注意

并不是所有的安装程序的文件名都是 setup.exe 或 Install.exe，有的软件将安装程序打包为一个文件，双击该文件也可进行安装，其文件名可能是该软件的名称。

2. 安装软件

依据以上方法打开“安装向导”对话框后，根据提示操作即可完成软件的安装，这个过程通常会经历以下几个步骤。

步骤01 阅读软件介绍：包括软件的主要功能和开发商等内容。

步骤02 阅读许可协议：即用户使用该软件需要接受的相关协定。

步骤03 填写用户信息：如用户名、单位等内容。

步骤04 输入安装序列号：也称为 CD key 或产品密钥，只有输入了正确的安装序列号后才能继续安装。

步骤05 选择安装位置：即指定软件安装在计算机中的文件夹。

步骤06 选择安装项目：有些大型软件包含多个功能或组件，用户可以根据需要进行选择。

步骤07 开始安装：显示安装进度。

步骤08 安装完毕：显示安装成功等信息。

提示：上述步骤只是软件安装的一般步骤，并不是所有软件的安装过程都要经历以上每个步骤，根据软件的类型、大小的不同，其操作步骤或增或减，每个步骤的顺序也或前或后。在安装过程中，只需仔细阅读“安装向导”对话框中的提示，并按照其要求进行操作即可。

3. 查看安装好的软件

如果用户要了解计算机中已经安装的软件，查看的方法主要有3种，下面分别进行讲解。

（1）通过“开始”菜单查看

在安装过程中，如果用户选择默认的安装路径进行安装，大多数软件将出现在“开始”菜单的“所有程序”列表中，因此用户可以在“所有程序”列表中查看已安装的软件，如图3-36所示。在相应程序文件夹下单击相应的命令项，即可启动软件。

提示：某些软件安装成功后还将自动在桌面上创建一个快捷方式图标，双击图标可快速启动软件。

图3-36 从“开始”菜单查看程序

（2）通过“计算机”窗口查看

软件安装成功后如果并未显示在“开始”菜单的“所有程序”列表中，也没有在桌面上创建快捷方式，用户可以通过“计算机”窗口查找该软件，并在桌面上创建一个快捷方式图标以方便使用。通常可以在“计算机”窗口中打开C盘（系统盘）中的Program Files文件夹，该文件夹中显示了计算机中所有安装的软件，如图3-37所示。

图3-37 Program Files文件夹

注意

一般软件的安装默认位置是系统盘的Program Files文件夹，如果安装时用户手动更改了其安装位置，则需要到指定的位置下才能找到该文件。

（3）通过控制面板查看

用户通过控制面板也可以查看计算机中安装了哪些程序，其方法是打开“控制面板”窗口，单击“程序”链接，在打开的“程序”窗口中单击“程序和功能”链接，在打开的窗口中即可查看计算机中安装的所有程序，如图 3-38 所示。

图 3-38　“程序和功能”窗口

4. 卸载软件

对于不再使用的软件或由于程序错误导致不能再继续使用的软件，可以将其从计算机中卸载。卸载软件一般可以通过下面两种方法实现。

（1）通过“开始”菜单卸载

对于本身就提供了卸载功能的软件，可以通过“开始”菜单直接将其删除，这是删除软件最简单的一种方法。例如，卸载计算机中安装的“人生日历”程序的步骤如下。

步骤01 单击“开始”按钮，在弹出的“开始”菜单中单击“所有程序”按钮，在“所有程序”列表中选择“人生日历”文件夹，然后选择“卸载人生日历”命令，如图 3-39 所示。

步骤02 在图 3-40 所示的确认卸载对话框中单击“开始卸载”按钮，确认卸载。

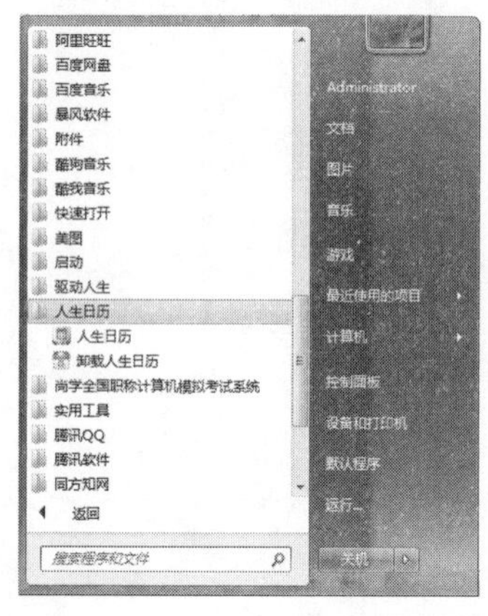

图 3-39　选择“卸载人生日历”命令

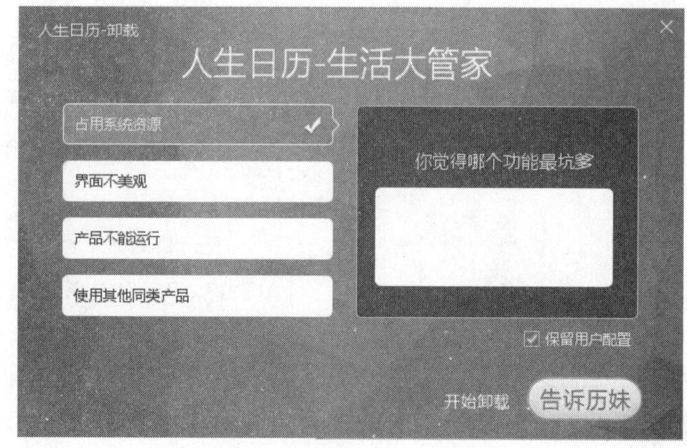

图 3-40　确认卸载

步骤03 系统开始删除软件，并同时显示删除进度，如图 3-41 所示。软件卸载完成后，在打开的对话框中单击“卸载完成”按钮，如图 3-42 所示，完成卸载。

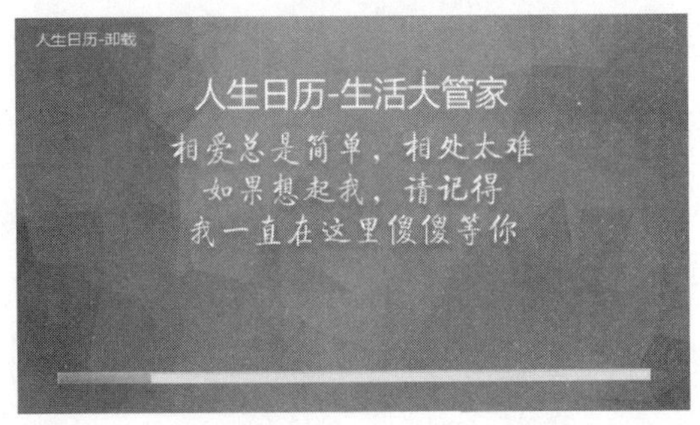

图 3-41　卸载进度

图 3-42　完成卸载

注意

软件不同，软件的卸载命令项也会有所不同，但大都包含“卸载”、“删除”或“反安装”等字样。不同软件的卸载过程也会存在差异，但只要根据其中的提示进行操作，便可完成软件的卸载。有些软件在卸载后还会要求重启计算机以彻底删除该软件的安装文件。

（2）通过控制面板卸载

如果“开始”菜单中没有卸载命令项，则可以在控制面板中完成卸载操作。例如，通过控制面板卸载“暴风影音 5”程序的步骤如下。

步骤01 选择“开始”→“控制面板”命令，打开“控制面板”窗口，在“程序”分类中单击“卸载程序”链接，如图 3-43 所示。

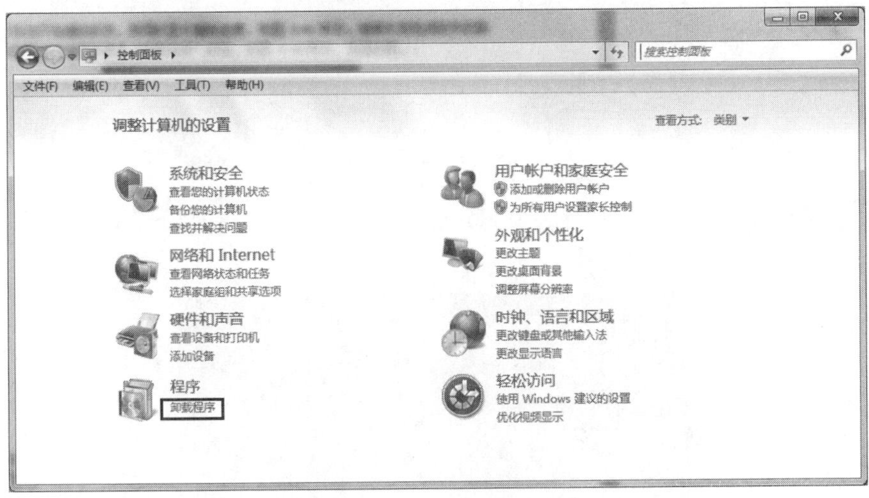

图 3-43　选择卸载功能

步骤02 在打开的程序列表中选择“暴风影音 5”选项，单击工具栏中的“卸载/更改”按钮，如图 3-44 所示。

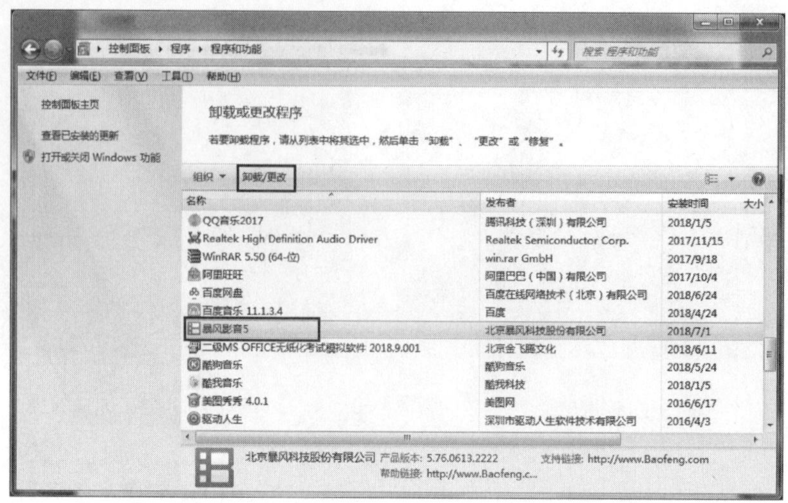

图 3-44　单击“卸载/更改”按钮

步骤03 在打开的对话框中选中“我要卸载”单选按钮，单击“继续”按钮，确认卸载，如图 3-45 所示。

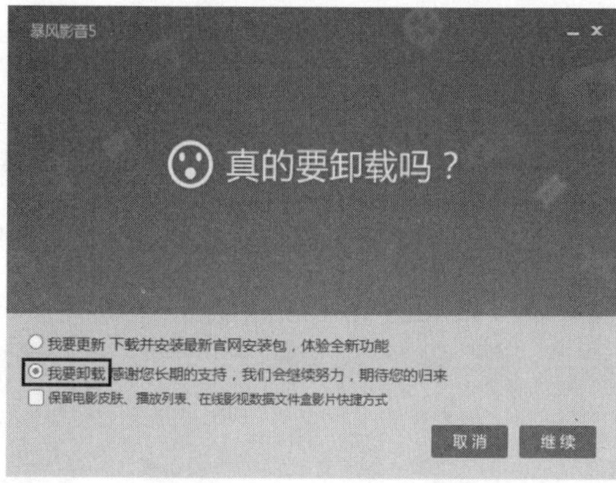

图 3-45　确认卸载

步骤04 卸载程序开始删除程序，并显示删除进度，完成后在打开的对话框中单击“完成”按钮完成卸载，如图 3-46 所示。

图 3-46　完成卸载

3.7 Windows 7 操作系统的其他重要操作

3.7.1 创建快捷方式

快捷方式是 Windows 提供的一种快速启动程序、打开文件或文件夹的方法。快捷方式对经常使用的程序、文件和文件夹非常有用。快捷方式实质上是一个到所指对象的链接，由图标表示，对应磁盘文件扩展名为.lnk，文件中保存了链接对象的路径，作用是能在其他地方快速打开该对象。快捷方式一般存放在桌面、“开始”菜单、任务栏这 3 个地方。

1. 在桌面上创建快捷方式

在桌面上建立快捷方式的常用方法有两种。

（1）通过“新建”命令建立快捷方式

这种方法是在桌面上创建快捷方式，需要分 3 步来完成，分别是发出命令、确定指向对象和确定名称。

下面以创建指向画图应用程序的快捷方式为例来介绍创建快捷方式的方法。画图应用程序的文件名为 mspaint.exe，地址是 C:\Windows\System32。创建快捷方式的具体步骤如下。

步骤01 在桌面空白处右击，在弹出的快捷菜单中选择“新建”→“快捷方式”命令，打开“创建快捷方式”对话框。

步骤02 在该对话框中输入画图应用程序的位置及程序名称，或通过单击“浏览”按钮进行查找。最后文本框中的内容应该是 C:\Windows\System32\mspaint.exe，单击“下一步”按钮。

步骤03 在打开的对话框中输入“我的画图”，单击“完成”按钮，完成任务。

（2）通过“发送到”命令建立快捷方式

找到建立快捷方式的对象，右击该对象，在弹出的快捷菜单中选择“发送到”→“桌面快捷方式”命令。这样就在桌面上建立了该对象的快捷方式，用户可以更改快捷方式的名称。

2. 在“开始”菜单中建立快捷方式

右击“开始”菜单的“所有程序”命令，在弹出的快捷菜单中选择“打开”命令，确定要建立的快捷方式的存放位置，然后在窗口工作区空白处右击，在弹出的快捷菜单中选择“新建”→“快捷方式”命令完成创建。

3. 将应用程序快捷方式锁定到任务栏

任务栏的任务按钮区也能存放快捷方式，但只能存放应用程序对应的快捷方式。单击锁定到任务栏上的快捷方式按钮可以快速启动该任务。将应用程序快捷方式锁定到任务栏的方法是在应用程序按钮或快捷方式按钮上右击，在弹出的快捷菜单中选择“锁定到任务栏”命令。如果想删除锁定的快捷方式，只要右击该快捷方式按钮，在弹出的快捷菜单中选择“将此程序从任务栏解锁”命令即可。

3.7.2 管理磁盘

计算机主要的外存储器是硬盘，另外还有可移动存储设备，管理好这些外存储器，不但能充分利用存储空间，而且能加快访问速度。对硬盘的管理主要有查看属性、错误检查及碎片整理、格式化等。

1. 查看属性

在“计算机”窗口中右击选中的磁盘，在弹出的快捷菜单中选择“属性”命令，打开磁盘属性对话框，如图 3-47 所示。

在“常规”选项卡中，可以查看或修改磁盘卷标，查看磁盘的类型、文件系统、已用空间和可用空间等，通过“磁盘清理”按钮删除临时文件和卸载某些程序来释放磁盘空间。

2. 错误检查及碎片整理

在“工具”选项卡中，可以进行查错、碎片整理和备份操作，如图 3-48 所示。查错的目的是扫描驱动器是否有坏扇区和坏文件分配表。对于包含大量文件的驱动器，磁盘检查过程将花费很长的时间。

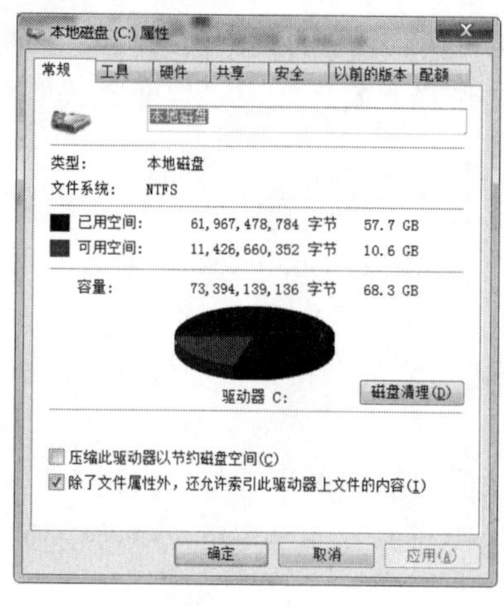

图 3-47 磁盘属性对话框的“常规”选项卡

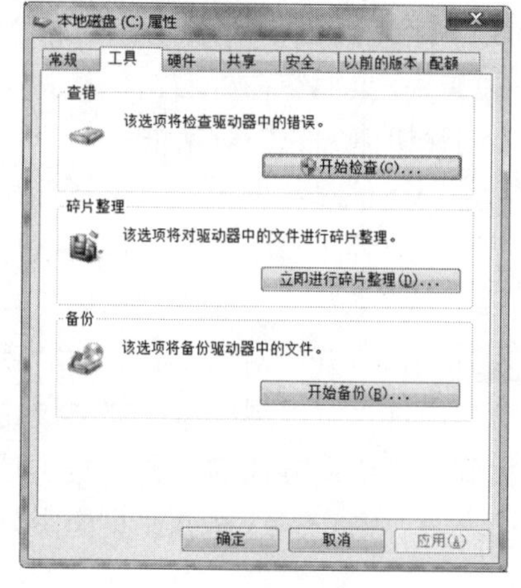

图 3-48 磁盘属性对话框的“工具”选项卡

在磁盘使用过程中，由于添加、删除等操作，在磁盘上会形成一些物理位置不连续的文件，即磁盘碎片。磁盘碎片的存在，既影响系统的读/写速度，又会降低磁盘空间的利用率。因此进行磁盘碎片整理是很有必要的，可以单击“立即进行碎片整理”按钮启动碎片整理程序，也可以选择“开始”→“所有程序”→“附件”→“系统工具”→“磁盘碎片整理程序”命令来启动。

3. 格式化磁盘

格式化磁盘就是在磁盘上建立可以存放数据的磁道和扇区。

在“计算机”窗口中选中需要格式化的磁盘后，选择“文件”→“格式化”命令，或右击要格式化的磁盘，在弹出的快捷菜单中选择“格式化”命令，打开如图 3-49 所示的对话框。

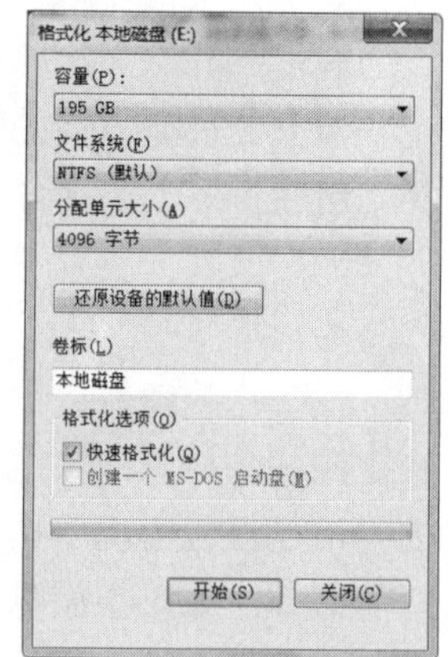

图 3-49 格式化磁盘对话框

对话框中的容量和分配单元大小一般不需要修改，文件系统和卷标可以根据需要进行修改。在“格式化选项”选项组中如果选中了“快速格式化”复选框，则将快速完成格式化工作，但这种格式化不检查磁盘是否有坏扇区，只相当于删除磁盘中的文件。只有在该磁盘已被格式化，并且确保其未被破坏的情况下，才能使用该选项。

3.7.3　使用附件工具

Windows 7 操作系统的“附件”中提供了许多使用方便而且功能强大的工具，这些工具都是非常小的程序，运行速度比较快，可以节省很多的时间和系统资源，能有效地提高工作效率。下面简要介绍这些常用的工具。

1. 记事本

记事本是一个小型的文本编辑器，专门用来编辑文本文件，其编辑功能并不是很强。但它具有运行速度快、占用空间小、使用方便等特点，因此记事本有着广泛的应用。用记事本创建的磁盘文件，默认的扩展名是.txt。

记事本文档又称文本文档，基本操作如下。

（1）新建文档

选择“开始”→“所有程序”→“附件”→“记事本”命令，创建一个新文档，新文档是一个空白文档。文档创建后，用户可以编辑这个文档。新建立的文档在没有保存之前，是存储在内存储器中的，只有保存后才能形成磁盘文件，文档中的内容才能持久保存。

（2）打开文档

选择“文件”→“打开”命令，可以打开一个已经存盘的文档。打开文档的目的是把外存储器上的文档文件调入内存储器，这样才能对其进行编辑、打印等各种操作。打开命令执行后，会打开一个“打开”对话框，如图 3-50 所示。其他程序的“打开”对话框与之类似。打开文档时必须提供该文档的地址、文档名称和类型 3 种信息，这 3 种信息通过“打开”对话框来确定。

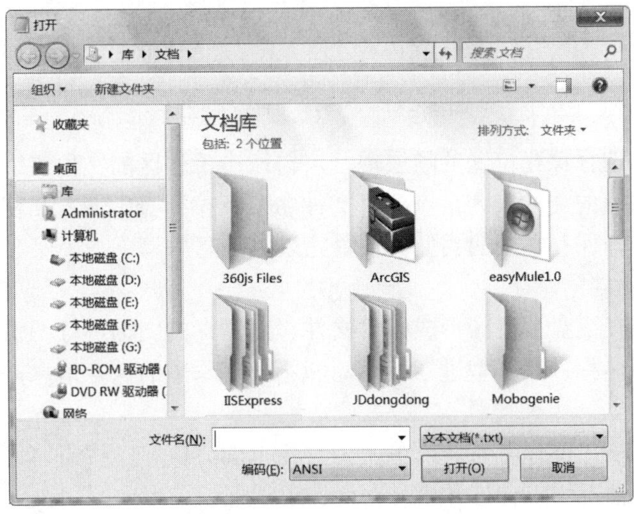

图 3-50　“打开”对话框

通过导航窗格选择文档所在的顶层地址，再双击工作区的文件夹进入下级子文件夹，直到找到要打开的文档为止。然后双击文档来打开，或单击文档（“文件名”下拉列表中显示文档名称）再单击“打开”按钮来打开。

（3）编辑文档

新建的文档或打开的文档是可编辑的，用户可以输入内容，也可以对已有的内容进行修改。新编辑的内容存储在内存储器中，没有写入磁盘，必须通过保存操作才能将新编辑的内容写入磁盘。

（4）保存文档

保存文档的目的是将内存储器中编辑的文档保存到磁盘上，以便持久保存该文档。对于新建的未保存过的文档，保存时将生成磁盘文件；对于已保存过的文档，可以按原位置、原名称、原类型保存，也可以改变位置、名称或类型进行保存。下面分别讨论这两种情况。

1）未保存过的文档的保存。

选择“文件”→“保存”或“另存为”命令，以及单击工具栏上的“保存”按钮，都可以实现对新建的未保存过的文档进行保存。执行命令后，会打开“另存为”对话框，在对话框中确定文档的保存位置、保存名称和保存类型等信息。图 3-51 所示是记事本的“另存为”对话框，其他程序的“另存为”对话框与之类似。

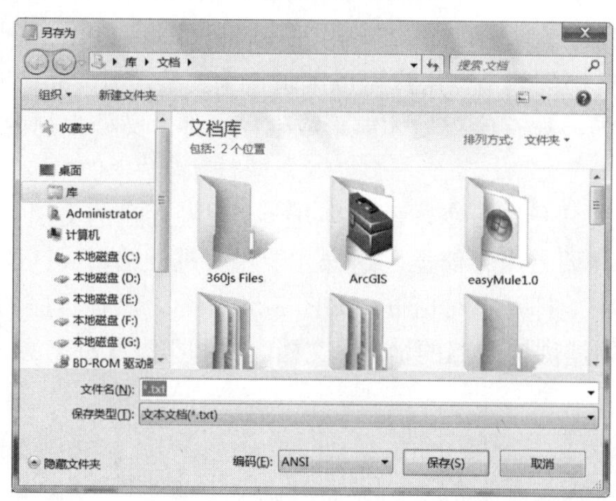

图 3-51 “另存为”对话框

通过导航窗格选择保存位置的顶层地址，再双击工作区的文件夹进入下级子文件夹，直到找到最终要保存的文件夹为止。在“文件名”下拉列表中输入文档名称，在“保存类型”下拉列表中选择保存文档的类型。设置完以上信息后，单击“保存”按钮进行保存。

2）保存过的文档的保存。

保存过的文档在磁盘上已经形成磁盘文件。对这样的文档进行编辑后仍然要保存，既可以按原位置、原名称、原类型进行保存，即不改变原来的保存信息，也可以改变原来的保存信息进行保存。

选择“文件”→“保存”命令或单击工具栏上的“保存”按钮，直接按原来的保存信息进行保存，这种情况下不会打开“另存为”对话框。

选择“文件”→“另存为”命令，会打开“另存为”对话框，用户可以改变保存位置、保存名称或保存类型进行保存。

2. 画图

画图是一个图片编辑器，可以对多种格式的图片进行编辑。用户可以自己绘制图片，也可以对已有的图片进行编辑修改。编辑完成后，可以以.bmp、.jpg、.gif 等格式保存图片，默认格式是.bmp。

3. 截图工具

Windows 7 操作系统中的截图工具功能非常强大，甚至可以和专业的屏幕截图工具相媲美。截图工具不仅可以按照多种形式截取图片，还能对截取的图片进行编辑。截取的图片可以复制到剪贴板，也可以以多种图片格式保存到磁盘上。

4. 计算器

计算器可以完成任意的通常借助手持计算器来完成的标准运算，既可用于基本的算术运算，如加、减、乘、除运算等，又具有科学计算器的功能，如对数运算和阶乘运算等。计算器的使用方法与日常生活中所使用的计算器类似，可以通过单击计算器上的按钮来取值，也可以通过键盘输入来取值。

5. 命令提示符工具

命令提示符工具是 Windows 7 操作系统提供给用户的一个字符命令使用环境，也就是说用户可以在命令提示符状态下执行字符命令。当用户进入命令提示符窗口时，便可在“>”后面输入命令，并按 Enter 键来执行。通过执行 exit 命令或关闭窗口返回到桌面状态。

第4章

Word 2016 文字处理软件

Office 2016 强大的文档处理、电子表格统计、文稿演示、数据库管理、电子邮件收发等功能深受广大用户的喜爱。Word 2016 可以让用户创建、编辑、审阅和标注文档，还可以与他人实时分享文档。阅读文档时，新增的 Insight for Office（Office 见解）可以让用户检索图片、参考文献和术语解释等网络资源。

4.1 Office 2016 概述

Office 2016 可支持 32 位和 64 位的 Vista、Windows 7、Windows 8 和 Windows 10 操作系统。微软公司面向不同用户推出的 Office 2016 版本包括 Office 初级版、Office 标准版、Office 专业版和 Office 高级版等。

4.1.1 Office 2016 组件

Office 2016 是当前使用较为广泛的办公软件，包括 Word、Excel、PowerPoint、Outlook、Publisher、OneNote、Access 等组件。

1）Word 2016 是文档编辑工具，集全面的写入工具和易用界面于一体，用于创建和编辑具有专业外观的文档，如信函、论文、报告和小册子等。

2）Excel 2016 是用于数据处理、电子表格处理且功能强大的程序，可用于计算、分析信息及可视化电子表格数据中的数据。

3）PowerPoint 2016 是幻灯片制作程序，是功能强大的演示文稿制作工具，使用 SmartArt 图形功能和格式设置工具，可以快速地创建和编辑用于幻灯片播放、会议和网页的演示文稿。

4）Access 2016 是一种桌面数据库管理系统，可以用来创建数据库应用程序，并对信息进行跟踪与管理。

5）Outlook 2016 作为电子邮件客户端，是一个全面的时间与信息管理器，可以用来发送和接收电子邮件，管理日程、联系人和任务，以及记录活动等。

6）OneNote 2016 是数字笔记本程序，具有搜集、组织、查找和共享用户的笔记和信息等功能，保证用户能更有效地工作和共享信息。

其他的一些工具，如 Publisher 2016 可用于创建和发布各种出版物；Visio 2016 是流程图绘制程序，使用它可以帮助企业定义流程、编制最佳方案，同时也是建立可视化计划变革的实用工具。上述工具一般只有专业人员才会使用。

4.1.2 Office 2016 的新特性

与以前版本的 Office 相比，Office 2016 的新特性概述如下。

（1）第三方应用支持

通过全新的 Office Graph 社交功能，开发者可将自己的应用直接与 Office 数据建立连接，这样，Office 套件将通过插件接入第三方数据。例如，用户可以通过 Outlook 日历使用 Uber 叫车，或是在 PowerPoint 中导入和购买来自 PicHit 的照片。

（2）多彩新主题

Office 2016 更新了更多色彩丰富的主题，这种新的界面设计名叫 Colorful，风格与 Modern 应用类似，用户可在“文件”→“账户”→“Office 主题”中选择自己偏好的主题风格。

（3）跨平台的通用应用

在 Office 2016 中，用户在不同平台和设备之间都能获得非常相似的体验，如 Android 手机/平板、iPad、iPhone、Windows 笔记本计算机/台式计算机。

（4）新增的 Office 助手

在 Office 2016 中，增加了全新的 Tell Me 助手，可在用户使用 Office 的过程中提供帮助，如将图片添加至文档，或是解决其他故障问题等。在 Office 2016 所有组件中，在主菜单后都增加了 操作说明搜索，这一功能像传统搜索栏一样置于文档表面，当在 Office 操作过程中遇到问题时，可以单击按钮输入关键词进行搜索，即通过搜索实现了 Tell Me 功能。

（5）多窗口显示功能

“视图”选项卡中的“新建窗口”命令可以为当前文档新建一个窗口，能够直接在同一界面中选择文档的不同内容，避免了反复切换文档的麻烦。

（6）屏幕截图功能

在“插入”选项卡中还增加了“屏幕截图”功能，可以直接截取计算机图片，并且可以直接导入 Word 中进行编辑。

4.2 Word 2016 窗口

文字处理软件是能够提供文字输入、编辑和输出环境的软件。文字处理软件 Word 集文字、表格、图形编辑、排版、打印功能于一体，其简单、灵活的操作为用户提供了一个良好的文字处理环境。

在 Windows 7 环境下，选择“开始”→“Word 2016”命令，即可打开 Word 2016 应用程序窗口，同时系统自动创建文档编辑窗口，并用“文档 1”命名，每创建一个文档便打开一个独立的窗口。

Word 2016 窗口由标题栏、快速访问工具栏、功能区、文本编辑区及状态栏等部分组成，如图 4-1 所示。下面介绍其中的几个主要部分。

1. 标题栏

标题栏位于 Word 窗口的顶端，显示了当前编辑的文档名称、文档是否为兼容模式。标题栏的最右侧是 Word 的“最小化”“最大化”“关闭”按钮。

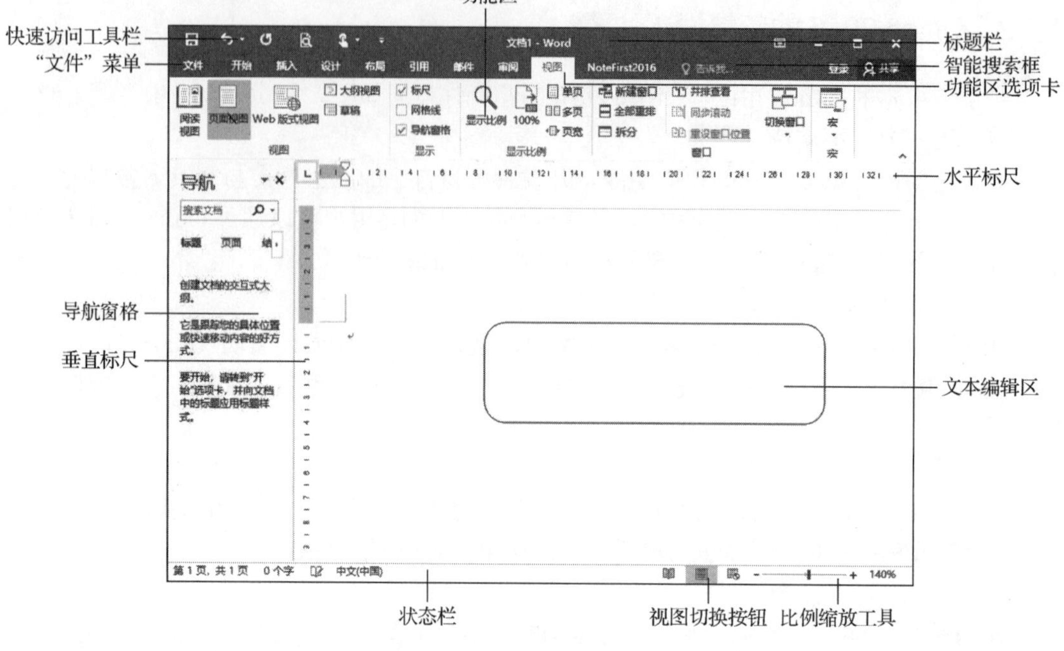

图 4-1　Word 2016 窗口

2. 快速访问工具栏

在标题栏的左侧是快速访问工具栏。用户可以在快速访问工具栏上放置一些常用的命令，如保存、撤销输入、重复输入及触摸/鼠标模式等。快速访问工具栏中的命令按钮不会动态变换。

用户可以非常灵活地增减快速访问工具栏中的命令项。若要向快速访问工具栏中增加或者删除命令，仅需要单击快速访问工具栏右侧的向下箭头按钮即可。用户可以在下拉列表中选择命令或者取消选中的命令。

如果选择“自定义快速访问工具栏”下拉列表中的“在功能区下方显示”命令，这时快速访问工具栏就会出现在功能区下方。

单击标题栏的“功能区显示选项”图标，会显示 3 个选项：“自动隐藏功能区”“显示选项卡”“显示选项卡和命令”。如果选择“自动隐藏功能区”，功能区全部隐藏，用户可以获得最大的编辑区域，单击右上角的“...”图标可以恢复功能区。如果选择“显示选项卡”，功能区将最小化，只会显示功能区的名字，隐藏功能区中包含的具体命令项。如果用户在浏览、操作文档内容时使用该命令，则可以增大文档显示的空间。

3. 功能区

Word 2016 用功能区取代了传统的菜单。在 Word 窗口上方看起来像菜单的名称其实是功能区中选项卡的名称，当单击这些名称时并不会打开菜单，而是切换到与之相对应的功能区选项卡。Word 2016 的功能区包括“开始”“插入”“设计”“布局”“引用”“邮件”“审阅”“视图”等选项卡。另外，每个选项卡根据操作对象的不同又可分为若干个组，每个组集成了功能相近的命令。

Word 2016 使用“文件”选项卡代替了 Word 2007 中的 Office 按钮，用户能够更容易地从 Word 2003 和 Word 2007 等旧版本过渡到 Word 2016。

4. 文本编辑区

文本编辑区是输入、编辑文档的区域，在此区域可以输入文档内容，并可以对文档内容进行编辑、排版。

5. 导航窗格

Word 导航功能的导航方式有标题导航、页面导航、关键字（词）导航和特定对象导航。

切换到“视图”选项卡，选中“显示”选项组中的“导航窗格”复选框，打开“导航”窗格，可以轻松查找和定位到想查阅的段落或特定的对象，通过拖放标题轻松地重新组织文档，迅速处理长文档。

6. 状态栏

状态栏位于窗口的底部，单击状态栏的不同区域，可以获得不同的功能。例如，可以查找、替换和定位，还可以查看文档的字数、发现校对错误、设置语言、改变视图方式和文档显示比例等。

4.3 Word 长文档的编辑

在日常生活和办公中，经常需要建立文档，用于创作或记录，如撰写著作、论文、各种文案资料等，文档由文字、符号、图片、表格等各种数据信息组成。使用 Word 建立文档主要包括向空白页面输入文字、符号，插入图片、表格等各种形式的数据信息，并对文档进行排版。建立时，还要对已添加的数据信息进行修改，并添加新的数据信息，删除无用或出错的数据信息，最后得到令人满意的文档，这一过程就是文档的编辑。

文档刚刚建立时，Word 会提供默认的编辑环境供用户编辑文档。默认的编辑环境设置，如系统会自动将输入文字的行间距设置为单倍行距，字体为宋体，字号为五号，字体颜色为黑色等。这种预设的环境通常不能满足每个用户的需要，必须对某些设置进行更改。

4.3.1 定义并使用样式

样式为我们在 Word 文档中设置字体和段落格式提供了极大方便，样式是文档格式和段落格式等属性的集合。一种样式包含规定好的多种格式的设置。例如，要求文档中某一段文字的行间距是 1.3 倍行距，字体为宋体，字号为 5 号字，加粗且倾斜。在输入文字后，不必逐项进行设置，可将该组设置事先定义为一个样式，并在指定的文字上应用该样式，即可将该段文字的样式设置为指定的形式。并且，可以根据需要对已经定义好的样式进行修改。

1. 新建样式

Word 自带了许多事先定义好的内置样式，如果这些样式能够满足用户建立和编辑文档的需要，则输入文字后，可直接应用它们。如果不能满足要求，则用户可建立和使用自己定义的样式，即新建样式。新建样式的具体操作步骤如下。

步骤01 打开被编辑的文档。

步骤02 单击“开始”选项卡“样式”选项组右下角的对话框启动器，如图 4-2 所示，打开“样式”窗格，如图 4-3 所示。

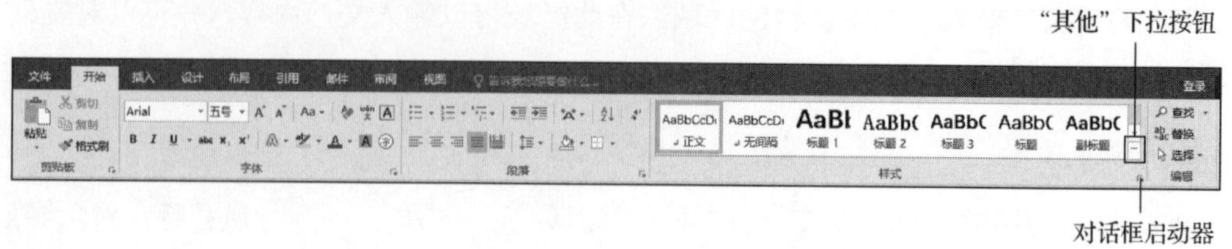

图 4-2 “样式”选项组

步骤03 单击“样式”窗格中的“新建样式”按钮，打开“根据格式设置创建新样式”对话框，如图 4-4 所示。

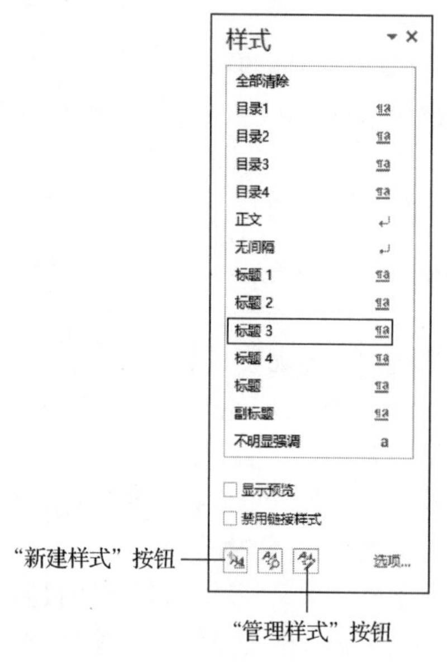

图 4-3 “样式”窗格

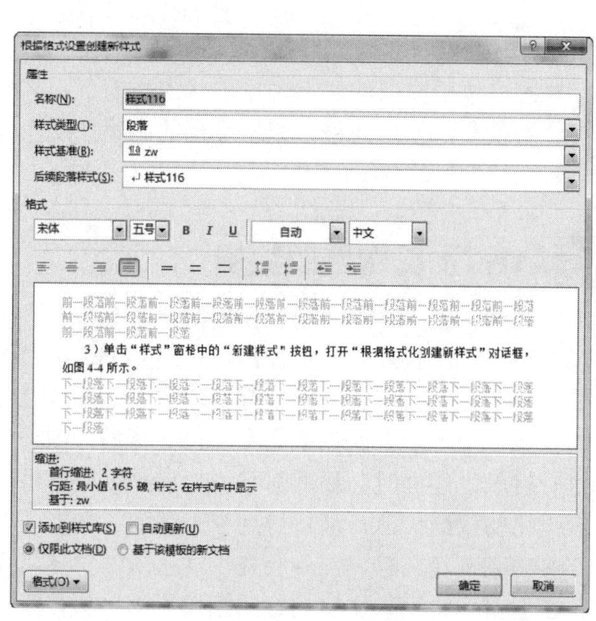

图 4-4 “根据格式设置创建新样式”对话框

步骤04 对于每一个新建样式，要为它命名，用来唯一区分不同的样式。例如，图 4-3 中的“标题 1”、“标题 2”和“标题 3”表示 3 种不同的样式。在图 4-4 中的“名称”文本框中输入新建样式的名称；在“样式类型”下拉列表中选择新建样式的类型，表明在使用该样式时，该样式是作用于段落，还是作用于字符、链接段落和字符、表格或者列表；在“样式基准”下拉列表中选择一种 Word 内置样式作为新建样式的基准样式，被选中的基准样式将显示在“格式”选项组中，可以对其中的每一项进行修改，以符合用户的要求，通常会选择更改最少的内置样式作为基准；在“后续段落样式”下拉列表中选择应用于后续段落的样式，当用户按 Enter 键输入下一段落文字时，该段落的样式将自动应用在“后续段落样式”下拉列表中选择的样式。

步骤05 在基准样式的基础上，将“格式”选项组的每一项更改为希望的格式，如更改字体、字号、颜色、段落间距、对齐方式等的字符格式和段落格式。也可以单击图 4-4 中左下角的“格式”下拉按钮，在弹出的下拉列表中选择“字体”命令，在打开的“字体”对话框（图 4-5）中对字体格式进行设置；或在弹出的下拉列表中选择“段落”命令，在打开的

“段落”对话框（图 4-6）中对段落格式进行设置，然后单击“确定”按钮将新设置的字体或段落格式包含于新建样式中。

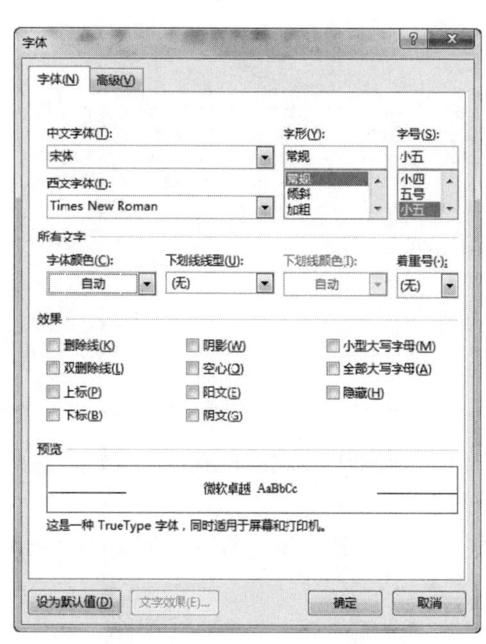

图 4-5　“字体”对话框

图 4-6　“段落”对话框

步骤06 单击“确定”按钮，完成新样式的创建。新建样式的名称将会出现在图 4-2 所示的“样式”选项组中。使用时，选中要设置为该样式的文本，然后在“样式”选项组中选中该样式即可。

2. 修改样式

用户可以随时根据需要，对效果不满意的样式进行修改。修改样式的具体操作步骤如下。

步骤01 单击“开始”选项卡“样式”选项组右下角的对话框启动器，打开“样式”窗格，如图 4-3 所示。

步骤02 单击“管理样式”按钮，打开“管理样式”对话框，如图 4-7 所示。

步骤03 在“编辑”选项卡中，选择要修改的样式，如选中“副标题”样式（表明要对名称为“副标题”的样式进行修改），再单击“修改”按钮，打开“修改样式”对话框，在该对话框中进行修改，如图 4-8 所示。在“属性”选项组中，修改“名称”为“副标题”；“样式基准”为“正文”；“后续段落样式”为“正文”，在“格式”选项组中，对“中文”设置为“宋体、三号字、加粗、黑色”，且把该样式的修改添加到样式库，同时要求该修改仅对当前正在编辑的文档生效。

步骤04 修改完成后，单击“确定”按钮即可。

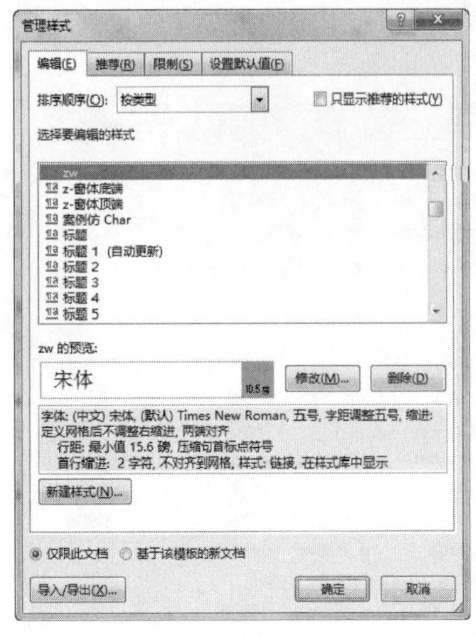

图 4-7 “管理样式”对话框

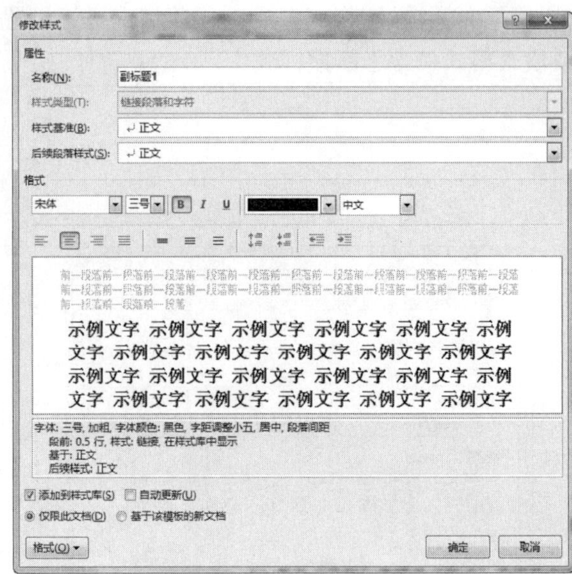

图 4-8 “修改样式”对话框

此外，用户还可以在 Word 2016 的快速样式库中选择要修改的样式进行修改，具体操作步骤如下。

步骤01 单击“开始”选项卡“样式”选项组中的“其他”下拉按钮，如图 4-2 所示，展开快速样式库，如图 4-9 所示。

步骤02 右击要修改的样式，在弹出的快捷菜单中选择“修改”命令，如图 4-10 所示。例如，要修改名称为“副标题”的样式，则右击“副标题”样式，在弹出的快捷菜单中选择“修改”命令，打开“修改样式”对话框。

图 4-9 快速样式库

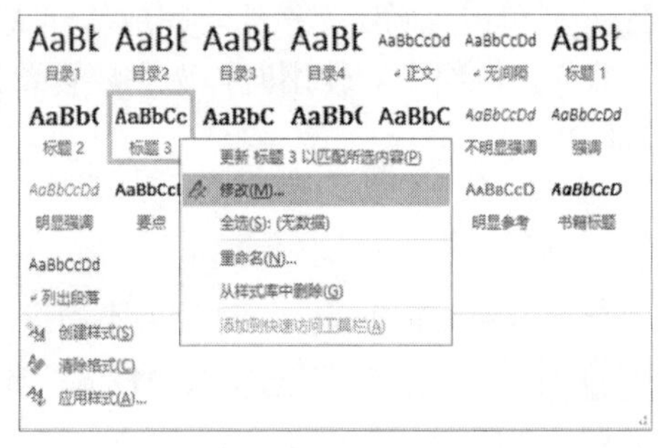

图 4-10 选择“修改”命令

步骤03 修改完成后，单击“确定”按钮即可。

3. 导入/导出样式

如果有其他文档包含用户正在编辑的文档要使用的样式，则可将其他文档的样式导入当前正在编辑的文档中进行使用，而不必重新定义。导入样式的具体操作步骤如下。

步骤01 单击“开始”选项卡“样式”选项组右下角的对话框启动器，打开“样式”窗格，如图 4-3 所示。

步骤02 单击“管理样式”按钮，打开“管理样式”对话框，如图 4-7 所示。

步骤03 单击“导入/导出”按钮，打开“管理器”对话框，如图 4-11 所示。

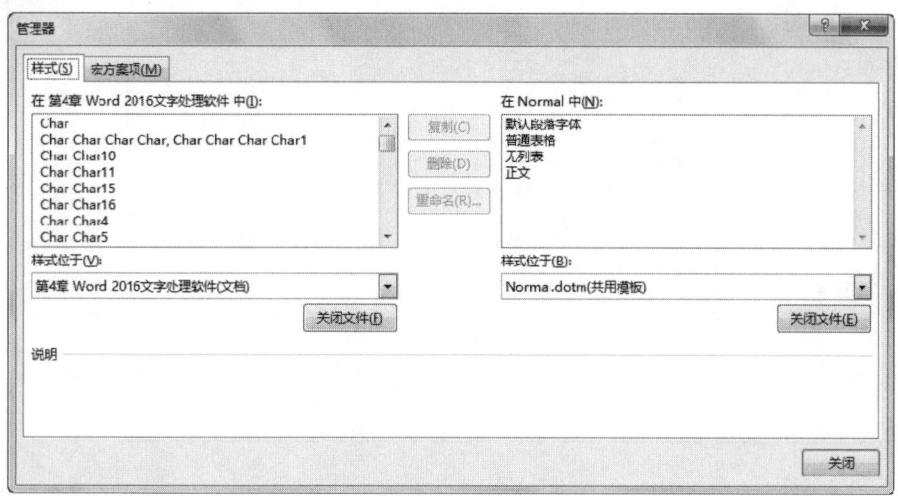

图 4-11　“管理器”对话框

步骤04 选择“样式”选项卡。其中，左侧列表框中是正在编辑文档的样式；右侧列表框中是要导入的样式，它们包含于另一文档。单击右侧的“关闭文件”按钮，该按钮将变为“打开文件”按钮，如图 4-12 所示。

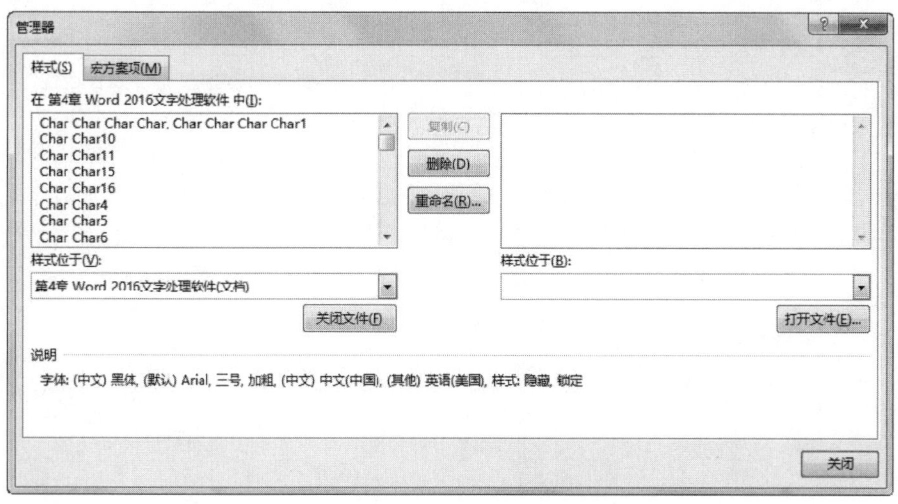

图 4-12　“管理器”对话框（打开文件）

步骤05 单击“打开文件”按钮，打开“打开”对话框，如图 4-13 所示，在该对话框中选择包含导入样式的 Word 文档所在的目录，并在文件类型下拉列表中选择“Word 文档(*.docx)”命令，表示只列该目录下的所有 Word 文档，再从中选择包含导入样式的 Word 文档，如选择“新建 Microsoft Word 文档”命令。

图 4-13 “打开”对话框

步骤06 单击“打开”按钮，在“管理器”对话框右侧列表框中选择要导入当前文档的样式，如选中“普通表格”样式，然后单击“复制”按钮，把选择的样式导入用户正在编辑的文档中，如图 4-14 所示，再单击“关闭”按钮。

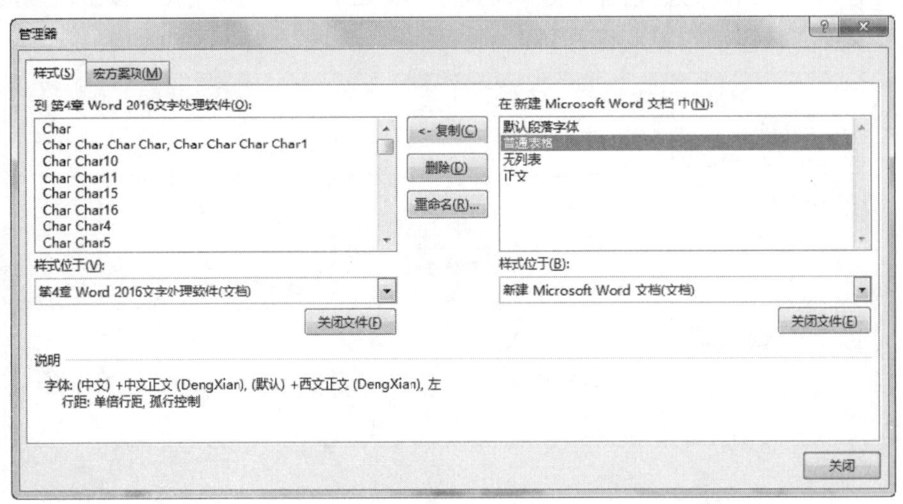

图 4-14 选中并导入样式

当然，“样式”选项卡左侧列表框中的文档样式也可以导入右侧列表框对应的文档中。两侧可以根据需要分别加载不同文档的样式，使彼此能够导入对方的样式。

4. 应用样式

对于样式的应用，可以使用两种方法：①打开要应用样式的文档，在“开始”选项卡的“样式”选项组中选中要应用的样式。可单击“其他”下拉按钮，通过快速样式库来应用更多的样式；②打开要应用样式的文档，单击“开始”选项卡“样式”选项组右下角的对话框启动器，在打开的“样式”窗格中双击所需的样式来完成应用。

5. 重命名样式

用户可根据需要重新命名样式，有两种方法：①在快速样式库中，右击要修改名称的样式，在弹出的快捷菜单（图 4-10）中选择“重命名”命令，打开“重命名样式”对话框，如图 4-15 所示，在该对话框中输入样式的新名称，单击“确定”按钮即可；②在“样式”窗格中右击要重命名的样式，在弹出的快捷菜单中选择“修改”命令，打开图 4-8 所示的“修改样式”对话框，在“名称”文本框中输入样式的新名称，再单击“确定”按钮即可完成重命名。

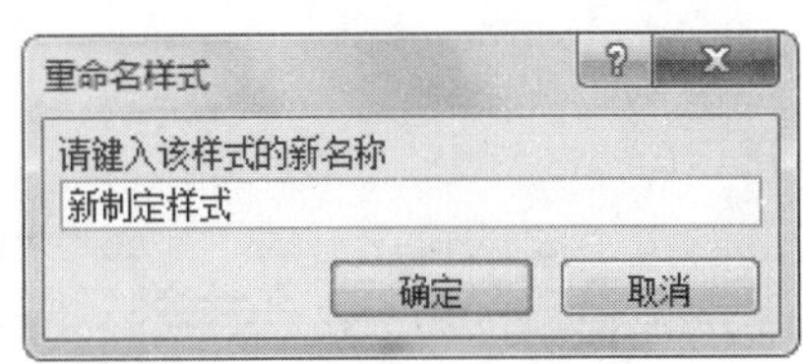

图 4-15　“重命名样式”对话框

6. 删除样式

对于不再使用的样式，可以进行删除，主要有两种方法：①在快速样式库中右击要删除的样式，在弹出的快捷菜单中选择“从样式库中删除”命令，则选中的样式将被删除，但它在样式库中仍然存在；②在“样式”窗格中右击要删除的样式，在弹出的快捷菜单中选择“删除‘样式名’”命令，即可删除选中的样式。

注意

Word 2016 提供的标准样式库中的样式不允许用户删除。

7. 更新样式

Word 文档的样式更新是指将具有某一种样式的全部内容应用选定内容的样式。更新主要针对快速样式库和样式库中给定的样式。更新样式的具体操作步骤如下。

步骤01 对于正在编辑的文档中具有样式 A（如标题 1）的全部内容，如果要将其样式 A 转换为样式 B（如标题 2），则选中具有样式 B 的任意文本内容。

步骤02 在快速样式库或样式库中右击样式 A，弹出快捷菜单，如图 4-10 所示。

步骤03 在快捷菜单中选择“更新样式 A 以匹配所选内容”命令，即可实现由样式 A 到样式 B 的更新。

8. 使用样式集

样式库包含的所有样式集合便构成了样式集。Word 2016 自带了许多已经设计好的样式集（称为内置样式集），用户可以根据需要使用其中的任意一个样式集来代替目前正在使用的样式集（称为活动样式集），实现对样式的更改。使用样式集更改样式的具体操作步骤如下。

步骤01 单击“设计”选项卡，如图 4-16 所示。在“文档格式”选项组中选择一种要更改的样式，即可完成样式的更改。

“其他”下拉按钮

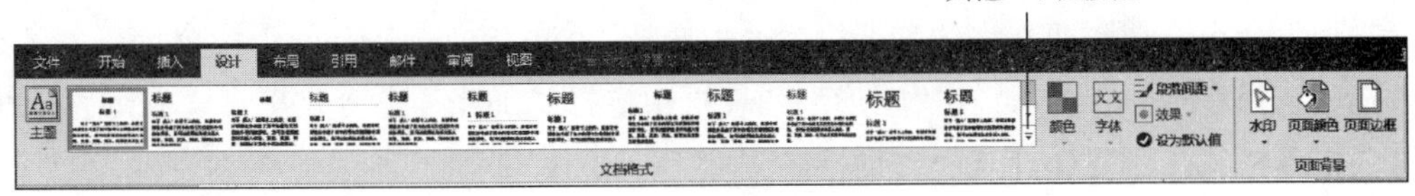

图 4-16　“设计”选项卡

步骤02 如果默认给出的文档样式不能满足需要，可单击列表右下角的“其他”下拉按钮，展开内置样式集列表，如图 4-17 所示，从中选择一种样式集来完成更改。

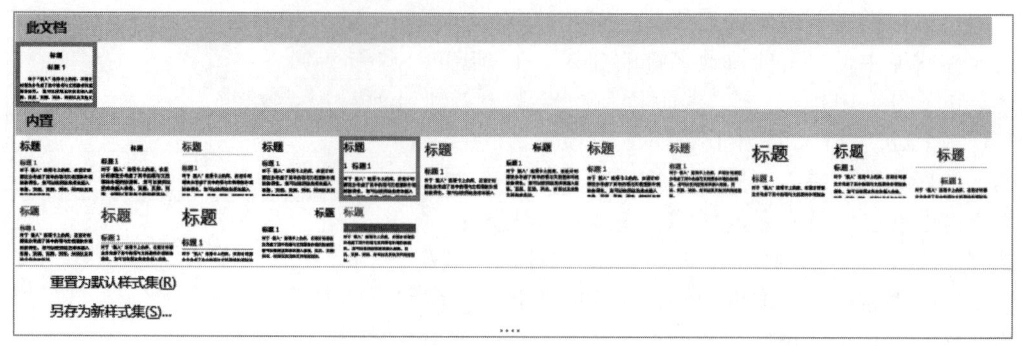

图 4-17　展开的内置样式集列表

例4-1

按照下述要求在文档“素材\实例\Word.docx”（见配套教学资源包）中完成各项有关样式建立和使用的操作。

1）建立新样式，命名为“标题 1，标题样式一”；格式为中文宋体、西文 Times New Roman、二号、加粗、段前 20 磅、段后 20 磅、1.3 倍行距、居中对齐。

2）修改名称为“正文”的样式，格式为中文宋体、西文 Times New Roman、五号、段前 0 行、段后 0 行、1.3 倍行距、两端对齐。

3）将文档“素材\实例\Word_样式标准.docx”样式库中的样式“标题 2，标题样式二”和“标题 3，标题样式三”导入该文档样式库。再将这两个样式从该文档的样式库中导出到文档“素材\实例\Word 1.docx”的样式库中。

4）将样式为“一级标题”、“二级标题”和“三级标题”的所有文本分别更新为“标题 1，标题样式一”、“标题 2，标题样式二”和“标题 3，标题样式三”。

5）将“标题 1，标题样式一”、“标题 2，标题样式二”和“标题 3，标题样式三”分别重新命名为“章标题”、“节标题”和“小节标题”。

6）将名称为“标题”的样式从快速样式库中移除，并从样式库中彻底删除。

7）将当前的活动样式集更改为“线条（时尚）”样式集。

操作实现

01 打开“素材\实例\Word.docx”文档，单击“开始”选项卡“样式”选项组右下角的对话框启动器，打开“样式”窗格。

单击“新建样式”按钮，打开“根据格式化创建新样式”对话框，在“名称”文本框中输入“标题 1，标题样式一”。单击左下角的“格式”下拉按钮，在弹出的下拉列表中选择“字体”命令，打开“字体”对话框。在“字体”选项卡的“中文字体”下拉列表中选择“宋体”命令，在“西文字体”下拉列表中选择“Times New Roman”命令，在“字号”列表框中选择字号“二号”，在“字形”列表框中选择“加粗”命令，单击“确定”按钮，返回“根据格式化创建新样式”对话框。

再次单击“格式”下拉按钮，在弹出的下拉列表中选择“段落”命令，打开“段落”

对话框。使用键盘在该对话框的“缩进和间距”选项卡中的“间距”选项组的“段前”和“段后”两个编辑框中输入“20 磅”，在“行距”下拉列表中选择“多倍行距”命令，在“设置值”编辑框中输入“1.3”。在“常规”选项组中的“对齐方式”下拉列表中选择“居中”命令，然后依次单击“确定”按钮即可。

02单击“开始”选项卡“样式”选项组右下角的对话框启动器，打开“样式”窗格。单击“管理样式”按钮，打开“管理样式”对话框，并选择“编辑”选项卡，在“选择要编辑的样式”列表框中选择“正文”样式，单击“修改”按钮，打开“修改样式”对话框。

在该对话框中单击左下角的“格式”下拉按钮，在弹出的下拉列表中选择“字体”命令，打开“字体”对话框，在“字体”选项卡的“中文字体”下拉列表中选择“宋体”命令，在“西文字体”下拉列表中选择“Times New Roman”命令，在“字号”列表框中选择“五号”，单击“确定”按钮，返回“修改样式”对话框。

再次单击“格式”下拉按钮，在弹出的下拉列表中选择“段落”命令，打开“段落”对话框。选择“缩进和间距”选项卡，在“间距”选项组中的“段前”和“段后”两个编辑框中输入或微调至 0 行，在“行距”下拉列表中选择“多倍行距”命令，在“设置值”编辑框中输入“1.3”。在“常规”选项组中的“对齐方式”下拉列表中选择“两端对齐”命令，然后依次单击“确定”按钮即可。

03单击“开始”选项卡“样式”选项组右下角的对话框启动器，打开“样式”窗格。单击“管理样式”按钮，打开“管理样式”对话框，单击左下角的“导入/导出”按钮，打开“管理器”对话框，“样式”选项卡的左侧列表框为当前文档“素材\实例\ Word.docx”的样式。

- 在“管理器”对话框“样式”选项卡中，单击右侧的“关闭文件”按钮，使其变为“打开文件”按钮，然后单击“打开文件”按钮，在“打开”对话框中选择文档“素材\实例\Word_样式标准.docx”，加载其样式于对话框右侧的列表框，分别选择“标题 2，标题样式二”和“标题 3，标题样式三”两个样式，单击“复制”按钮，将这两个样式从“素材\实例\Word_样式标准.docx”中导入当前文档。
- 此时，对话框右侧的“打开文件”按钮被还原为“关闭文件”按钮，则单击“关闭文件”按钮，使其变为“打开文件”按钮并单击，在打开的“打开”对话框中选择文档“素材\实例\Word 1.docx”以加载其样式集，并从左侧列表框的当前文档样式集中分别选择“标题 2，标题样式二”和“标题 3，标题样式三”两个样式，单击“复制”按钮，将这两个样式从当前文档导出到“素材\实例\Word 1.docx”中。

04选中已经设置为样式“标题 1，标题样式一”的任意文本内容，在快速样式库或样式库中右击“一级标题”样式，在弹出的快捷菜单中选择“更新 一级标题 以匹配所选内容”命令。使用相同的方法将具有“二级标题”和“三级标题”样式的全部内容分别更新为“标题 2，标题样式二”和“标题 3，标题样式三”即可。

05选中具有“标题 1，标题样式一”样式的任意文本内容，在快速样式库或样式库中右击“标题 1，标题样式一”样式，在弹出的快捷菜单中选择“重命名”命令，在打开的“重命名样式”对话框的“请键入该样式的新名称”文本框中输入“章标题”，单击“确定”按钮即可。使用相同的方法将“标题 2，标题样式二”和“标题 3，标题样式三”重新命名为“节标题”和“小节标题”即可。

06单击“开始”选项卡“样式”选项组右下角的对话框启动器，打开“样式”窗格。右击名称为“标题”的样式，在弹出的快捷菜单中选择“删除‘标题’”命令，弹出询问“是否从文档中删除样式标题？”提示框，单击“是”按钮即可。此时，该样式也从快速样式库中被自动删除。

07单击“设计”选项卡“文档格式”选项组中样式列表右侧的“其他”下拉按钮（图 4-16），在弹出的下拉列表中选择“线条（时尚）”样式集即可。用户可以通过把光标移动到每一个样式集上，再由 Word 自动给出文字提示找到“线条（时尚）”样式集。

4.3.2 文档的分栏处理

通常情况下，Word 文档的分栏操作常用于报纸、期刊、论文等的排版，从而使其版式更加多元化、整洁和清晰。

1. 文档分栏

默认情况下，用户所建立的 Word 文档只划分为一栏。用户可根据需要，将文档分为两栏、三栏等多栏。对文档进行分栏的具体操作步骤如下。

步骤01 选中要进行分栏处理的文本内容。

步骤02 单击“布局”选项卡“页面设置”选项组中的“分栏”下拉按钮，如图 4-18 所示，弹出的下拉列表如图 4-19 所示。

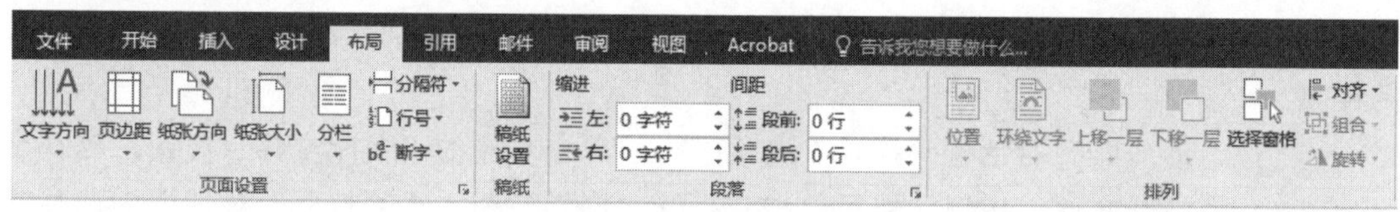

图 4-18 “布局”选项卡

步骤03 可以选择“一栏”、“两栏”、“三栏”、“偏左”或“偏右”等命令，将文档布局设置为对应的形式。若要划分为更多栏或进行更多的细微设置，可以选择“更多栏”命令，打开“分栏”对话框，如图 4-20 所示。

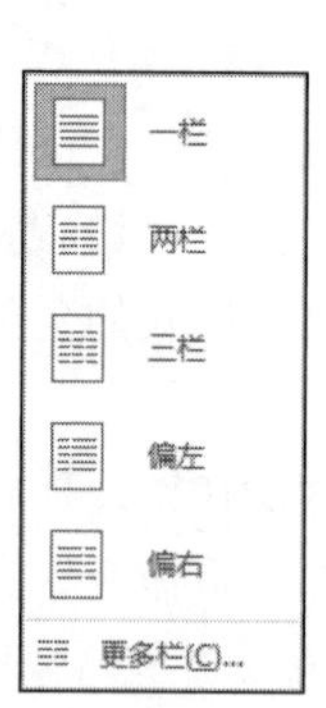

图 4-19 “分栏”下拉列表

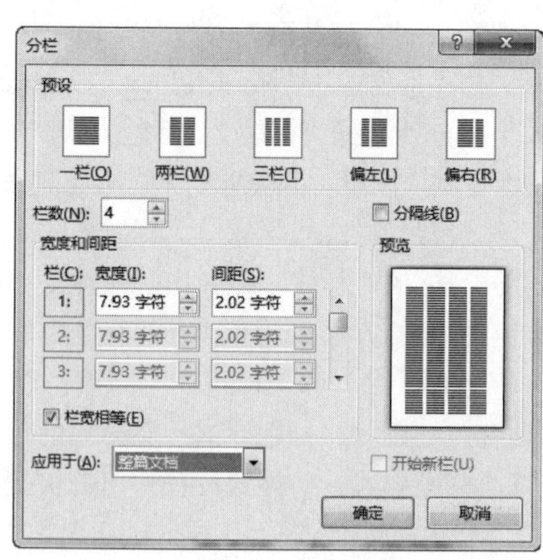

图 4-20 “分栏”对话框

步骤04 在该对话框的“栏数”编辑框中可以输入或微调至要划分的栏数。例如，要分为 4 栏，则在“栏数”编辑框中输入数字“4”或微调至数字“4”；“分隔线”复选框用来决定是否在每两栏之间增加分隔线；“宽度和间距”选项组用来确定每一栏的宽度和栏与栏之间的距离；“栏宽相等”复选框用来决定每一栏宽度和栏与栏之间的距离是否采用统一设置规格；在“应用于”下拉列表中选择“整篇文档”或“所选文字”命令来决定本次分栏设置是应用于整篇文档还是从光标所在位置开始的其余内容。

步骤05 设置完成后，单击“确定”按钮。

例4-2

将“素材\实例\Word.docx”文档的第 6 段进行分栏。要求：分为 4 栏，栏与栏之间有分隔线，每一栏的宽度均为 8.37 字符，第 2、3 两栏的间距为 3 字符，其余部分的栏间距采用默认设置。

操作实现

01 打开“素材\实例\Word.docx”文档，选中第 6 段文本。

02 单击“布局”选项卡“页面设置”选项组中的“分栏”下拉按钮，在弹出的下拉列表中选择“更多栏”命令，打开“分栏”对话框。

03 在“栏数”编辑框中输入或微调至 4 栏，表明将第 6 段划分为 4 栏；选中“分隔线”复选框；在“宽度和间距”选项组中取消选中“栏宽相等”复选框；在“栏”号为“2：”的“间距”编辑框中输入或微调至“3 字符”，每栏的“宽度”编辑框均输入或微调至“8.37 字符”。

04 单击“确定”按钮，完成设置。

2. 插入分栏符

分栏符的作用是将从光标位置开始的全部内容从下一栏进行显示。插入分栏符的具体操作步骤如下。

步骤01 将光标移到要插入分栏符的位置。

步骤02 单击“布局”选项卡“页面设置”选项组中的“分隔符”下拉按钮，在弹出的下拉列表中（图 4-21）选择“分栏符”命令即可。

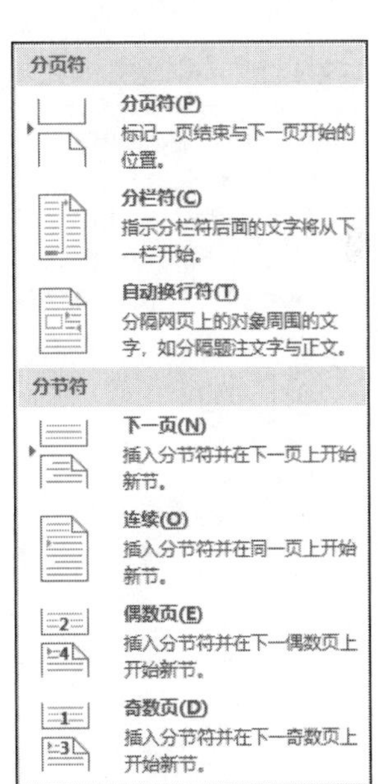

图 4-21 “分隔符”下拉列表

例4-3

在例 4-2 中，在第 6 段之后插入分栏符，使第 7 段从下一栏开始显示。

操作实现

01 打开“素材\实例\Word.docx”文档，并将光标移到第 6 段末尾。

02 单击“布局”选项卡“页面设置”选项组中的“分隔符”下拉按钮，在弹出的下拉列表中选择“分栏符”命令即可。

3. 文档的分页处理

对文档进行分页处理的目的是使文档某一页内容结束，下一页内容开始。用户需要插入分页符实现手动分页，具体操作步骤如下。

步骤01 将光标移到要在下一页显示的内容前端。

步骤02 单击“布局”选项卡“页面设置”选项组中的“分隔符”下拉按钮，在弹出的下拉列表中选择“分页符”命令即可。

例4-4

在“素材\实例\Word.docx”文档中，将标题放在单页显示。

操作实现

01 打开“素材\实例\Word.docx”文档，将光标移到标题的末端。

02 单击“布局”选项卡“页面设置”选项组中的“分隔符”下拉按钮，在弹出的下拉列表中选择“分页符”命令即可。

4. 文档的分节处理

在建立一个文档时，对于文档的不同部分，有时需要设置成不同的版面，如要设置不同的页面方向、页眉、页脚、页边距等。被设置成不同版面的每一部分称为一节。在文档中插入分节符，将文档划分为若干节，再实现对每一节不同版面的设置。插入分节符的具体操作步骤如下。

步骤01 将光标移到文档中要分节的位置。

步骤02 单击“布局”选项卡“页面设置”选项组中的“分隔符”下拉按钮，弹出下拉列表（图 4-21），可以根据需要选择“下一页”“连续”“偶数页”“奇数页”4 种分节符中的一种即可。

4 种分节符的作用如下。

1）下一页：后一节内容被移到新的页面。

2）连续：后一节内容仍从光标位置处开始。

3）偶数页：后一节内容从当前页面（光标所在页面）之后的第一个偶数页面开始。

4）奇数页：后一节内容从当前页面（光标所在页面）之后的第一个奇数页面开始。

如果要把划分出来的某一节设置成与其他节不同的版面，需要单击“布局”选项卡“页面设置”选项组右下角的对话框启动器，打开“页面设置”对话框，如图 4-22 所示。在该对话框的“页边距”选项卡的“应用于”下拉列表中选择“本节”命令，并对本节进行不同于其他节的页面设置，完成后单击“确定”按钮即可。

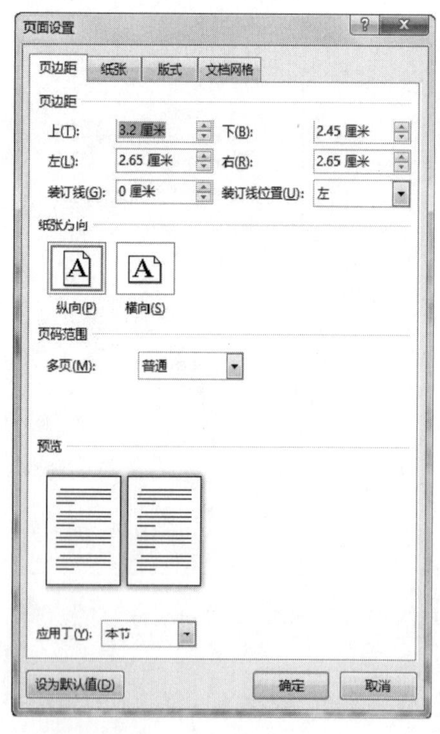

图 4-22 “页面设置”对话框

例4-5

在“素材\实例\Word.docx”的文档中，对每一章实现分节显示。

操作实现

01 打开“素材\实例\Word.docx”文档，对每一章按照下列步骤进行操作。

02 将光标移到标题的前端。

03 单击“布局”选项卡“页面设置”选项组中的“分隔符”下拉按钮，在弹出的下拉列表中选择“下一页”命令即可。

4.3.3　设置页眉和页脚

页眉和页脚用于显示文档的附加信息，如时间、日期、页码、单位名称、徽标等。这些信息通常添加在每页的顶部或底部，可对文档的阅读起到很好的提示作用。其中，页眉位于页面的顶部，页脚位于页面的底部。

1. 建立页眉和页脚

若要在页眉或页脚插入和显示信息，首先要向页面中插入页眉或页脚。插入页眉的具体操作步骤如下。

步骤01 单击“插入”选项卡“页眉和页脚”选项组中的“页眉”下拉按钮，如图 4-23 所示，弹出的下拉列表如图 4-24 所示。

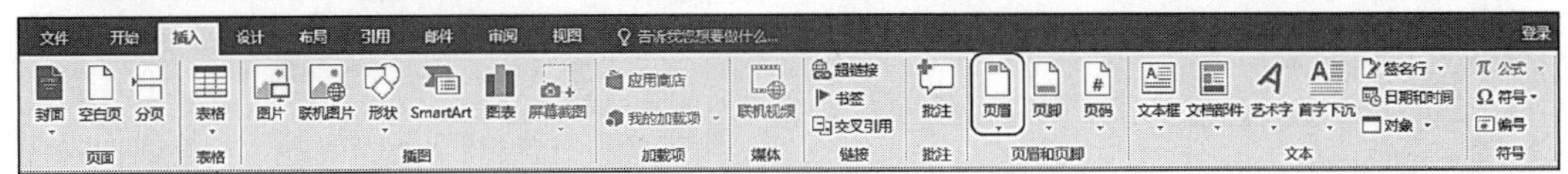

图 4-23　“插入”选项卡

步骤02 如果 Word 2016 的内置页眉中有符合要求的样式，则单击被选中的样式，插入页眉，再在页眉中编辑信息；如果不选择任何内置页眉而要直接进行编辑，则选择“编辑页眉”命令，插入页眉后，再进行编辑。

插入页脚的具体操作步骤如下。

步骤01 单击“插入”选项卡“页眉和页脚”选项组中的“页脚”下拉按钮，弹出的下拉列表如图 4-25 所示。

步骤02 类似地，如果 Word 2016 的内置页脚中有要使用的样式，则单击该样式，插入页脚，再在页脚中编辑信息；如果不选择任何内置页脚而要直接进行编辑，则选择“编辑页脚”命令，插入页脚后，再进行编辑。

“页眉”和“页脚”下拉列表中的“删除页眉”和“删除页脚”命令分别用于删除当前插入的页眉和页脚；“将所选内容保存到页眉库”和“将所选内容保存到页脚库”命令分别用于将文档中选定的内容保存到页眉库和页脚库，作为常规页眉和页脚，显示在下拉列表的内置页眉和页脚的前端，它与内置页眉和页脚相同，也用于插入页眉或页脚。

图 4-24 “页眉”下拉列表

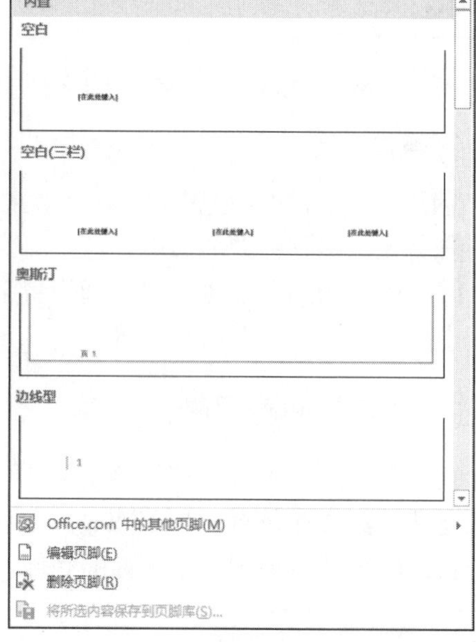

图 4-25 “页脚”下拉列表

用户在下拉列表中选择某一个常规页眉、内置页眉或选择“编辑页眉”命令后，将打开“页眉和页脚工具-设计”选项卡，如图 4-26 所示。

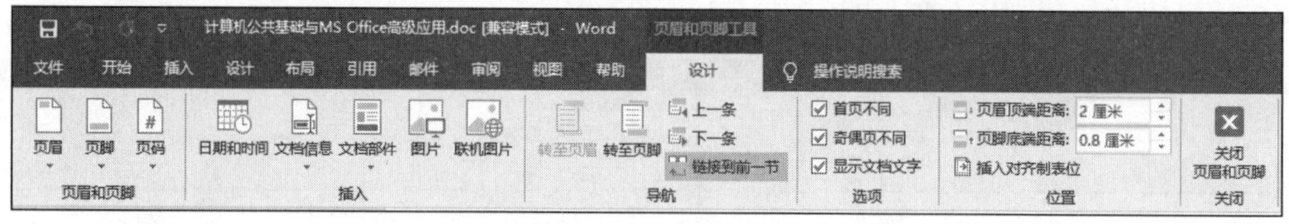

图 4-26 “页眉和页脚工具-设计”选项卡

其中，每个选项组中各选项的作用如下。

1）“页眉和页脚”选项组。

① 页眉：插入页眉。

② 页脚：插入页脚。

③ 页码：插入页码。

2）“插入”选项组。

① 日期和时间：在页眉或页脚中插入日期和时间。

② 文档信息：在页眉或页脚中插入可重复使用的文档片段。其中，主要包括自动图文集、文档属性和域。

③ 文档部件：在页眉或页脚中插入可重复使用的文档片段。其中，主要包括自动图文集、文档属性和域。

④ 图片：在页眉或页脚中插入图片。

⑤ 联机图片：在页眉或页脚中插入联机图片。

3）“导航”选项组。

① 转至页眉：转至页眉进行编辑。

② 转至页脚：转至页脚进行编辑。

③ 上一条：如果当前正处于页眉编辑状态，则跳转至上一页的页眉进行编辑；如果当前正处于页脚编辑状态，则跳转至上一页的页脚进行编辑。

④ 下一条：如果当前正处于页眉编辑状态，则跳转至下一页的页眉进行编辑；如果当前正处于页脚编辑状态，则跳转至下一页的页脚进行编辑。

⑤ 链接到前一节：高亮显示时，表示本节页眉与前一节页眉设置保持一致。此时，单击该按钮，变为非高亮显示，表示本节与前一节页眉设置是分开的，可根据需要编辑不同于前一节页眉的信息。单击该按钮，可在两种状态之间进行切换。

4）“选项”选项组。

① 首页不同：设置文档的第一页页眉或页脚不同于其他页的页眉或页脚。

② 奇偶页不同：设置文档奇数页的页眉或页脚不同于偶数页的页眉或页脚。

③ 显示文档文字：设置编辑页眉或页脚时，是否显示文档文字。

5）“位置”选项组。

① 页眉顶端距离：调节页眉顶端距页面顶端的距离。

② 页脚底端距离：调节页脚底端距页面底端的距离。

③ 插入对齐制表位：设置页眉或页脚信息的对齐方式。

6）“关闭页眉和页脚”选项组：关闭页眉或页脚编辑状态。

2. 插入页码

在文档中插入页码的具体操作步骤如下。

步骤01 单击“插入”选项卡“页眉和页脚”选项组中的“页码”下拉按钮，弹出下拉列表，如图 4-27 所示。在下拉列表中选择“页面顶端”、“页面底端”、“页边距”和“当前位置”命令的作用分别是，在文档的页面顶端、页面底端、左或右页边距和光标位置处为文档插入页码。

图 4-27　“页码”下拉列表

步骤02 选择上面 4 项中的任意一项，将弹出级联菜单，以“页面顶端”选项为例，级联菜单如图 4-28 所示，其中包含 Word 2016 的内置页码样式，用户可根据需要选择一种页码样式。

步骤03 再次单击“插入”选项卡“页眉和页脚”选项组中的“页码”下拉按钮，在弹出的下拉列表中选择“设置页码格式”命令，在打开的“页码格式”对话框中设置页码格式，如图 4-29 所示。

①“编号格式”下拉列表用于选择页码的编号格式。

②“包含章节号”复选框如果被选中，则页码中包含所在的章节号。

③“页码编号”选项组中，如果选中“续前节”单选按钮，则当前节的起始页码与前一节最后一页的页码连续编号；如果选中“起始页码”单选按钮，则当前节的页码从设置的页码开始连续编号。

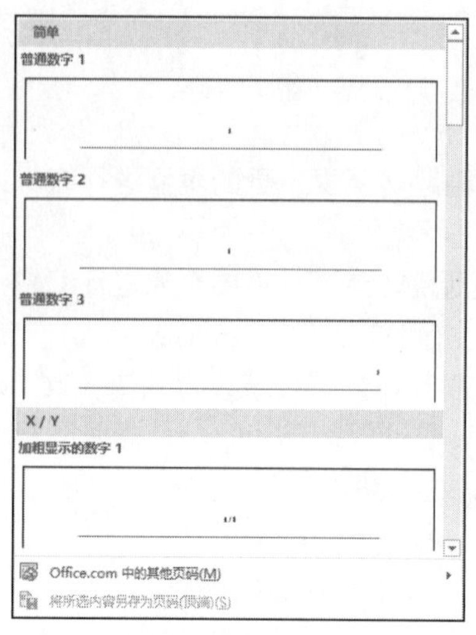

图 4-28 “页面顶端”级联菜单

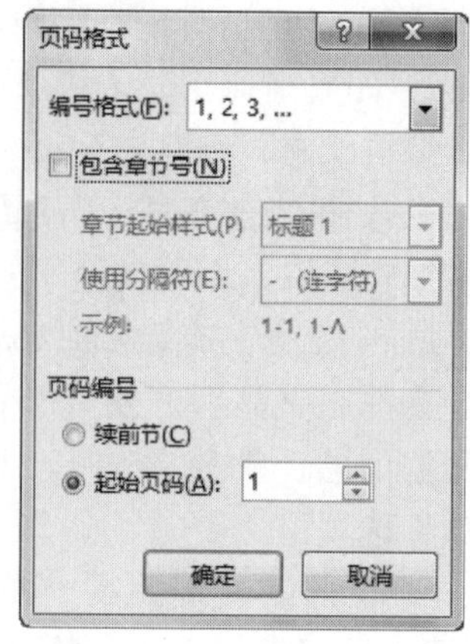

图 4-29 “页码格式”对话框

步骤04 单击“确定”按钮，即可完成页码的设置。

例4-6

为“素材\实例\Word.docx”文档添加页眉和页脚。要求：奇数页页眉自动显示包含奇数页章节的章标题；偶数页页眉自动显示通篇 Word 文档的标题；奇数页页脚右对齐显示页码；偶数页页脚左对齐显示页码。

操作实现

01 打开“素材\实例\Word.docx”文档，双击文档页眉或页脚区域，进入页眉、页脚的编辑状态。

02 选中“页眉和页脚工具-设计”选项卡“选项”选项组中的“首页不同”和“奇偶页不同”两个复选框。

03 设置奇数页页眉。将光标定位于奇数页的页眉处，再单击“插入”选项卡“文本”选项组中的“文档部件”下拉按钮，在弹出的下拉列表中选择“域”命令，打开“域”对话框，分别将“类别”、“域名”和“域属性”设置为“链接和引用”、“StyleRef”和“标题 1，章标题”，再单击“确定”按钮。

04 设置偶数页页眉。将光标定位于偶数页的页眉处，再单击“插入”选项卡“文本”选项组中的“文档部件”下拉按钮，在弹出的下拉列表中选择“域”命令，打开“域”对话框，分别将“类别”、“域名”和“域属性”设置为“链接和引用”、“StyleRef”和“文档标题”，再单击“确定”按钮。

05 设置奇数页页脚。将光标定位于奇数页页脚处，再单击“插入”选项卡“页眉和页脚”选项组中的“页码”下拉按钮，在弹出的下拉列表中选择“设置页码格式”命令，打开“页码格式”对话框。在“页码编号”选项组中选中“起始页码”单选按钮并将其设置为“1”，单击“确定”按钮，关闭“页码格式”对话框。再次单击“插入”选项卡“页眉和页脚”选项组中的“页码”下拉按钮，在弹出的下拉列表中选择“页面底端”→“普通数字 1”命令，插入页码。选中要插入的页码，并单击“开始”选项卡“段落”选项组右下角的对话框启动器，打开“段落”对话框，将该对话框的“缩进和间距”选项卡中的“常规”选项组中的“对齐方式”设置为“右对齐”，单击“确定”按钮即可。

06设置偶数页页脚。将光标定位于偶数页页脚处，再单击“插入”选项卡“页眉和页脚”选项组中的“页码”下拉按钮，在弹出的下拉列表中选择“页面底端”→“普通数字2”命令，插入页码。选中要插入的页码，并单击“开始”选项卡“段落”选项组右下角的对话框启动器，打开“段落”对话框，将该对话框的“缩进和间距”选项卡中的“常规”选项组中的“对齐方式”设置为“左对齐”，单击“确定”按钮即可。

4.3.4　项目符号、编号和多级列表

在文档中使用项目符号、编号和多级列表，能够使文档中的内容条理清晰、层次分明，增强文档的可读性。

1. 添加和更改项目符号和编号

添加项目符号和编号是以文本的段落为单位进行的，即为选中的每一个段落分别添加一个项目符号或编号。具体操作步骤如下。

步骤01 选中要添加项目符号或编号的段落文本。

步骤02 单击“开始”选项卡“段落”选项组中的“项目符号”下拉按钮或“编号”下拉按钮，如图 4-30 所示。弹出的“项目符号”下拉列表和“编号”下拉列表分别如图 4-31 和图 4-32 所示。

图 4-30　“开始”选项卡

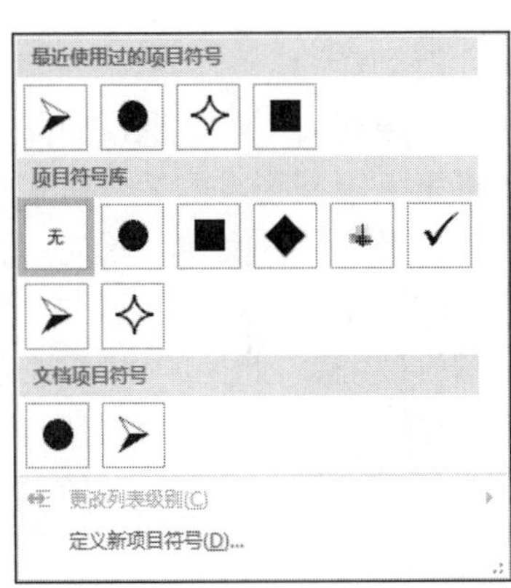

图 4-31　“项目符号”下拉列表

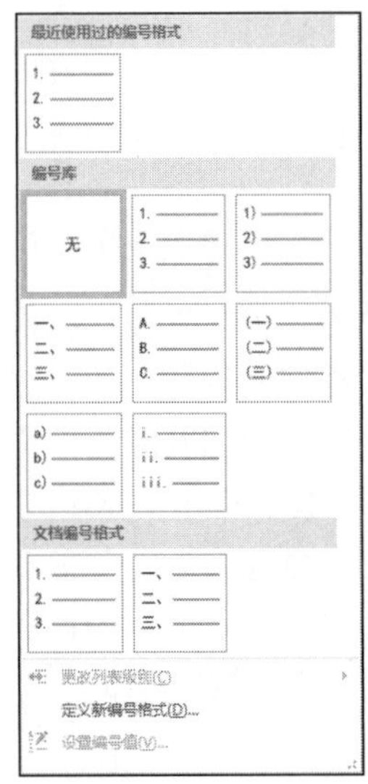

图 4-32　“编号”下拉列表

步骤03 从“项目符号库”或“编号库”中选择一种项目符号或编号添加到每一段的段首。

如果要更改已经添加的项目符号或编号，可按照上面的操作步骤重新选择项目符号或编号即可。

2. 定义和使用多级列表

用户编辑文档时，可通过加入多级列表编号，将文档划分为多级列表，从而更加清晰地标明文档中段落之间的层次关系。定义多级列表的具体操作步骤如下。

步骤01 单击“开始”选项卡“段落”选项组中的“多级列表”下拉按钮，弹出的下拉列表如图 4-33 所示。

步骤02 选择“定义新的多级列表”命令，打开“定义新多级列表”对话框，如图 4-34 所示。

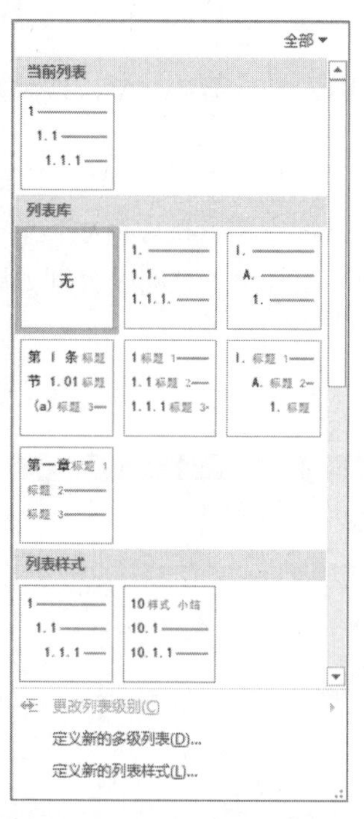

图 4-33 “多级列表”下拉列表

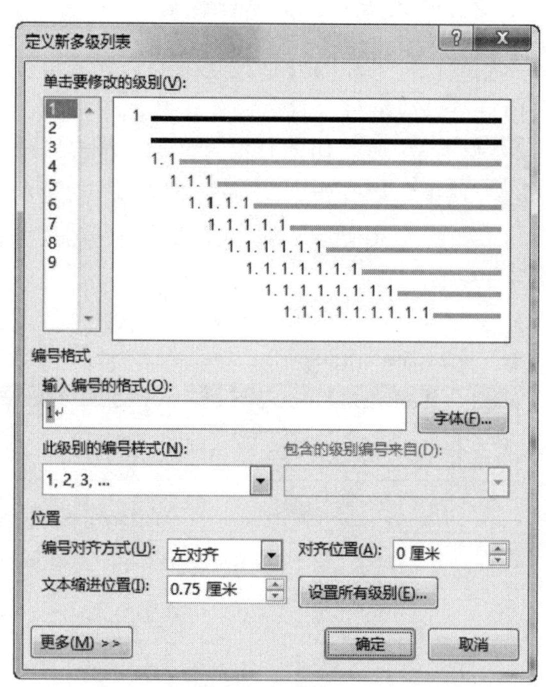

图 4-34 “定义新多级列表”对话框

步骤03 单击“更多”按钮，展开扩展的“定义新多级列表”对话框，如图 4-35 所示。

步骤04 根据需要设置新的多级列表。例如，要将第 1 级别列表的编号格式设置为“第×章”，并将该级别的列表应用于文档中所有样式为“标题 1”的文本。首先，选择“单击要修改的级别”列表框中的序号“1”，表明要设置第 1 级别的列表；然后，在“编号格式”选项组的“输入编号的格式”文本框中输入“第 1 章”（注意：此处的“1”表示列表的编号格式，可在“此级别的编号样式”下拉列表中进行选择）；最后，在“将级别链接到样式”下拉列表中选择“标题 1”命令。

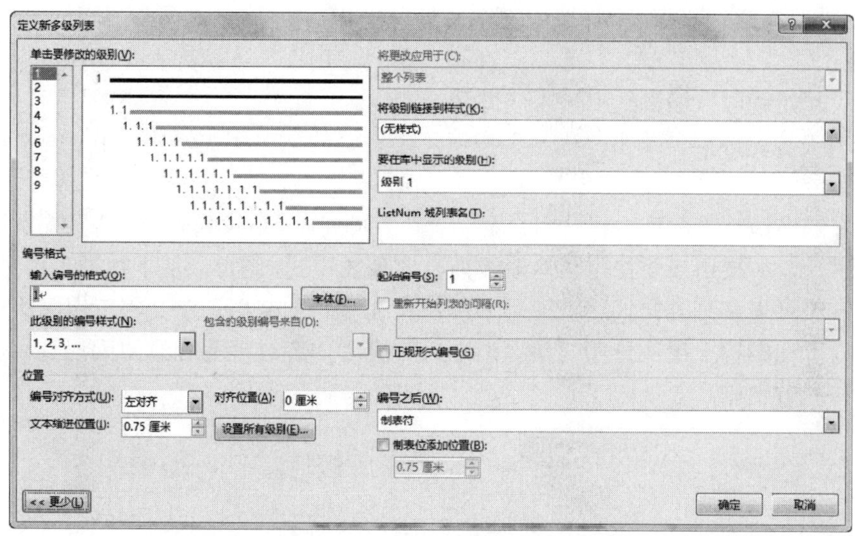

图 4-35　扩展的“定义新多级列表”对话框

步骤05 设置完成后，单击“确定”按钮，即可将定义好的多级列表应用于文档。

同时，用户还可根据需要定义每一级别列表的样式。定义列表样式的具体操作步骤如下。

步骤01 单击“开始”选项卡“段落”选项组中的“多级列表”下拉按钮，弹出“多级列表”下拉列表（图 4-33）。

步骤02 选择“定义新的列表样式”命令，打开“定义新列表样式”对话框，如图 4-36 所示。

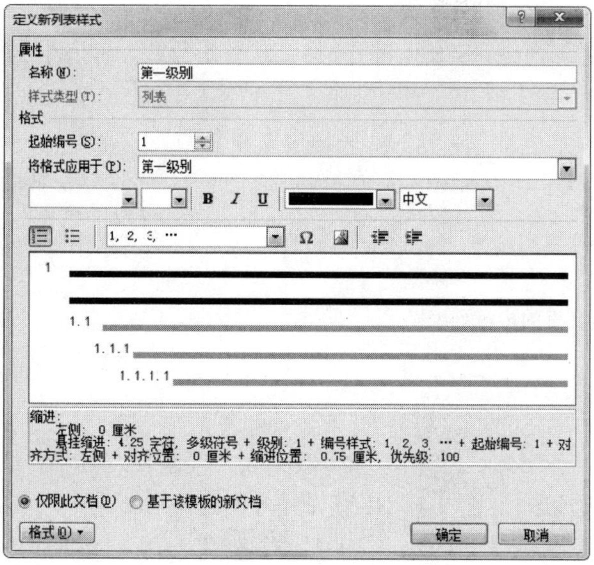

图 4-36　“定义新列表样式”对话框

步骤03 根据需要设置某一级别列表的样式。例如，要定义名称为“第一级别”的新列表样式。要求：中文为宋体二号字，西文为 Times New Roman 二号字，且该样式应用于第一级别列表，起始编号为“1”。首先，在“名称”文本框中输入列表样式名称为“第一级别”；然后，在“格式”选项组中设置中文字体为“宋体”、字号为“二号”，西文字体为“Times New Roman”、字号为“二号”；最后，在“将格式应用于”下拉列表中选择“第一级别”命令，在“起始编号”编辑框中输入或微调至“1”。

步骤04 设置完成后，单击“确定”按钮，定义好的列表样式将被应用于文档中的指定级别列表。

定义好的多级列表和列表样式将会显示在“多级列表”下拉列表中，结果分别如图 4-37 和图 4-38 所示。如果用户要使用其他多级列表或列表样式，则可以从下拉列表中进行选择，被选中的多级列表和列表样式将被应用于用户正在编辑的文档。对文档应用多级列表能够使文档的内容在结构上层次分明、条理清晰，不会因内容过多而导致阅读混乱，从而方便用户阅读和理解文档。

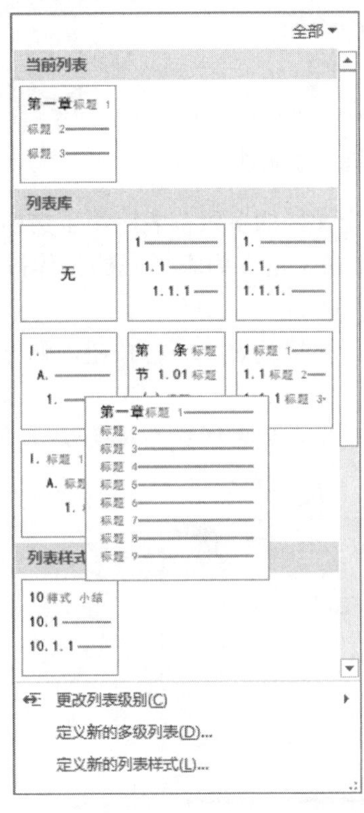

图 4-37　显示定义好的多级列表样式

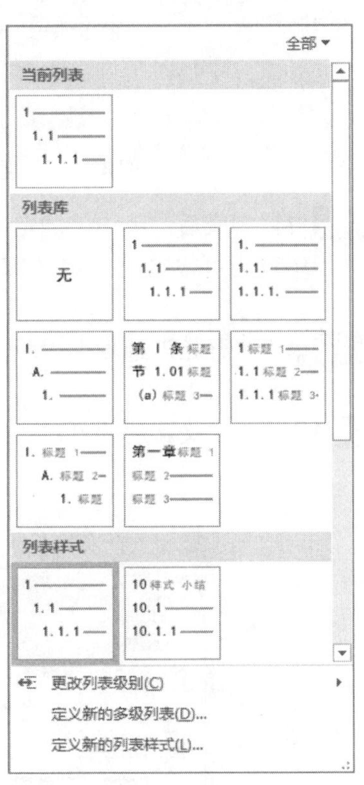

图 4-38　显示定义好的列表样式

例4-7

为“素材\实例\Word.docx”文档添加多级列表，要求在左侧：一级标题标注“第 1 章”“第 2 章”……；二级标题标注“1.1”“1.2”……，“2.1”“2.2”……；三级标题标注“1.1.1”“1.1.2”……，“1.2.1”“1.2.2”……，“2.1.1”“2.1.2”……，“2.2.1”“2.2.2”……。

操作实现

01 打开“素材\实例\Word.docx”文档，单击“开始”选项卡“段落”选项组中的“多级列表”下拉按钮，弹出“多级列表”下拉列表（图 4-33）。

02 在下拉列表中选择“定义新的多级列表”命令，打开“定义新多级列表”对话框。

03单击“更多”按钮，展开对话框（图 4-35）。

首先，在“单击要修改的级别”列表框中选择级别“1”，在“编号格式”选项组中的“输入编号的格式”文本框中已给定的章序号“1”的两侧分别输入“第”和“章”两个字，表明要在一级标题左侧标注“第 1 章”“第 2 章”……，在“将级别链接到样式”下拉列表中选择“标题 1”命令。

然后，在“单击要修改的级别”列表框中选择级别“2”，“输入编号的格式”文本框已给定节序号“1.1”，表明要在二级标题的左侧标注“1.1”“1.2”……、“2.1”“2.2”……，在“将级别链接到样式”下拉列表中选择“标题 2”命令，表明二级列表应用于样式“标题 2”。

最后，在“单击要修改的级别”列表框中选择级别“3”，“输入编号的格式”文本框中已给定小节序号“1.1.1”，表明与二级节序号相类似，要在文档的三级标题左侧标注“1.1.1”“1.1.2”……、“1.2.1”“1.2.2”……、“2.1.1”“2.1.2”……、“2.2.1”“2.2.2”……，在“将级别链接到样式”下拉列表中选择“标题 3”命令。

04单击“确定”按钮，完成多级列表的定义。此时，定义的多级列表将会显示在下拉列表中。

05单击“开始”选项卡“段落”选项组中的“多级列表”下拉按钮，在弹出的下拉列表中选择定义的多级列表即可。

4.3.5 编辑文档目录

目录是长文档不可或缺的部分，为长文档建立目录的主要目的是为文档的章节标题建立索引，方便用户查找和阅读文档的内容。当用户单击目录中的某一章节标题时，文档将会自动跳转到与该章节标题相对应的文档内容处，提供给用户阅读和查看。

1. 创建目录

为文档创建目录的具体操作步骤如下。

步骤01将光标移到要创建目录的页面中的指定位置。

步骤02单击“引用”选项卡“目录”选项组中的“目录”下拉按钮，如图 4-39 所示，弹出的下拉列表如图 4-40 所示。

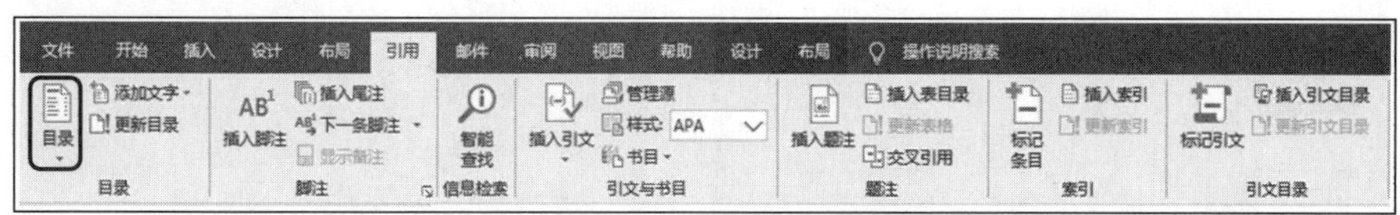

图 4-39　“引用”选项卡

步骤03在弹出的下拉列表中：

① 可从 Word 2016 的内置目录库中选择所要创建的目录样式，如“手动目录”“自动目录 1”“自动目录 2”。

② 也可以根据需要创建自定义目录。此时，选择下拉列表中的“自定义目录”命令，打开“目录”对话框，如图 4-41 所示。在“目录”对话框中可以设置页码格式、目录格式和目录标题的显示级别，系统默认显示到三级标题。单击“选项”按钮，打开“目录选项”

对话框，如图 4-42 所示。在“有效样式”列表框中可以指定每种样式的显示级别，单击“确定”按钮，返回“目录”对话框。在“目录”对话框中单击“修改”按钮，打开“样式”对话框，如图 4-43 所示。在“样式”列表框中选择要修改的目录样式，如修改“目录 1”，单击“修改”按钮，打开“修改样式”对话框，即可修改目录样式，如图 4-44 所示。修改完成后，依次单击“确定”按钮即可。

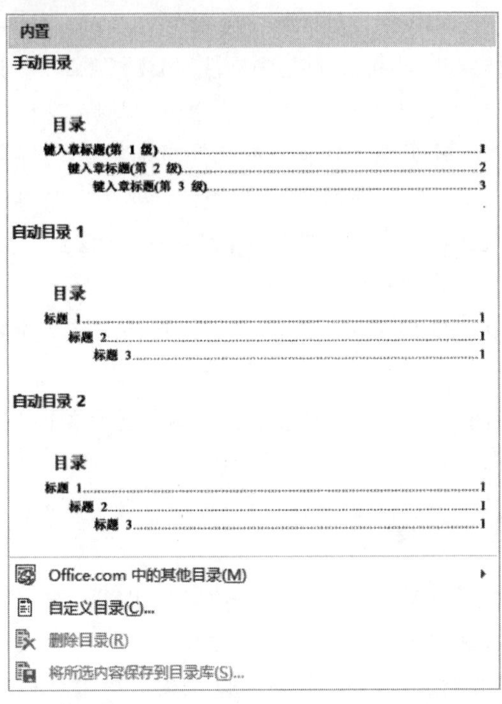

图 4-40 “目录”下拉列表

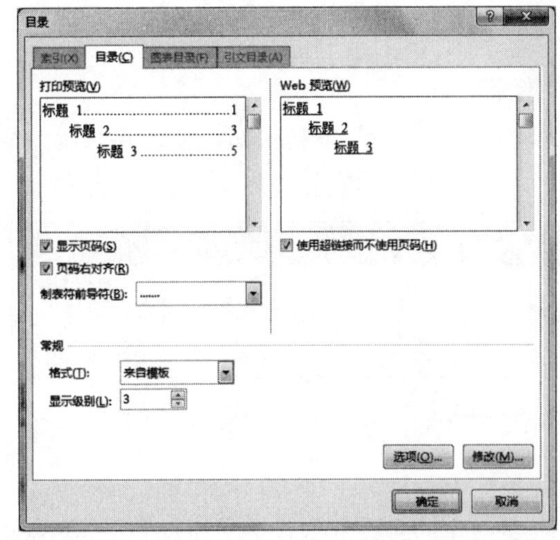

图 4-41 “目录”对话框

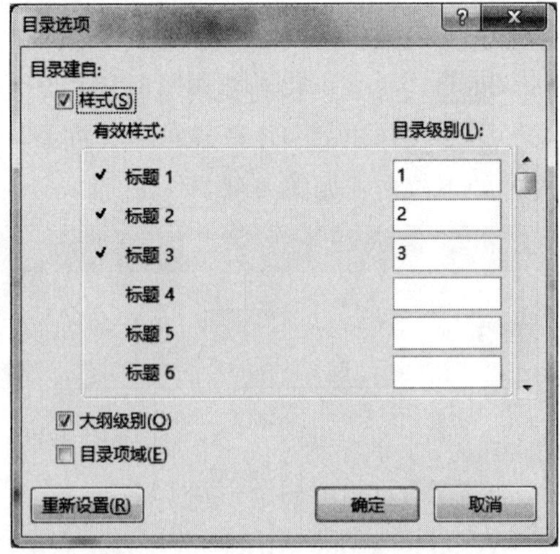

图 4-42 “目录选项”对话框

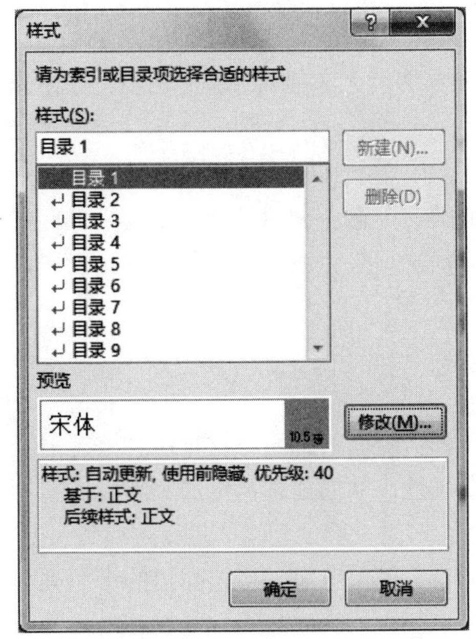

图 4-43 “样式”对话框

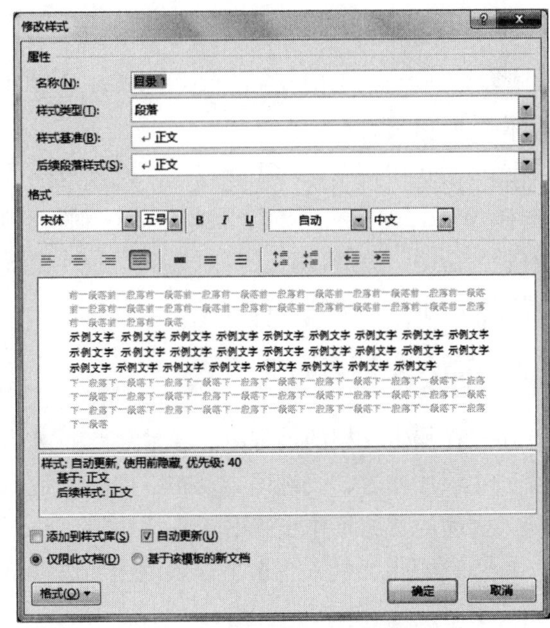

图 4-44 “修改样式”对话框

2. 更新目录

当文档内容发生变化，需要重新建立目录来匹配文档，这就涉及对文档的目录进行更新。更新目录的具体操作步骤如下。

步骤01 单击“引用”选项卡“目录”选项组中的“更新目录”按钮；或者在文档的目录区域右击，在弹出的快捷菜单中选择“更新域”命令（图 4-45），均可打开“更新目录”对话框，如图 4-46 所示。

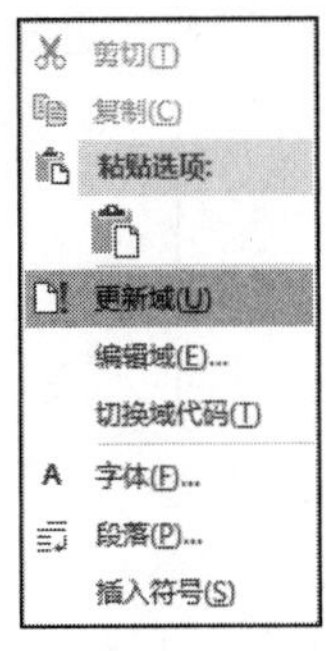

图 4-45 目录快捷菜单

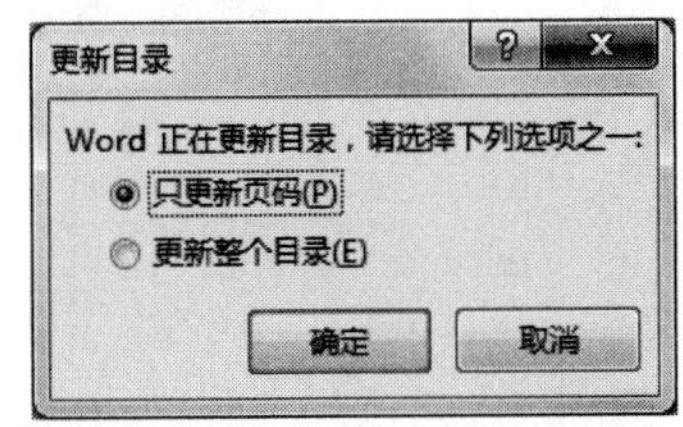

图 4-46 “更新目录”对话框

步骤02 根据需要选中“只更新页码”或“更新整个目录”单选按钮。

步骤03 单击“确定”按钮，即可完成目录的更新操作。

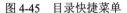

例4-8

为“素材\实例\Word.docx”文档创建目录。

操作实现

01打开"素材\实例\Word.docx"文档，在第1页和第2页之间插入一页空白页，并将光标定位在空白页。

02单击"引用"选项卡"目录"选项组中的"目录"下拉按钮，在弹出的下拉列表中可选择 Word 2016 的内置目录结构，如选择"自动目录 1"命令创建目录；或选择"自定义目录"命令，打开"目录"对话框，通过设置相应的选项来完成文档目录的创建工作，设置完成后单击"确定"按钮即可。

4.3.6 插入文档封面

用户在编辑文档的过程中，经常需要为文档插入一页美观的封面，有时还会根据需要在文档中添加作者、关键词、发布日期等一系列文档属性，从而使文档更加完整。在文档中插入封面的具体操作步骤如下。

步骤01 单击"插入"选项卡"页面"选项组中的"封面"下拉按钮，弹出的下拉列表如图 4-47 所示。

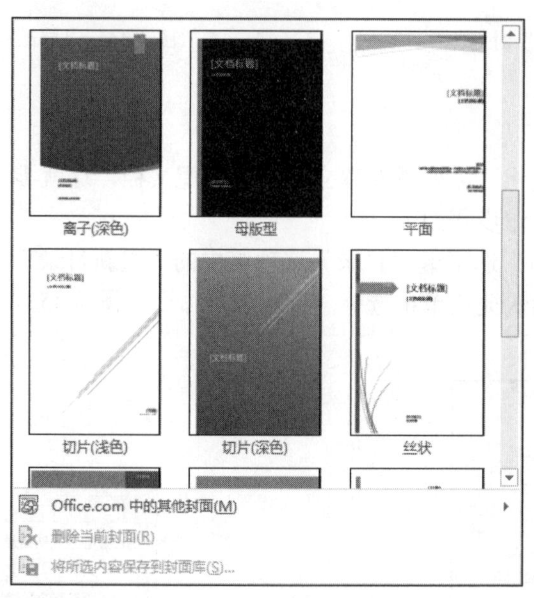

图 4-47 "封面"下拉列表

步骤02 在 Word 2016 的内置封面样式库中选择一个合适的封面，插入文档。

步骤03 根据需要，在插入的封面中编辑内容即可。

4.3.7 插入脚注和尾注

我们在编辑文档时，对一些从其他文章引用的内容、名词或事件，经常需要加以注释。Word 提供了插入脚注和尾注的功能，能够对指定的文字加入注释。使用脚注和尾注实现注释功能的唯一区别是：脚注是放在页面的底端或被注释文字的下方；尾注则是放在一节或文档的结尾。

在文档中插入脚注或尾注的具体操作步骤如下。

步骤01 打开文档，将光标移到要插入注释的文字末尾。

步骤02 单击“引用”选项卡“脚注”选项组中的“插入脚注”或“插入尾注”按钮，系统将自动在要注释的文字末尾生成脚注或尾注编号，并同时在脚注或尾注位置生成相同的编号，从而使被注释与注释的文字一一对应。

步骤03 然后在脚注或尾注区域的编号后面输入相应的注释信息即可。

单击“引用”选项卡“脚注”选项组右下角的对话框启动器，打开“脚注和尾注”对话框，如图 4-48 所示。在该对话框中可以设置脚注或尾注的格式，并插入脚注和尾注。其中，在“位置”选项组中选中“脚注”单选按钮，再在其下拉列表中选择“页面底端”或“文字下方”命令来决定脚注是位于每一页的页面底端还是被解释文字的下方；选中“尾注”单选按钮，再在其下拉列表中选择“节的结尾”或“文档结尾”命令来决定尾注是位于每一节的结尾还是整篇文档的结尾。在“格式”选项组中，“编号格式”下拉列表用于设置脚注或尾注使用的编号格式；“自定义标记”文本框用于设置脚注或尾注的标记，用来取代“编号格式”；“起始编号”编辑框用于设置脚注或尾注的起始编号；“编号”下拉列表用于设置脚注或尾注编号是连续的，还是每节或每页重新编号。“将更改应用于”下拉列表用于设置脚注或尾注的格式是应用于“本节”还是“整篇文档”。如果单击“转换”按钮，则打开“转换注释”对话框（图 4-49），用于实现脚注和尾注之间的相互转换。

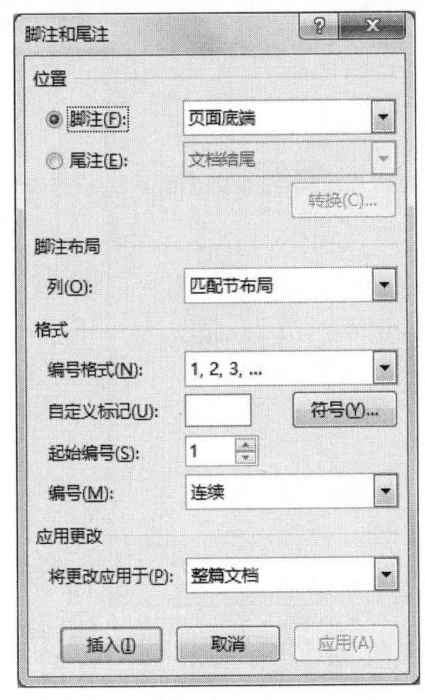

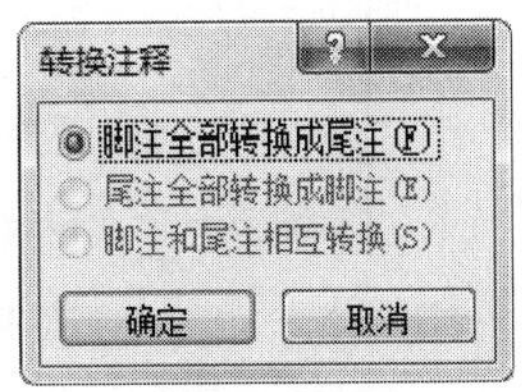

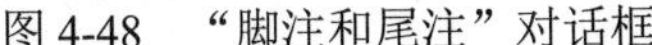
图 4-48　“脚注和尾注”对话框

图 4-49　“转换注释”对话框

用户可通过插入尾注来为正在编辑的文档添加参考文献，使用这种方法添加参考文献的优点之一在于：当在文档中添加、删除参考文献或修改参考文献的排列顺序时，参考文献会自动重新排序，从而省去人工排序的烦恼。参考文献通常位于通篇文档的末尾，并且参考文献的编号通常是“[1]，[2]，[3]，…”的形式。以此种方式来添加参考文献的具体操作步骤如下。

步骤01 将参考文献以尾注的形式插入文档尾部，且编号格式设置为“1，2，3，…”。

步骤02 单击“开始”选项卡“编辑”选项组中的“替换”按钮，打开“查找和替换”对话框，如图 4-50 所示。

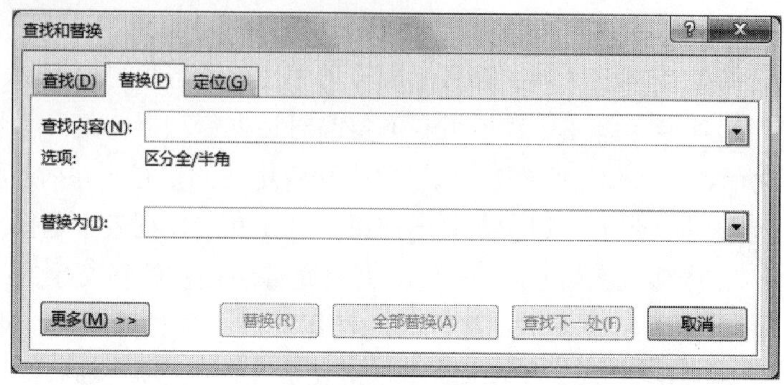

图 4-50 “查找和替换”对话框

步骤03 单击“更多”按钮，展开对话框，如图 4-51 所示。

图 4-51 展开的“查找和替换”对话框

步骤04 单击“格式”下拉按钮，在弹出的下拉列表中选择“字体”命令，打开“查找字体”对话框，如图 4-52 所示。

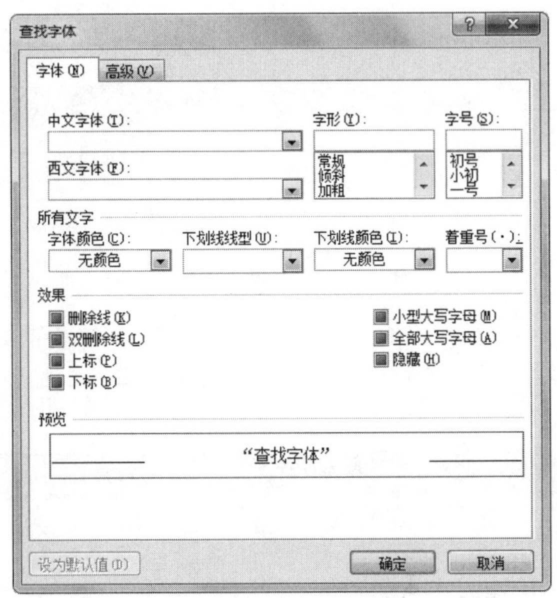

图 4-52　“查找字体”对话框

步骤05 选中“效果”选项组中的“上标”复选框，单击“确定”按钮。

步骤06 在“查找和替换”对话框中的“查找内容”文本框中输入“^e”，并在“替换为”文本框中输入“[^&]”，然后单击“全部替换”按钮，即可将“1，2，3，…”的形式统一替换为“[1]，[2]，[3]，…”的形式。

4.4 Word 文档的修订与共享

当需要以多人合作的方式来共同编辑同一篇文档时，修订将成为文档编辑的重要方式。通过修订，作者之间能够及时共享对文档内容进行的补充和更正，了解其他作者分别对文档做了哪些更改和更改的原因。对于编辑完成的文档，Word 还能以多种方式提供给用户阅读，从而实现对文档的共享。

4.4.1 修订文档

在用户编辑文档的过程中，有时需要把文档交于他人进行审阅，并给出修改意见，再根据修改意见，对文档进行修订。在修订状态下编辑文档时，Word 2016 将对文档内容所发生过的变化进行详细的跟踪，自动记录用户修改、删除、插入的每一项内容。

1. 开启修订状态

在默认状态下，Word 2016 的文档修订处于关闭状态。要利用 Word 2016 提供的工具完成对文档的修订，首先要开启修订状态。打开要修订的文档，单击“审阅”选项卡“修订”选项组中的“修订”按钮，如图 4-53 所示；或者单击“修订”下拉按钮，在弹出的下拉列表中选择“修订”命令，都可以开启文档的修订状态。若要关闭修订状态，可再次单击“修订”按钮或选择“修订”命令。

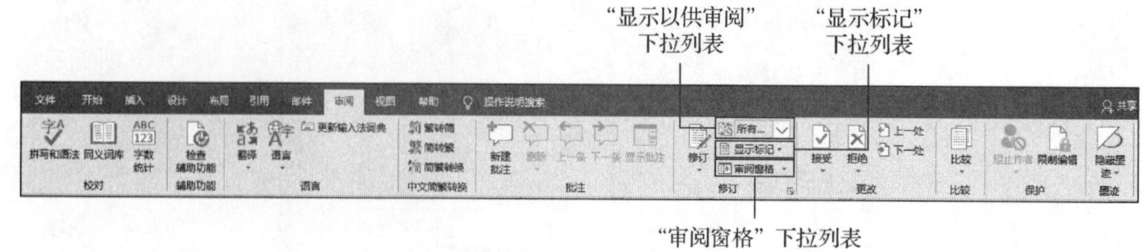

图 4-53 "审阅"选项卡

修订状态被开启后，后续输入的文档内容会自动加上颜色和下划线从而被标记出来，所有对文档进行的修订动作都会显示在页面右侧的空白处，包括被删除的文档内容，如图 4-54 所示。

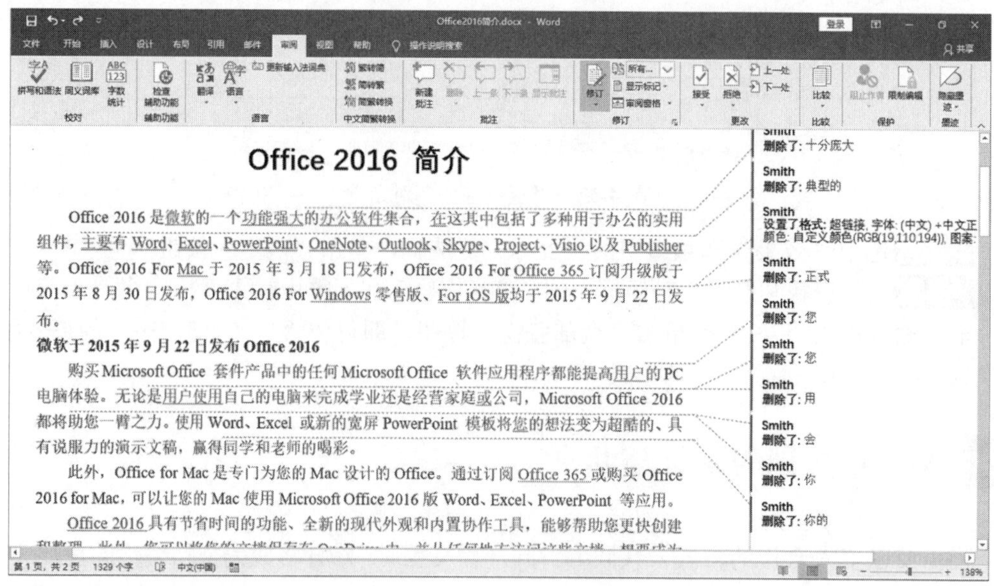

图 4-54 对文档进行修订

2. 设置修订状态

在文档的修订状态下，可根据需要在"显示以供审阅"下拉列表中选择一种被修订文档的显示方式。

1）简单标记：在文档页面左侧显示红色标记，通过查看红色标记能够知道该行是否被修改过。

2）所有标记：在页面中显示最终修订后的文档内容，同时带有新插入内容等修订标记，并在页面右侧显示用户对原文做过的修改，如删除的内容、调整的格式等。

3）无标记：显示修订后的正式文档内容，不包含任何修订标记。

4）原始版本：显示修订前的原文，不带有任何修订标记。

在修订状态下，单击"显示标记"下拉按钮，弹出的下拉列表如图 4-55 所示，用于设置是否显示指定标记，若要显示，则选择对应的选项即可。如果要查看具体的某一个或某几个审阅者的修订内容，而隐藏其他审阅者的修订内容，则可在下拉列表中选择"特定人员"命令，在弹出的级联菜单中指定审阅者，被选择的审阅者的修订内容和批注将显示在页面中，而未被选择的审阅者的修订内容和批注将不显示在页面中。单击“审阅窗格”下拉按钮，弹出的下拉列表如图 4-56 所示，用户可从“垂直审阅窗格”和“水平审阅窗格”中选择一种审阅窗格的布局方式。

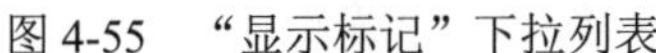
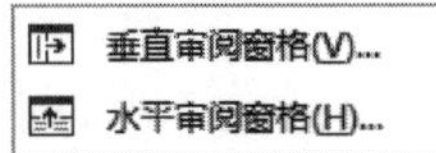

图 4-55 “显示标记”下拉列表

图 4-56 “审阅窗格”下拉列表

文档修订之后，再次单击“修订”按钮或选择“修订”命令，将退出文档的修订模式。可以对处于修订状态的文档做选项的显示设置，单击“审阅”选项卡“修订”选项组中的对话框启动器，打开“修订选项”对话框，如图 4-57 所示。

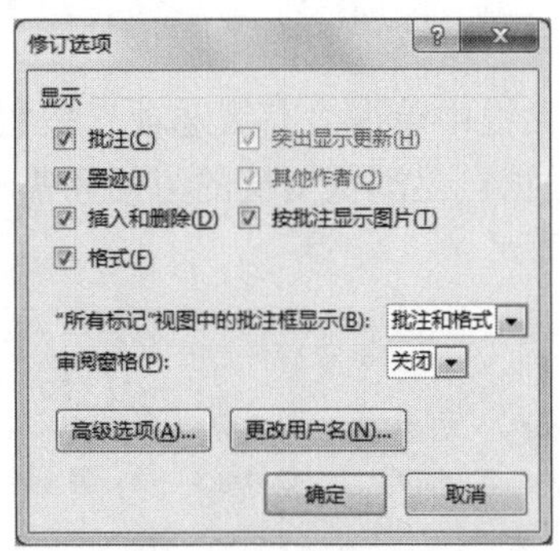

图 4-57 “修订选项”对话框

其中，复选框分别表示修订过程中是否要显示“批注”“墨迹”“插入和删除”“格式”“突出显示更新”“其他作者”“按批注显示图片”标记信息；“‘所有标记’视图中的批注框显示”下拉列表用于确定批注框中是显示“修订”信息，还是显示“批注和格式”信息，或不显示任何的批注信息；“审阅窗格”下拉列表用于确定以“垂直”或“水平”方式开启审阅窗格，与图 4-56 中的“审阅窗格”下拉列表功能相同，或者关闭审阅窗格。当有多个人参与修订文档时，为了能够清楚地区分不同修订者所修订的内容，通常将修订的内容用不同的颜色标记出来，以避免混淆，具体操作步骤如下。

步骤01 某用户在修订文档之前，单击“审阅”选项卡“修订”选项组中的对话框启动器，打开“修订选项”对话框（图 4-57）。

步骤02 在该对话框中单击“更改用户名”按钮，打开“Word 选项”对话框，如图 4-58 所示。在“常规”选项卡的“对 Microsoft Office 进行个性化设置”选项组中，输入自己区别于其他用户的用户名及缩写，再单击“确定”按钮，用户名将显示在图 4-55 所示的“特定人员”级联菜单中。

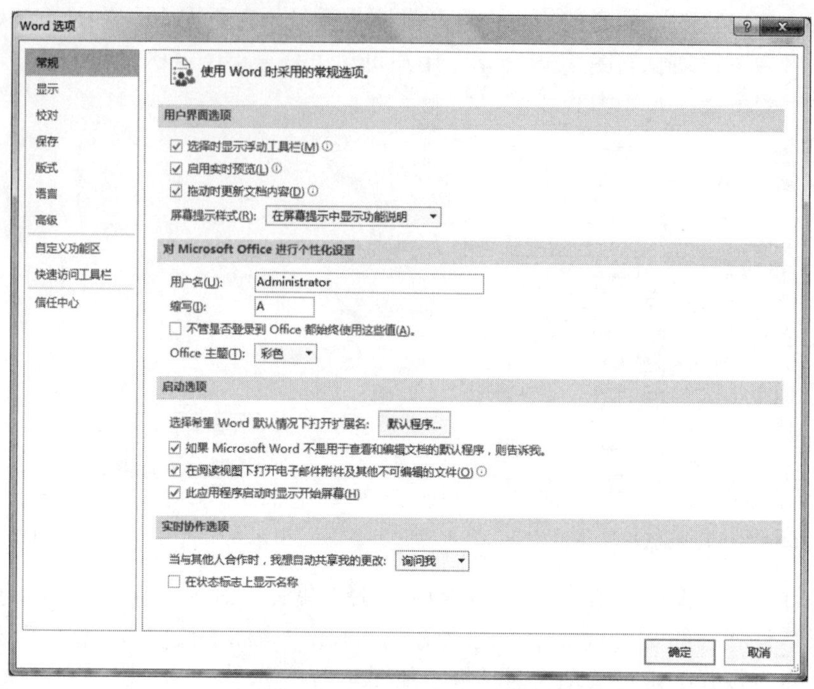

图 4-58　“Word 选项”对话框

步骤03 在“修订选项”对话框中单击“高级选项”按钮，打开“高级修订选项”对话框，如图 4-59 所示。用户可以根据自己浏览文档的习惯和需要来设置修订内容的显示状态，修改完成后单击“确定”按钮即可。

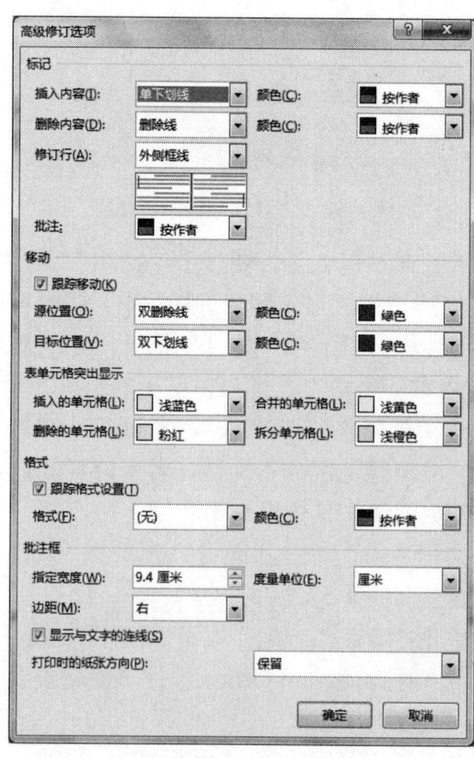

图 4-59　“高级修订选项”对话框

3. 添加批注

使用批注能够很方便地对 Word 文档做注解，让用户知道哪里需要修改，或者审阅者能够使用批注向文档作者询问相关问题，让作者根据问题对文档做出适当的修改。批注与修订的主要区别在于：修订是对原文内容的修改，批注则是对文档内容的说明和解释，就像旁白一样。批注会自动用带有颜色的矩形框框起来。为文档添加批注的具体操作步骤如下。

步骤01 选中要添加批注的文档内容。

步骤02 单击“审阅”选项卡“批注”选项组中的“新建批注”按钮，将在页面右侧为选中的文档内容生成批注框。

步骤03 在生成的批注框中输入批注即可，添加批注的样例如图 4-60 所示。

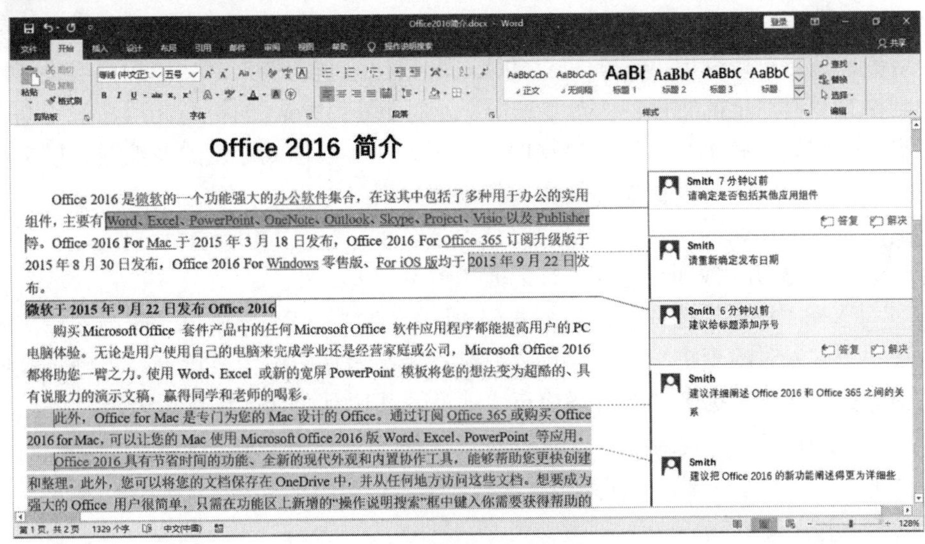

图 4-60 添加批注的样例

更改图 4-58 所示的“Word 选项”对话框中的用户名时，批注框也将以不同的颜色显示，用以区分不同用户对文档做出的批注，方便查看究竟是哪些用户对文档分别做过哪些批注。

如果要删除文档中的某一批注，可将光标移到被批注的文档内容区域或对应的批注框中，单击“审阅”选项卡“批注”选项组中的“删除”按钮，即可将指定的批注内容删除。通过单击“上一条”或“下一条”按钮，可以将光标定位到当前批注的上一条批注或下一条批注，来逐条查看用户对文档做过的批注，便于详细查看批注内容，并根据批注内容对文档做出相应的修改。

4. 审阅修订和批注

一般情况下，修订完成后，文档原作者还要对文档的修订和批注做最后的审阅，以确定文档的最终版本符合要求。对于某一项批注信息，如果审阅完成，直接删除即可。在审阅修订时，可以根据需要接受或拒绝用户做过的修订，具体操作步骤如下。

步骤01 接受修订。单击“审阅”选项卡“更改”选项组中的“接受”下拉按钮，弹出的下拉列表中包含“接受并移到下一条”“接受此修订”“接受所有显示的修订”“接受所有修订”“接受所有更改并停止修订”5 个命令，根据需要选择其中的一种方式即可。

步骤02 拒绝修订。单击“审阅”选项卡“更改”选项组中的“拒绝”下拉按钮，弹出的下拉列表中包含“拒绝并移到下一条”“拒绝更改”“拒绝所有显示的修订”“拒绝所有修订”“拒绝所有更改并停止修订”5个命令，根据需要选择其中的一种方式即可。

4.4.2 管理文档

使用 Word 的“审阅”选项卡，除了能够修订文档和对文档添加批注外，还能够对文档进行其他的管理工作，如拼写和语法检查、统计文档字数、语言翻译、中文简繁转换、文档保护、比较与合并文档等。使用中文繁简转换工具可以将文档在中文简体和繁体之间快速转换；使用文档的保护工具，可以限制对文档内容的编辑。

1. 检查拼写和语法

在文档的编辑过程中，由于输入的内容繁多，难以避免拼写或语法上的错误，人工查找费时费力，这时可以利用 Word 提供的拼写和语法检查功能来对文档的内容进行检查，快速找到拼写和语法上的错误，从而帮助用户及时更正。Word 的拼写和语法检查功能开启后，将自动在它认为有拼写或语法错误的文本下方加上红色或绿色的波浪线，以提醒用户更正。开启拼写和语法检查功能的具体操作步骤如下。

步骤01 打开要编辑的文档，选择“文件”选项卡，打开 Office 后台视图，在后台视图中选择“选项”，打开“Word 选项”对话框（图4-58）。

步骤02 选择“校对”选项卡，如图4-61所示。在“在 Word 中更正拼写和语法时”选项组中选中“键入时检查拼写”和“键入时标记语法错误”两个复选框。另外，可以根据编辑文档的实际情况，选中“随拼写检查语法”等其他复选框，设置相关功能。

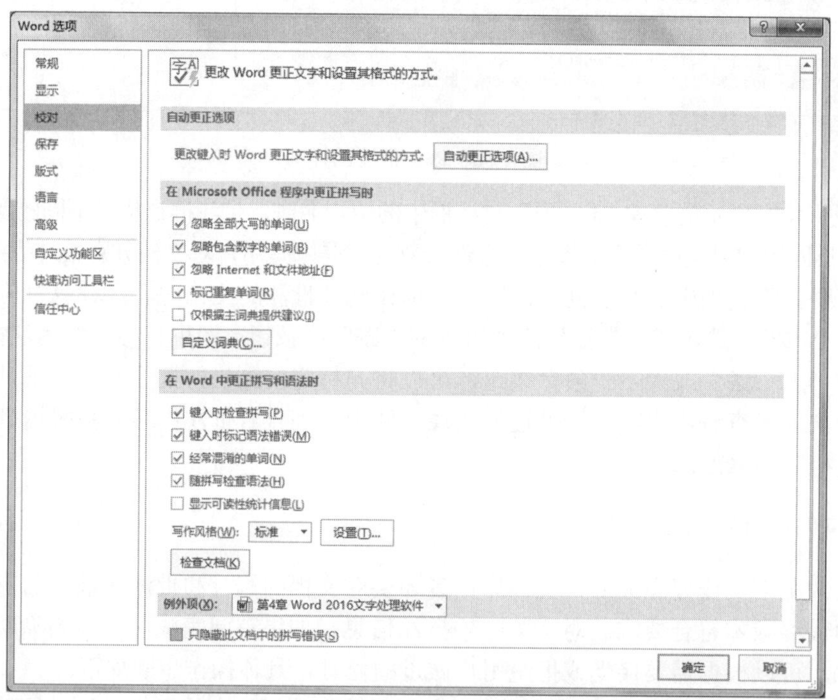

图4-61 “Word 选项”对话框的“校对”选项卡

步骤03 单击“确定”按钮，完成拼写和语法检查功能的开启操作。

默认情况下，Word 的拼写和语法检查功能是开启的，用户可以根据需要手动开启或关闭拼写和语法检查功能。开启后，就可以对通篇文档的拼写和语法自动进行检查，便于用户及时更正错误信息，检查的具体操作步骤如下。

步骤01 单击“审阅”选项卡“校对”选项组中的“拼写和语法”按钮。如果文档的所有内容在校对前就已经符合系统设定的拼写和语法规则，则对话框提示“拼写和语法检查完成”；否则，从文档开篇处，逐词逐句地显示认为有拼写错误或语法错误的内容。

步骤02 如果被检查的内容有语法错误，则打开“语法”窗格，如图 4-62 所示，被检查的内容是“使用由必应”，它被系统认为是“输入错误或特殊用法”，并给出解释“表达错误，可能是错字、丢字、漏字或文言用法、不常见用法”。单击“忽略”按钮，表示只忽略当前被语法检查的内容，并自动跳转到下一项被检查的内容；单击“忽略规则”按钮，表示忽略所有与当前被语法检查的内容完全相同的内容，并自动跳转到下一项被检查的内容，跳转到的新内容与当前内容不同；单击“词典”按钮，可把当前被语法检查的内容加入词典，而被系统接受，在编辑文档过程中，当再次输入相同内容时，则该内容的拼写直接被系统认定为正确，而不再被检查；展开最下面的下拉列表可以对使用的语言进行选择，表明当前被语法检查的内容应符合何种语言规则，如选择“中文（中国）”语言，则当前被语法检查的内容应符合中文规则。

步骤03 如果被检查的内容包含拼写错误，则打开“拼写检查”窗格，如图 4-63 所示，被检查的内容是“Lightter”，它被系统认为是单词拼写错误。单击“忽略”按钮，表示只忽略当前被拼写检查的内容，并自动跳转到下一项被检查的内容；单击“全部忽略”按钮，表示忽略所有与当前被拼写检查的内容完全相同的内容，并自动跳转到下一项被检查的内容，跳转到的内容与当前内容不同；单击“添加”按钮，可把当前被拼写检查的内容加入词典，在编辑文档过程中，当再次输入相同内容时，则该内容的拼写直接被系统认定为正确，而不再被检查。列表框中罗列出可供用户选择的更改项，如可根据需要把“Lightter”更改为“Lighter”或“Lighters”，当选中其中的某项后，单击“更改”按钮，即可把当前被拼写检查错误的内容更改为被选中的项，并自动跳转到下一项被检查的内容；单击“全部更改”按钮，可把所有与当前被拼写检查的内容完全相同的内容都更改为被选中的项，并自动跳转到下一项被检查的内容；展开最下面的下拉列表可以对使用的语言进行选择，表明当前被拼写检查的内容应符合何种语言规则，如选择“英语（美国）”语言，则当前被语法检查的内容应符合美式英语规则。

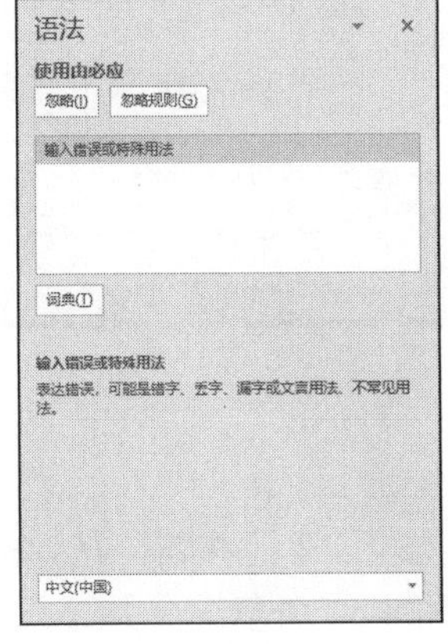

图 4-62 “语法”窗格

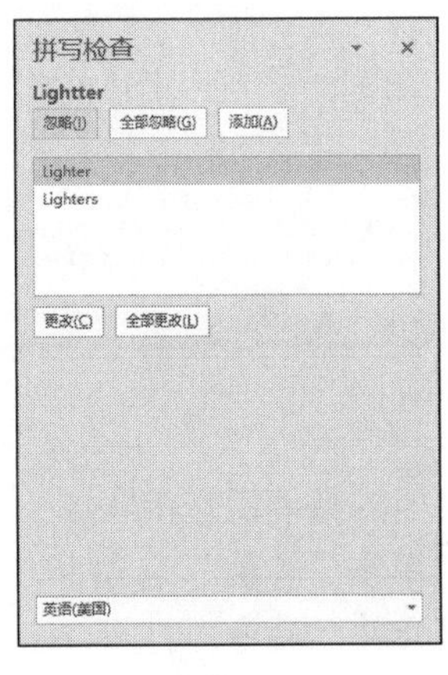

图 4-63 “拼写检查”窗格

2. 比较与合并文档

如果一个文档同时被多人修订，则会形成多个不同的版本。Word 提供的文档比较功能可以精确地显示两个文档之间的差异，便于用户查看修订前、修订后文档的变化情况，并通过合并功能合并两个版本的文档，形成一个新文档，新文档再与其他版本的文档进行比较和合并，最终形成用户需要的文档。

比较文档的具体操作步骤如下。

步骤01 单击“审阅”选项卡“比较”选项组中的“比较”下拉按钮，弹出的下拉列表如图 4-64 所示。

步骤02 选择“比较”命令，打开“比较文档”对话框，如图 4-65 所示。

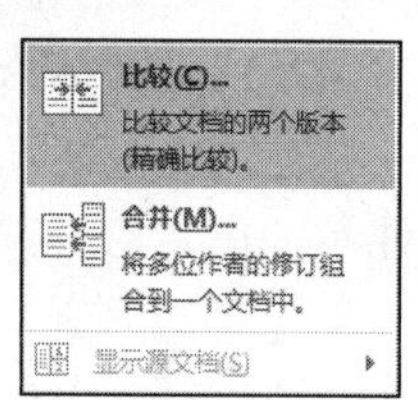

图 4-64 “比较”下拉列表

图 4-65 “比较文档”对话框

步骤03 在“原文档”下拉列表中选择原文档，如“Office 2016 简介.docx”，在“修订的文档”下拉列表中选择修订的文档，如“Office 2016 简介-修订.docx”。

步骤04 单击“确定”按钮，将会新建一个比较结果的文档，突出显示两个文档之间的不同之处以供用户查阅，如图 4-66 所示。

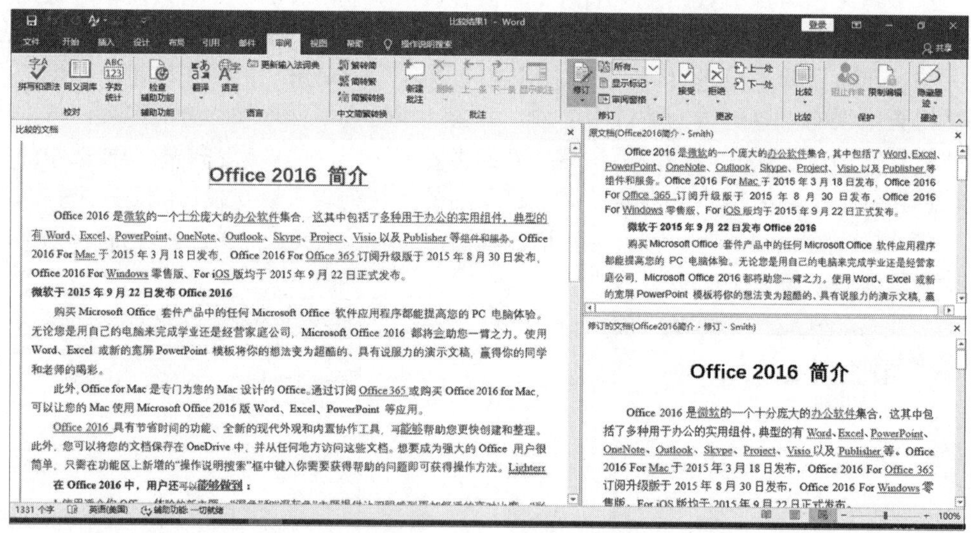

图 4-66 比较结果文档

合并文档的具体操作步骤如下。

步骤01 单击“审阅”选项卡“比较”选项组中的“比较”下拉按钮，在弹出的下拉列表中选择“合并”命令，打开“合并文档”对话框，如图 4-67 所示。

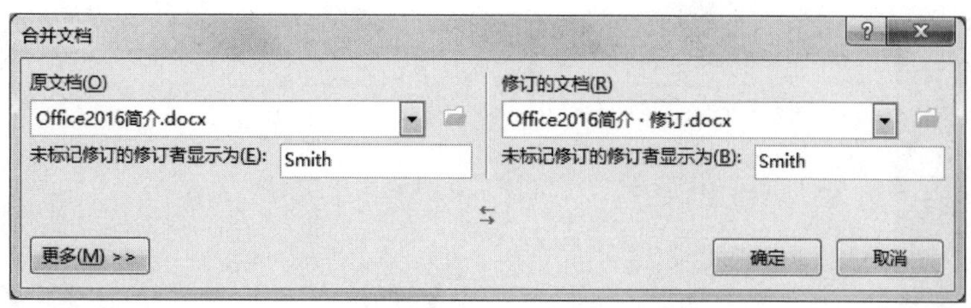

图 4-67　“合并文档”对话框

步骤02 在“原文档”下拉列表中选择原文档，在“修订的文档”下拉列表中选择修订的文档。

步骤03 单击“确定”按钮，将会新建一个合并结果的文档，如图 4-68 所示。

步骤04 保存合并结果。

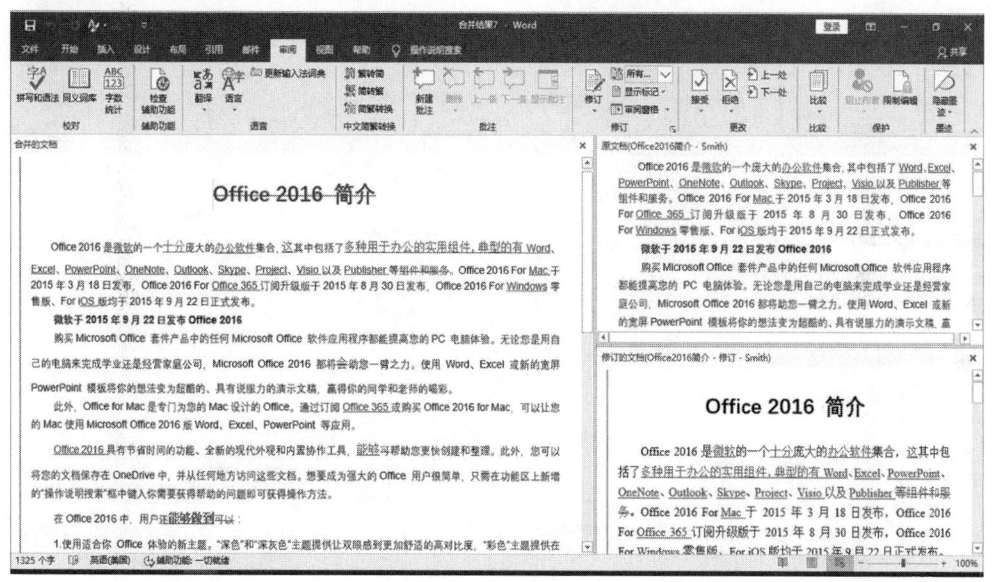

图 4-68　合并结果文档

3. 删除个人信息

删除文档中个人信息的主要目的是不把作者等相关信息在共享文档时透漏给其他人。因此，文档共享前，有必要将个人信息删除，具体操作步骤如下。

步骤01 选择“文件”→“信息”→“检查问题”→“检查文档”命令，如图 4-69 所示，打开“文档检查器”对话框，如图 4-70 所示。

步骤02 至少选中“文档属性和个人信息”复选框，再单击“检查”按钮，对复选框内选中的项进行检查，检查结果将显示在对话框中，如图 4-71 所示。

步骤03 单击“全部删除”按钮，可删除对应的被检查出错的信息，如“批注、修订、版本和注释”及“文档属性和个人信息”。

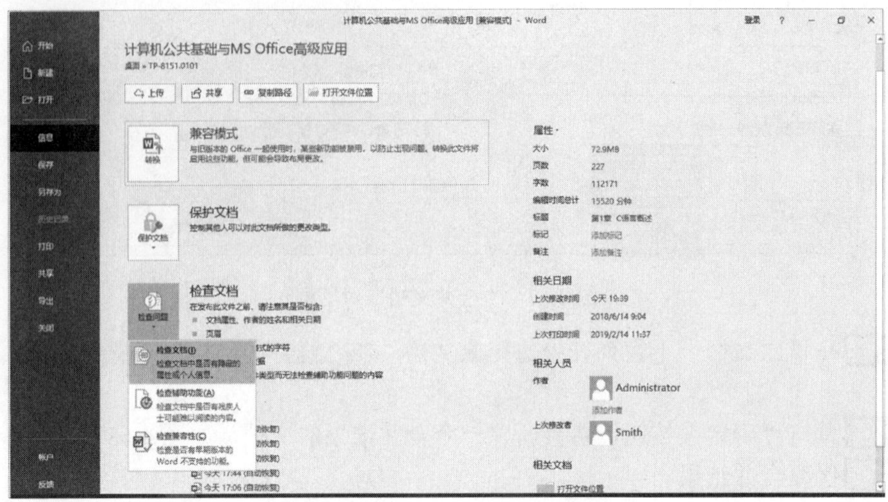

图 4-69　选择“检查文档”命令

图 4-70　“文档检查器”对话框

图 4-71　检查结果

4.4.3　共享文档

文档建立后，可以与他人共享。除了通过打印形成纸质文档与他人共享外，还可以通过电子化方式实现共享，主要包括云端共享、电子邮件共享、联机演示共享、与使用早期版本的 Word 用户交换文档、将 Word 文档发布为 PDF/XPS 格式。

1. 云端共享

可使用 Word 提供的云共享功能将文档发送至云端，提供给其他用户使用。在使用云共享功能之前，必须注册一个微软账户，再使用该账户登录，才能把文档发送至云端，实现共享。可以在 Windows 中使用内置的 IE 浏览器或其他的外部浏览器，登录网址“https://login.live.com/”注册一个微软账户。例如，注册好的微软账户是“sunmingyu370@163.com”，云共享文档的具体操作步骤如下。

步骤01 单击“文件”→“共享”→“与人共享”→“保存到云”按钮，如图 4-72 所示。

Word 将自动跳转到“另存为”选项卡，选择“OneDrive”命令，如图 4-73 所示，表明要选择云端的存储器，把文档发送至云端。Office 2016 和 OneDvive 的配合使存储功能更为完善。

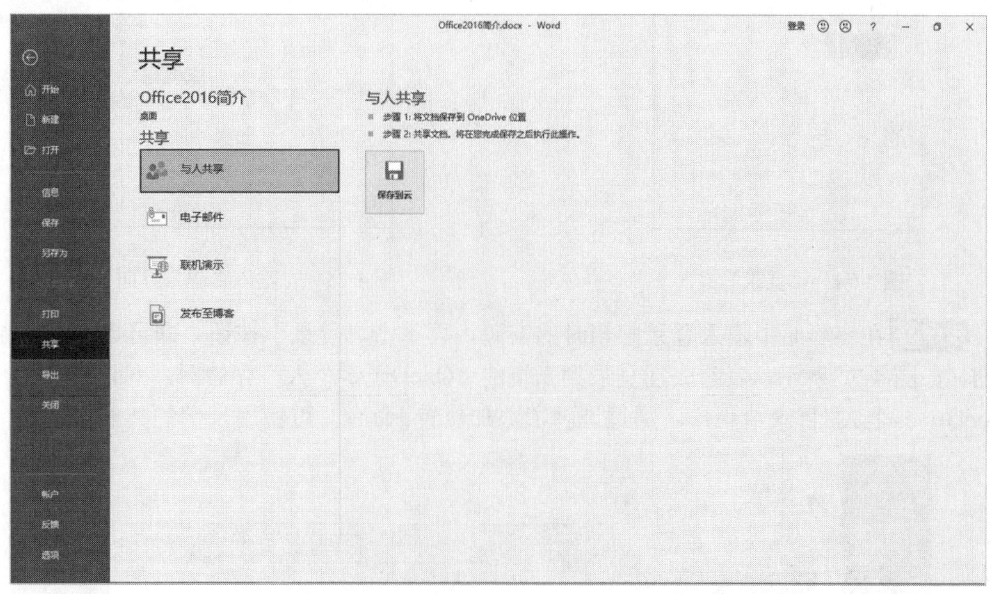

图 4-72 通过云与他人共享文档

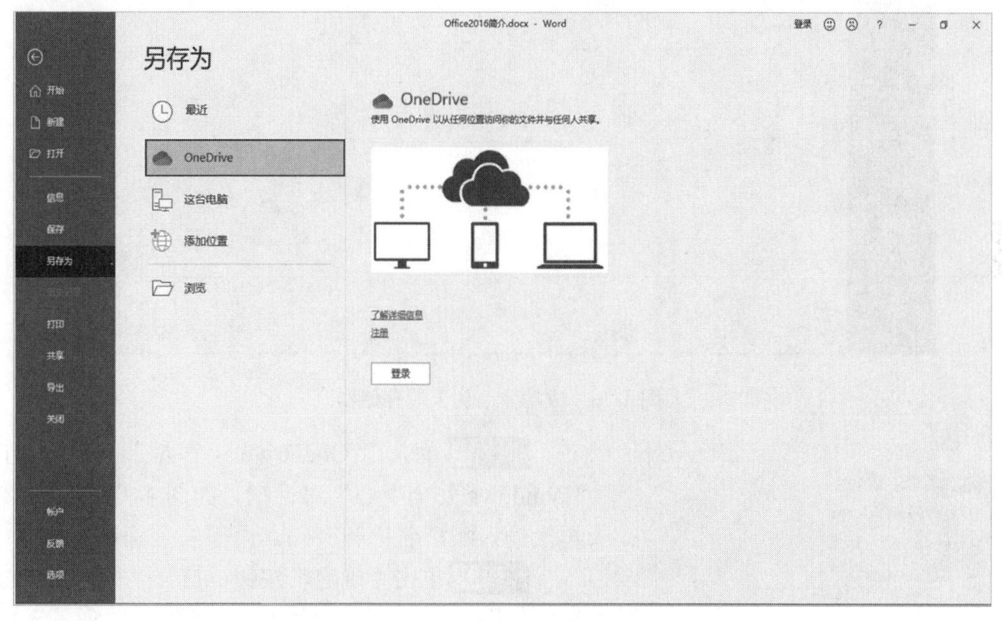

图 4-73 选择云端存储器

步骤02 单击“登录”按钮，打开“登录”界面，如图 4-74 所示。

步骤03 在文本框中输入注册过的微软账户，如“sunmingyu370@163.com”，再单击“下一步”按钮，打开“输入密码”界面，如图 4-75 所示。

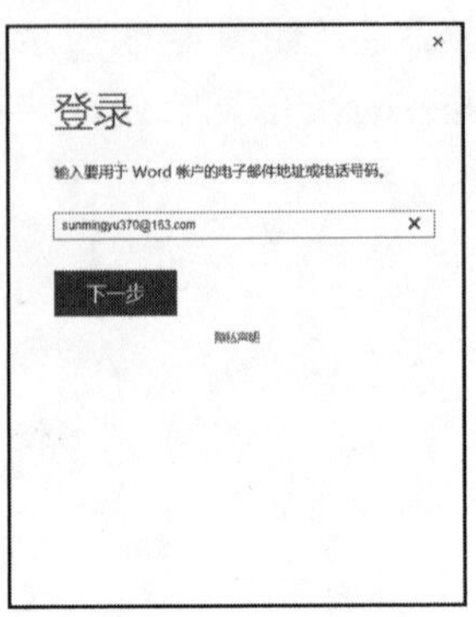

图 4-74　“登录”界面

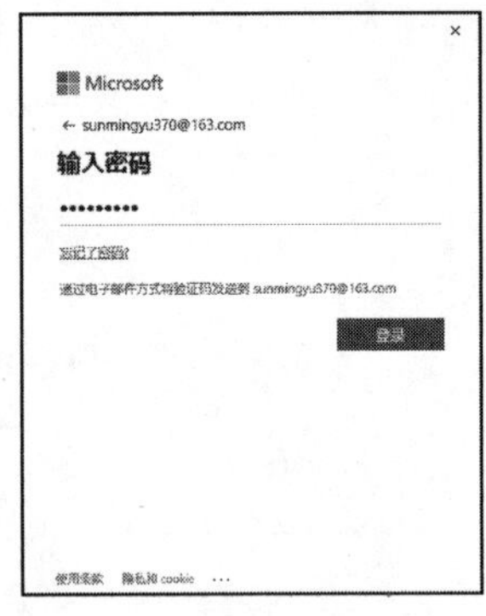

图 4-75　“输入密码”界面

步骤04 在该界面中输入登录邮箱时的密码，再单击“登录”按钮，即可登录到云端存储器，如图 4-76 所示，表明成功登录到云端的“OneDrive-个人”存储器，下面提供了一个“OneDrive -个人”目录给用户。通过选择“添加位置”命令，可使用云端的其他存储器。

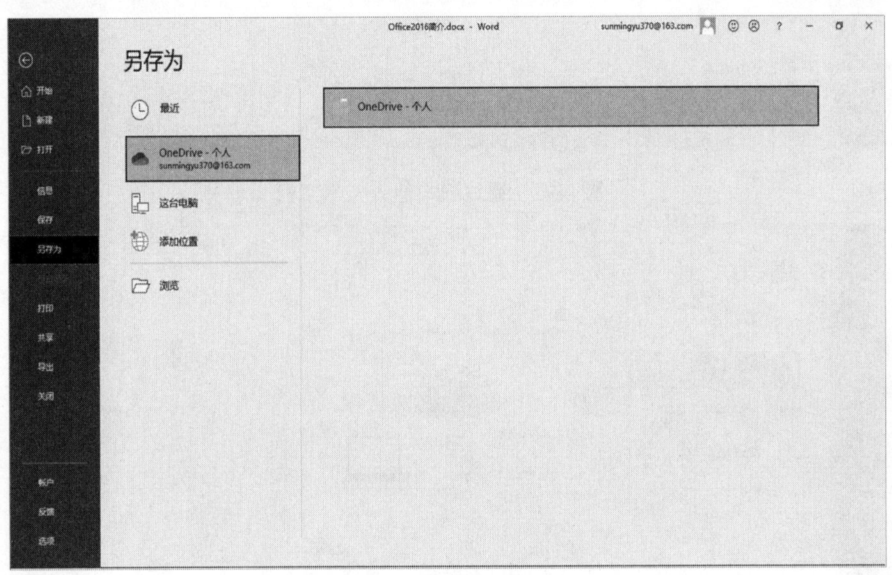

图 4-76　成功登录到云端存储器

步骤05 单击“OneDrive -个人”目录，打开“Windows 安全中心”对话框，如图 4-77 所示，要求再次输入账户名称和密码，用于安全确认。

步骤06 单击“确定”按钮，打开“另存为”对话框，如图 4-78 所示。此时，对话框中罗列了云端的“OneDrive -个人”目录包含的文件和子目录。可以选择当前目录或某一个子目录用于保存文档，如选择“文档”目录进行保存。

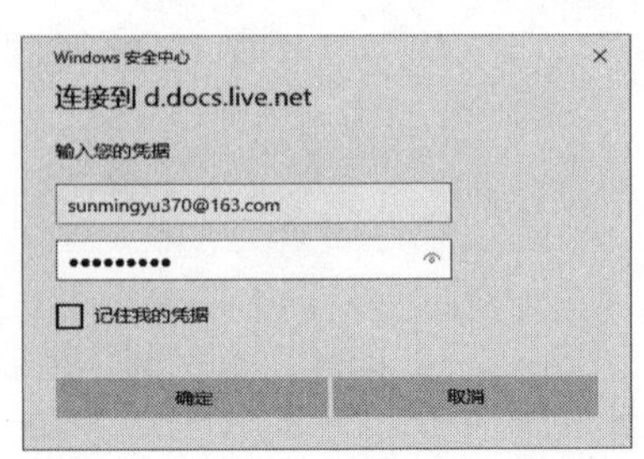

图 4-77　“Windows 安全中心”对话框

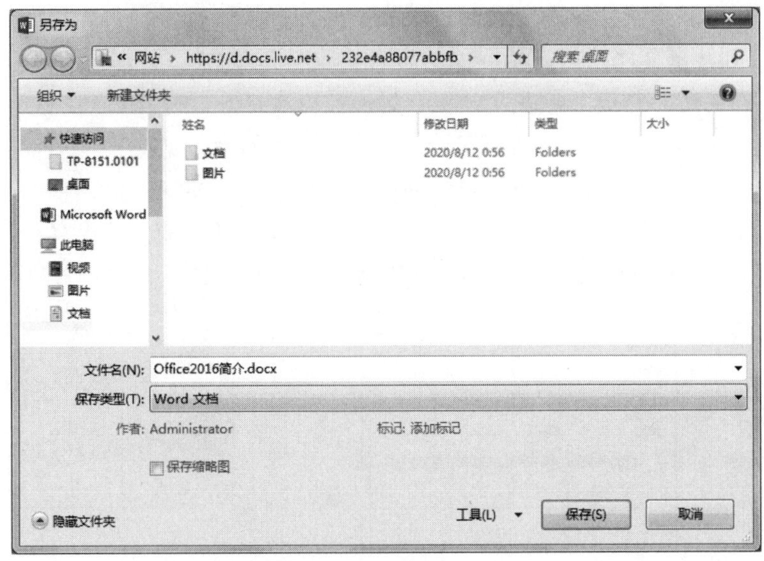

图 4-78　“另存为”对话框

步骤07 单击“保存”按钮，把文档上传并保存到云端。保存完成后，可以看到“保存到云”按钮变成了“与人共享”按钮，如图 4-79 所示，表明文档被保存到云端后，可以与他人实现共享。

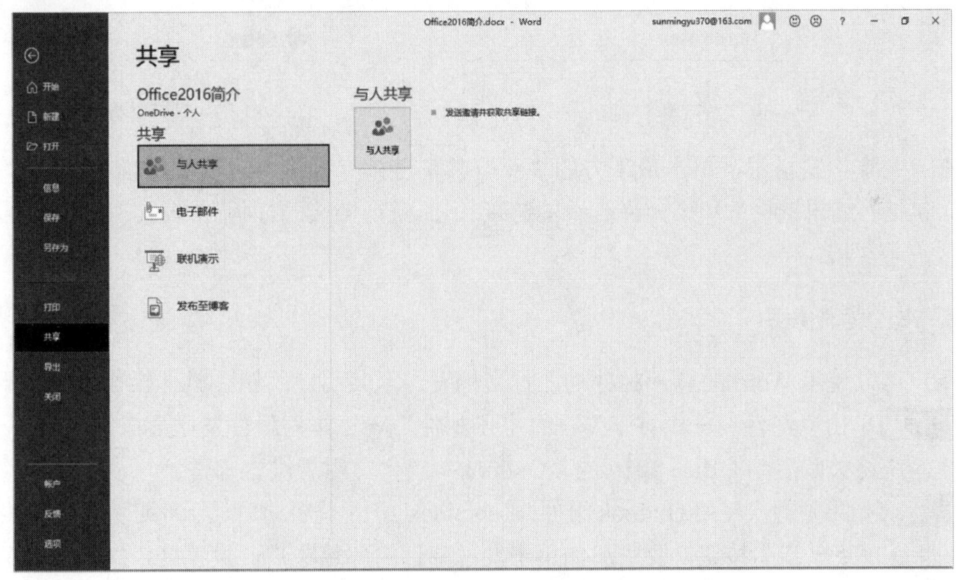

图 4-79　文档成功保存到云

步骤08 单击“与人共享”按钮，打开“共享”窗格，如图 4-80 所示。在该对话框的“邀请人员”文本框中输入被邀请来共享文档的用户邮箱地址，可以同时邀请多个人共享，各邮箱地址之间使用分号或逗号隔开；也可以单击“邀请人员”对话框右侧的“通讯簿”按钮，打开通讯簿，选择共享用户的邮箱地址，再加入文本框。在“是否可编辑”下拉列表中，选择“可编辑”或“可查看”命令来决定共享用户是否可以编辑文档。在“备注”文本框中，可输入用于提示共享用户的备注信息。在“自动共享更改”下拉列表中，选择“询问我”命令，则当共享文档发生更改时，首先询问文档的所有者是否允许进行更改；选择“始终”命令，则共享文档的用户始终能够查看更改；选择“从不”命令，则共享文档的用户将始终看不到所做的修改，除非文档保存后，被再次打开，方能看到。

步骤09 单击“共享”按钮，共享文档的“邀请函”将会发送到在“邀请人员”文本框中指定的用户邮箱中。并且，用户邮箱的地址将会显示在“共享”对话框的下方列表中，如图 4-81 所示，表明列表中的用户是目前可共享当前文档的所有用户。当用户在自己的邮箱中查收“邀请函”邮件，便可在“邀请函”邮件中打开文档，并进行共享。

图 4-80　“共享”窗格

图 4-81　共享链接发送成功

在“共享”窗格中，单击最下方的“获取共享链接”链接，可以获得当前文档的共享链接，包括“编辑链接”和“允许查看的链接”，而获得链接的任何一个用户都可以通过它编辑或查看文档。

2. 电子邮件共享

用户可以使用 Word 的电子邮件功能把文档发送至某用户邮箱，具体操作步骤如下。

步骤01 单击“文件”→“共享”→“电子邮件”→“作为附件发送”按钮，如图 4-82 所示。系统将关联启动 Office 2016 的“Outlook”组件，用于发送邮件。

步骤02 如果是首次使用 Outlook 组件，则 Outlook 2016 被启动后显示欢迎界面，如图 4-83 所示，单击“下一步”按钮，要求添加用于发送邮件的邮箱账户。换言之，Outlook 将以该邮箱为“源”邮箱把邮件发送至“目的”邮箱来实现邮件发送，如图 4-84 所示。需要注意的是：一个邮箱在 Outlook 中被设置为“源”邮箱之前，必须已经对它开通了 POP3/SMTP 服务或 IMAP/SMTP 服务，否则在 Outlook 中的设置将会失效。通常，在邮箱里开通 POP3/SMTP 服务或 IMAP/SMTP 服务，可首先登录这个邮箱，登录后，在邮箱的“设置”选项中能够开通服务。

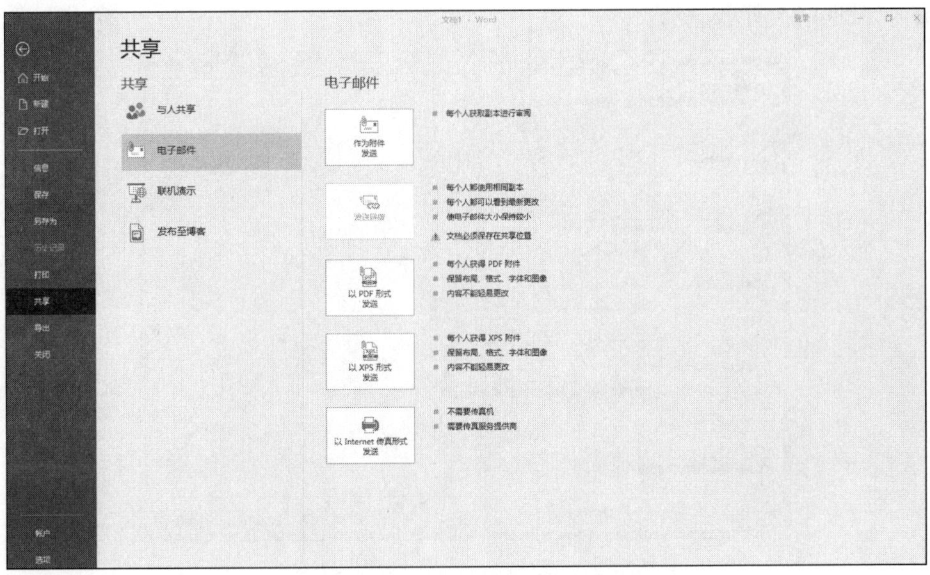

图 4-82　通过电子邮件与他人共享文档

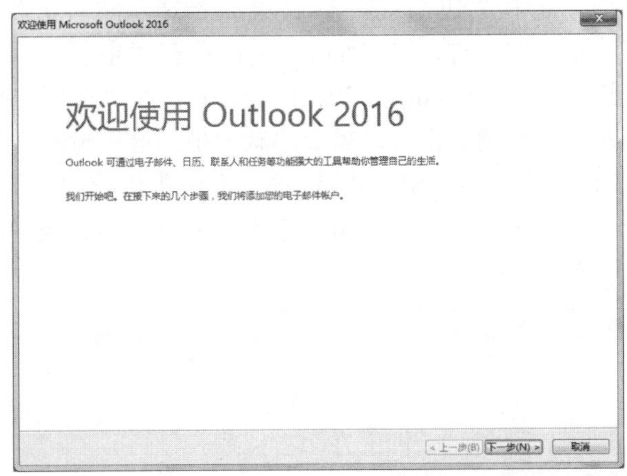

图 4-83　Outlook 2016 欢迎界面

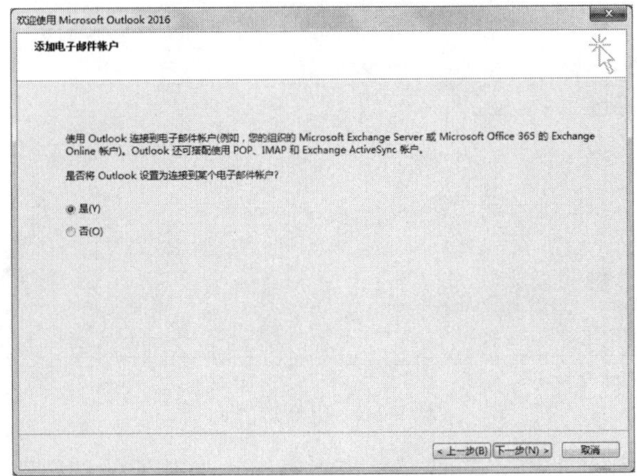

图 4-84　添加电子邮件账户

步骤 03 在图 4-84 中，选中“是”单选按钮，再单击“下一步”按钮，打开自动账户设置界面，如图 4-85 所示。

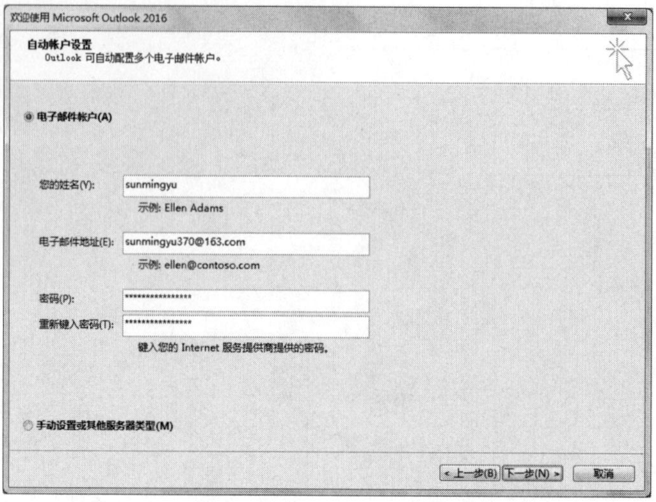

图 4-85　自动账户设置界面

步骤 04 在该对话框中选中“电子邮件账户”单选按钮，然后在“您的姓名”文本框中输入姓名，相当于邮箱账户的名称，如“sunmingyu”；在“电子邮件地址”文本框中输入作为“源”的邮箱账户，如“sunmingyu370@163.com”；在“密码”和“重新键入密码”两个文本框中分别输入密码和确认密码。需要注意的是：这里输入的密码必须是用户在开通邮箱的 POP3/SMTP 服务或 IMAP/SMTP 服务时，系统提供给用户的授权密码，而非邮箱登录密码。单击“下一步”按钮，将与邮箱进行连接来添加邮箱账户，当添加成功时，则打开祝贺您界面，如图 4-86 所示。

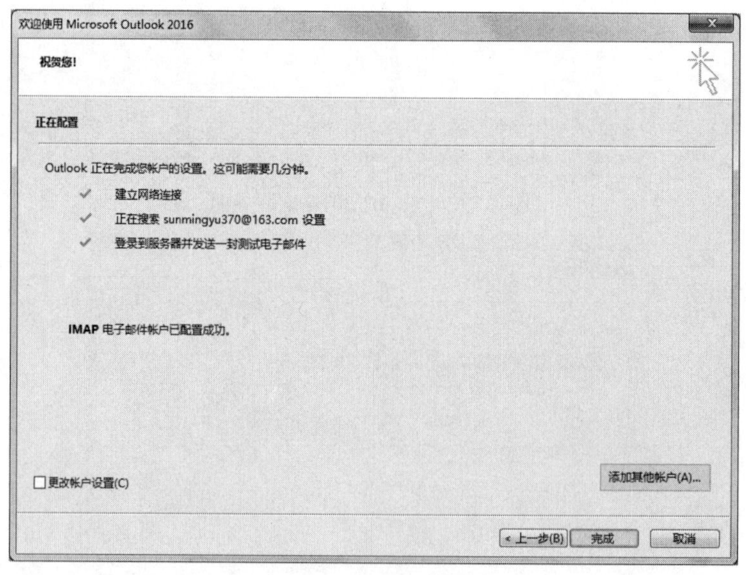

图 4-86　祝贺您界面

步骤 05 单击“添加其他账户”按钮，可以继续添加其他的邮箱账户；单击“完成”按钮，打开 Outlook 的发送电子邮件界面，如图 4-87 所示，表明已经完成邮箱账户的添加。此后，若再以电子邮件方式共享文档，将会直接启动 Outlook 的发送邮件界面，默认按照已经添加的邮箱账户来发送文档。

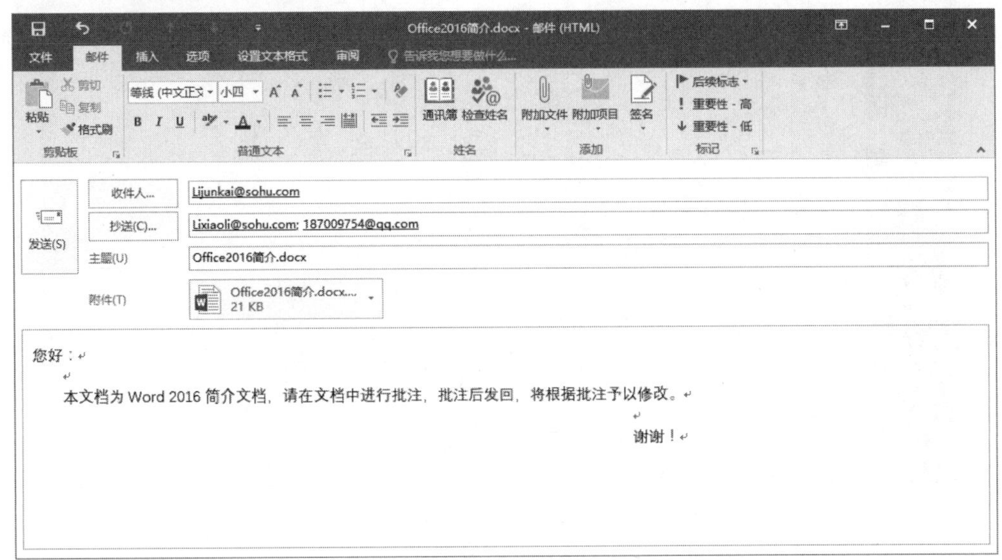

图 4-87 Outlook 主界面

步骤06 单击“收件人”按钮，可在打开的对话框中选择用于接收邮件的邮箱地址，也可以在“收件人”文本框中手动输入一个收件人邮箱地址；单击“抄送”按钮，打开对话框，用于选择接收邮件的其他邮箱地址。同样，可以在“抄送”文本框中手动输入接收邮件的其他邮箱地址；在“主题”文本框中输入邮件主题；在“附件”处添加需要发送的附件，默认情况下，附件为当前正在编辑的 Word 文档。

步骤07 单击“发送”按钮，即可完成邮件的发送。

当然，在图 4-82 中还可以选择“以 PDF 形式发送”、“以 XPS 形式发送”或“以 Internet 传真形式发送”来共享文档，其作用是把 Word 文档先分别自动转换为 PDF 文档、XPS 文档或 Internet 传真，再作为邮件发送到指定邮箱，其操作方法与直接发送 Word 文档是一样的，区别仅在于 Outlook 中的附件被自动转换为 PDF 文档、XPS 文档或 Internet 传真。

3. 联机演示共享

用户也可以采用联机演示的方法实现 Word 文档的共享。此时，共享文档的所有其他用户会以类似观看视频的方式观看到文档的所有者编辑文档的整个过程，但不能参与文档的编辑。实现联机演示的具体操作步骤如下。

步骤01 选择“文件”→“共享”→“联机演示”命令，如图 4-88 所示。

步骤02 单击“联机演示”按钮后，系统将会连接到网络，提供 Office 演示文稿服务，如图 4-89 所示。Office 演示文稿服务准备好后，系统会自动生成用于联机演示的链接网址，如图 4-90 所示，可单击“复制链接”链接，把网址复制到剪切板，发送给微信或 QQ 好友，好友再把收到的网址复制到浏览器的地址栏中，打开联机演示页面，便能观看到文档编辑的整个过程，可以起到共享用户从旁指导文档编辑的作用；也可以单击“通过电子邮件发送”链接，把网址发送到指定邮箱，实现联机演示。

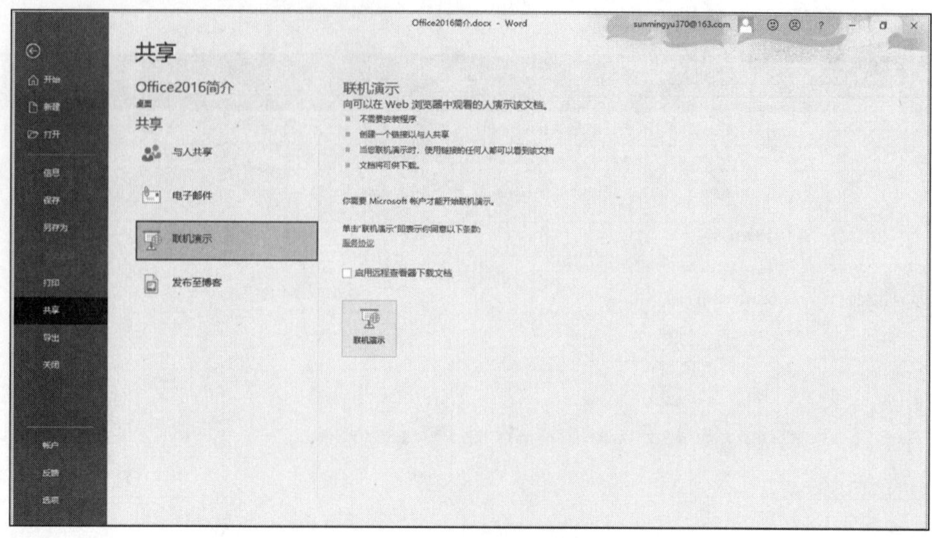

图 4-88　启动联机演示

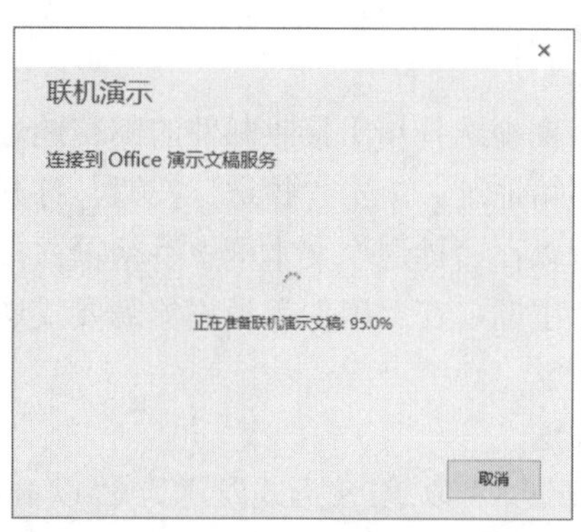

图 4-89　提供 Office 演示文稿服务

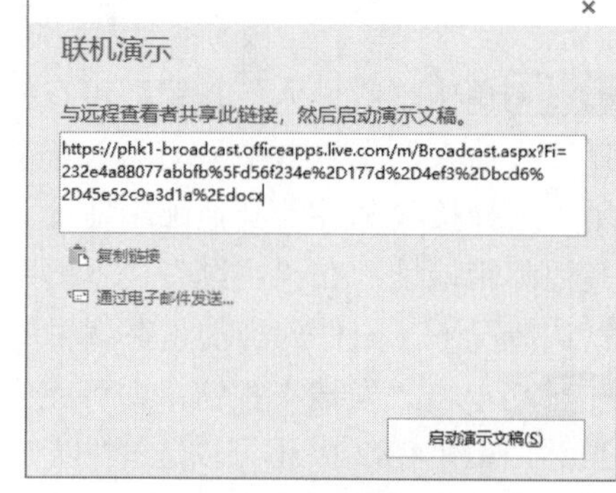

图 4-90　生成联机演示链接网址

步骤03 单击“启动演示文稿”按钮，进入文档编辑的联机演示界面，如图 4-91 所示。用户可以通过单击“联机演示”选项卡中的按钮来设置联机演示。

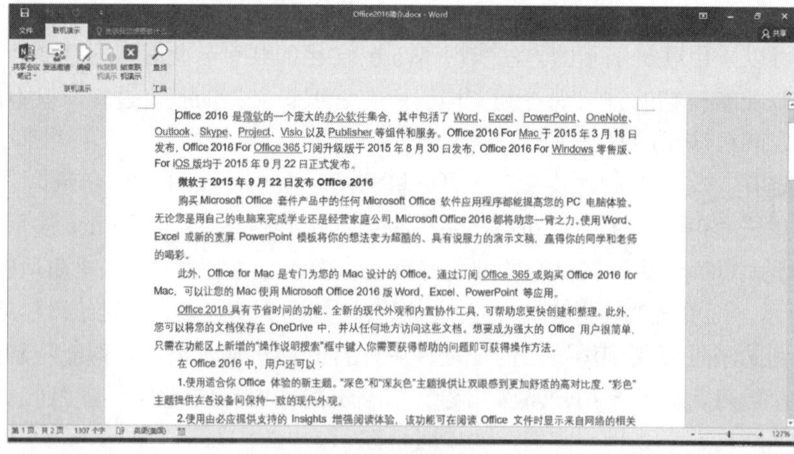

图 4-91　联机演示文档编辑

4. 与使用早期版本的 Word 用户交换文档

与使用早期版本的 Word 用户交换文档的交换方式又分为两种情况。①将 Word 2016 文档转换为早期版本的文档。首先，打开要转换为早期版本的 Word 2016 文档；其次，选择“文件”→“另存为”中的某个保存命令，打开“另存为”对话框，在该对话框中的“保存类型”下拉列表中选择“Word 97-2003 文档”命令，并在“文件名”文本框中输入要另存的文件名，再选择保存路径，单击“保存”按钮即可实现交换。②将早期版本的 Word 文档另存为 Word 2016 文档。首先，在 Word 2016 环境下打开要保存的 Word 97-2003 文档；其次，选择“文件”→“另存为”中的某个保存命令，打开“另存为”对话框，在该对话框的“保存类型”下拉列表中选择“Word 文档”命令，并在“文件名”文本框中输入要另存的文件名，再选择保存路径，单击“保存”按钮即可实现交换。

5. 将 Word 文档发布为 PDF/XPS 格式

PDF 和 XPS 格式的文件通常为只读属性，只允许用户查看其中的数据。查看 PDF 文件的数据时，事先必须安装相关的 PDF 阅读软件。发布时，首先打开要发布的 Word 文档；其次，选择“文件”→“另存为”中的某个保存选项，打开“另存为”对话框，在该对话框“保存类型”下拉列表中选择“PDF”或“XPS 文档”命令，再在“文件名”文本框中输入要发布的 PDF 或 XPS 文档的文件名，并单击“保存”按钮即可实现发布。“保存类型”下拉列表中的其他选项，也分别对应一种可以发布的格式，用户可以根据需要选择发布，并与其他用户共享。

例4-9

为“素材\实例\Word.docx”文档的标题添加批注“请您在下方附加英文标题”；将通篇文档的内容显示为繁体；并将封面保存至封面库，命名为“自定义文档封面 1”，便于今后直接使用它作为新文档的封面，而不必重新编辑。

操作实现

01 打开“素材\实例\Word.docx”文档，选中标题，单击“审阅”选项卡“批注”选项组中的“新建批注”按钮，在生成的批注框中输入“请您在下方附加英文标题”。

02 单击“审阅”选项卡“中文简繁转换”选项组中的“简转繁”按钮，将通篇文档内容显示为繁体。

03 选中封面全部内容，单击“插入”选项卡“文本”选项组中的“文档部件”下拉按钮，在弹出的下拉列表中选择“将所选内容保存到文档部件库”命令，打开“新建构建基块”对话框，在该对话框的“库”下拉列表中选择“封面”命令，在“名称”文本框中输入“自定义文档封面 1”，然后单击“确定”按钮即可。

4.5 Word 文档的邮件合并批量处理

邮件合并是 Word 2016 中的一项高级功能，在实际应用中具有很大的作用，如应用邮件合并功能批量编辑信函，制作铭牌、标签、信封，发送传真等。灵活地使用 Word 2016 自带的邮件合并功能，能够极大地提高数据处理的工作效率，减少重复劳动，它是 Word 2016 中非常重要的文档编辑工具。

4.5.1 邮件合并基础

日常办公环境下，经常会遇到这样一种情况：对于同一类型的多份文档而言，其格式和绝大部分内容相同，只有少部分内容不同。例如，一些单位或企业发送给某类客户的信函，其信函主体、寄件人信息保持不变，只有收件人信息不同，信函主体随业务的不同而不同，收件人信息在相对较长的时间内保持不变。如果发送给客户的信函数量巨大，则手动更改每一位客户的收件人信息将十分耗时耗力，且容易出错。此时，可以考虑使用 Word 2016 提供的邮件合并功能批量处理此类文档，具体操作步骤如下。

步骤01 建立主文档，保存不变的数据信息，如信函主体、企业名称、地址、电话、邮编等。

步骤02 构造数据源，保存变化的数据信息，如收件人地址、姓名、电话等，数据源通常由记录组成，是一个二维表格，可以是 Word 文档表格、Excel 表格、Access 数据表或 Outlook 中的联系人记录表。在实际工作中，数据源相对稳定，除根据实际情况做适当的调整外，几乎不发生变化，如企业客户信息中的姓名、性别、地址、邮编、客户类别等。

步骤03 合并数据源到主文档。每条记录分别与主文档进行合并生成新文档。因此，数据源中有多少条记录，就有多少份新文档生成。合并将使用 Word 2016 提供的“邮件合并向导”功能完成。

4.5.2 制作信封

制作信封是邮件合并的典型应用之一，使用向导通过几个简单的步骤就能制作出简洁而又美观的信封，具体操作步骤如下。

步骤01 单击“邮件”选项卡“创建”选项组中的“中文信封”按钮，如图 4-92 所示，打开“信封制作向导”对话框，如图 4-93 所示。

步骤02 单击“下一步”按钮，在打开的对话框中选择制作的信封样式，如图 4-94 所示。

图 4-92 “邮件”选项卡

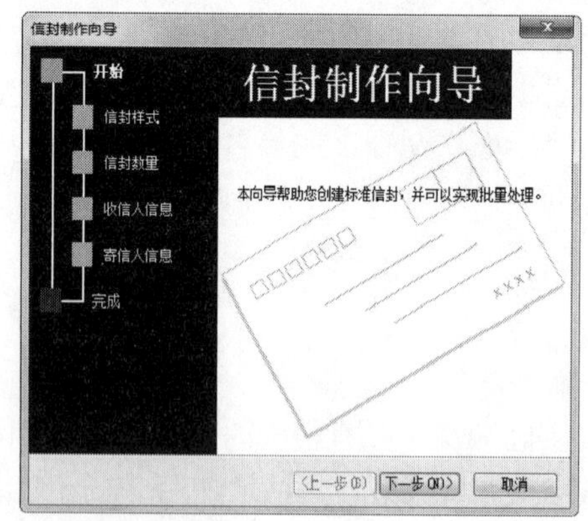

图 4-93 “信封制作向导”对话框

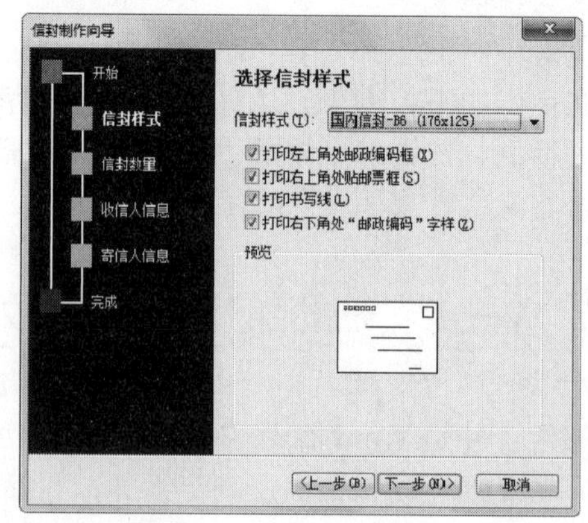

图 4-94 选择信封样式

步骤03 单击“下一步”按钮，在打开的对话框中选择生成信封的方式和数量，如图 4-95 所示。

① 如果选中“键入收信人信息，生成单个信封”单选按钮，则每次只生成一个信封，并且收信人和寄信人的信息需要从键盘手动输入。此时，单击“下一步”按钮，在打开的对话框中输入收信人信息，如图 4-96 所示；再单击“下一步”按钮，在打开的对话框中输入寄信人信息，如图 4-97 所示；继续单击“下一步”按钮，对话框中显示信封制作完成，如图 4-98 所示；单击“完成”按钮，制作的信封如图 4-99 所示。

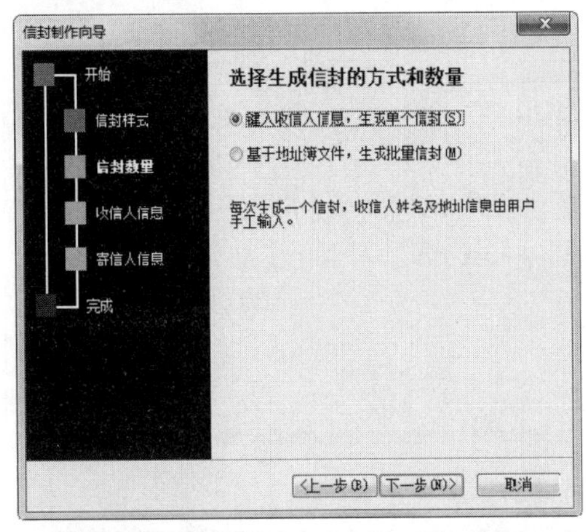

图 4-95 选择生成信封的方式和数量

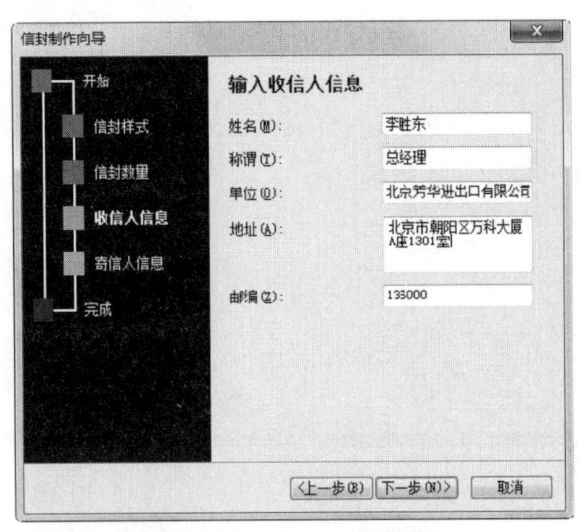

图 4-96 输入收信人信息

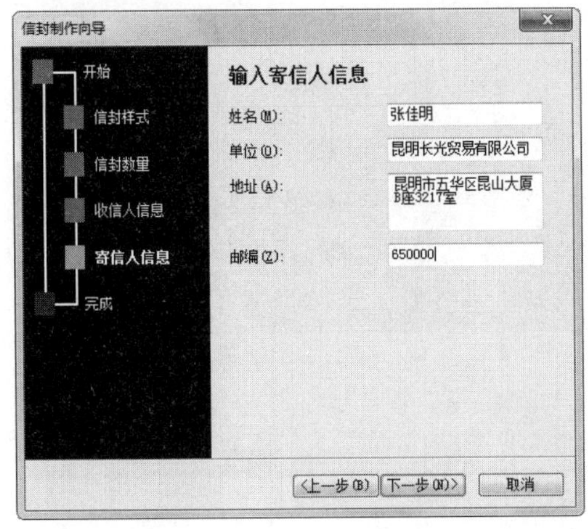

图 4-97 输入寄信人信息

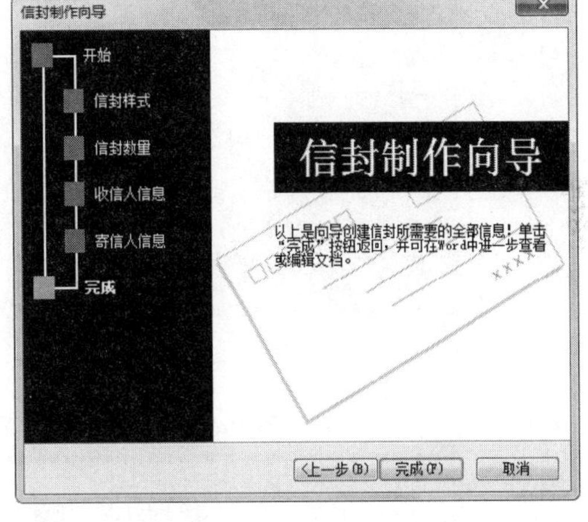

图 4-98 信封制作完成

② 若在图 4-95 的向导中选中“基于地址簿文件，生成批量信封”单选按钮，则以 Excel 表格或 Text 文本为数据源，批量制作信封。通常，在学校、企业部门或单位中，会有制作多个信封的情况，用于邮寄多封信件给不同的人，如果每个信封都通过在图 4-95 中选中“键入收信人信息，生成单个信封”单选按钮来单独制作，会既耗时又费力。为节省多个信封的制作时间，提高制作效率，可以事先把每个收件人的信息，包括姓名、称谓、单位、地址、邮编，都编辑到 Excel 表格或 Text 文本中，作为数据源来批量制作信封。以 Excel 表格为数据源的样例如图 4-100 所示，其中的“性别”列，将用于在批量制作信封过程中，

判断每一位收信人应被尊称为“先生”还是“女士”，由用户设置后，系统能够对每一位收件人的称呼自动做出判断。

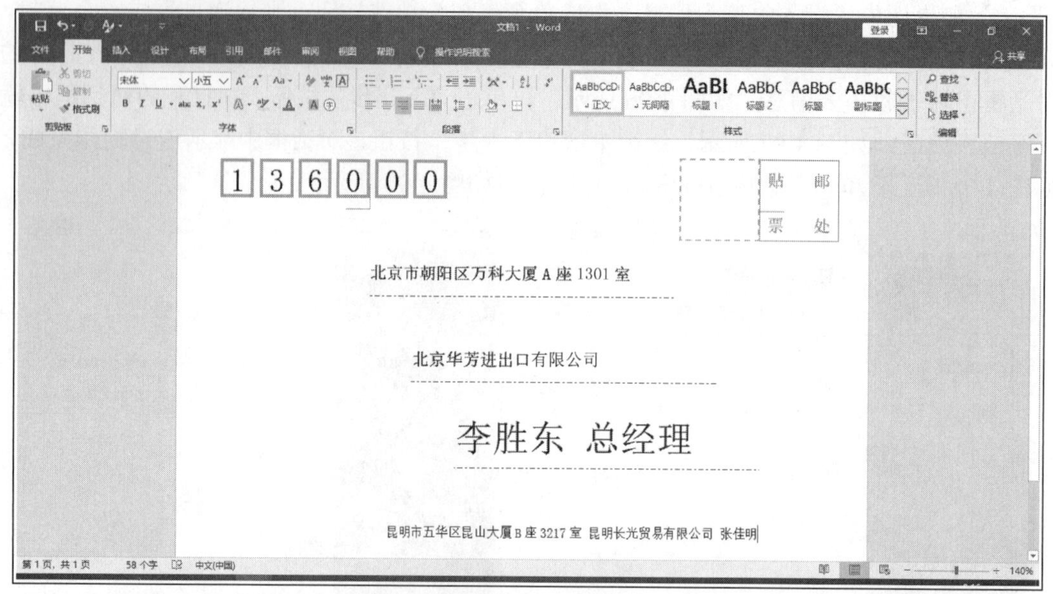

图 4-99 单个信封

名称框 — 全体客户资料 | 姓名

姓名	性别	称谓	单位	地址	邮编
李胜东	男	总经理	北京华芳进出口有限公司	北京市朝阳区万科大厦A座1301室	136000
张美英	女	董事长	北京华芳进出口有限公司	北京市朝阳区万科大厦A座1420室	136000
李英健	男	财务科长	北京华芳进出口有限公司	北京市朝阳区万科大厦A座1430室	136000
林海生	男	董事长	北京丽美制药有限公司	北京市朝阳区金龙商厦B座1601室	136000
刘海东	男	董事长	北京丽美制药有限公司	北京市朝阳区金龙商厦B座1233室	136000
李继学	男	财务科长	北京丽美制药有限公司	北京市朝阳区金龙商厦B座1322室	136000
卜美月	女	总经理	北京昌盛制药有限公司	北京市朝阳区鑫丽商厦A座1620室	136000
王新林	男	总经理	北京昌盛制药有限公司	北京市朝阳区鑫丽商厦A座1621室	136000
王成富	男	财务科长	北京昌盛制药有限公司	北京市朝阳区鑫丽商厦A座1601室	136000

图 4-100 Excel 表格的数据源样例

若数据源是 Text 文本，则列与列要使用制表符分开。单击“下一步”按钮，在打开的对话框中加载数据源，使信封制作向导能够从文件中获取并匹配收信人信息，如图 4-101 所示，单击“选择地址簿”按钮实现数据源加载。例如，加载图 4-100 所示的 Excel 表格数据源，加载后，表格的列名将列在“匹配收信人信息”列表框中的各下拉列表中，从下拉列表中选择适当的列名与地址信息相匹配，如图 4-102 所示。

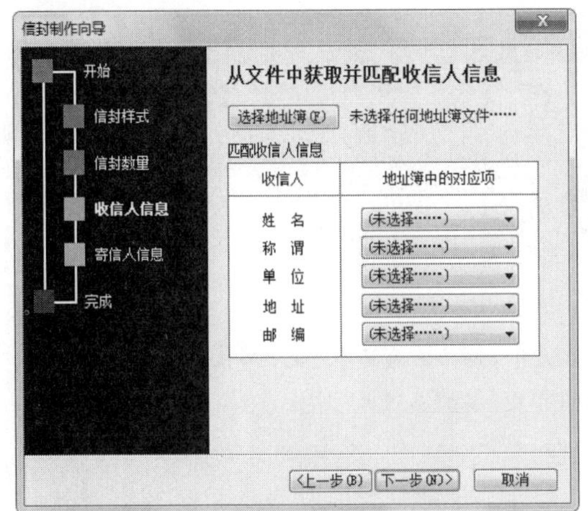

图 4-101　从文件中获取并匹配收信人信息

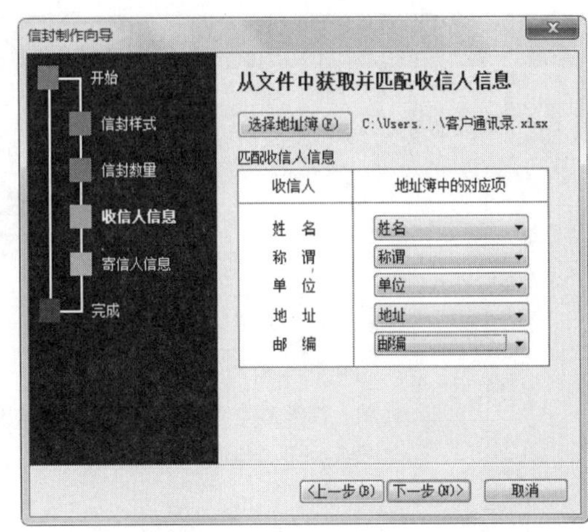

图 4-102　从文件中匹配的收件人信息

单击“下一步”按钮，在打开的对话框中输入寄信人信息（图 4-97）；继续单击“下一步”按钮，信封制作完成（图 4-98）；单击“完成”按钮，完成制作。批量制作的信封如图 4-103 所示。

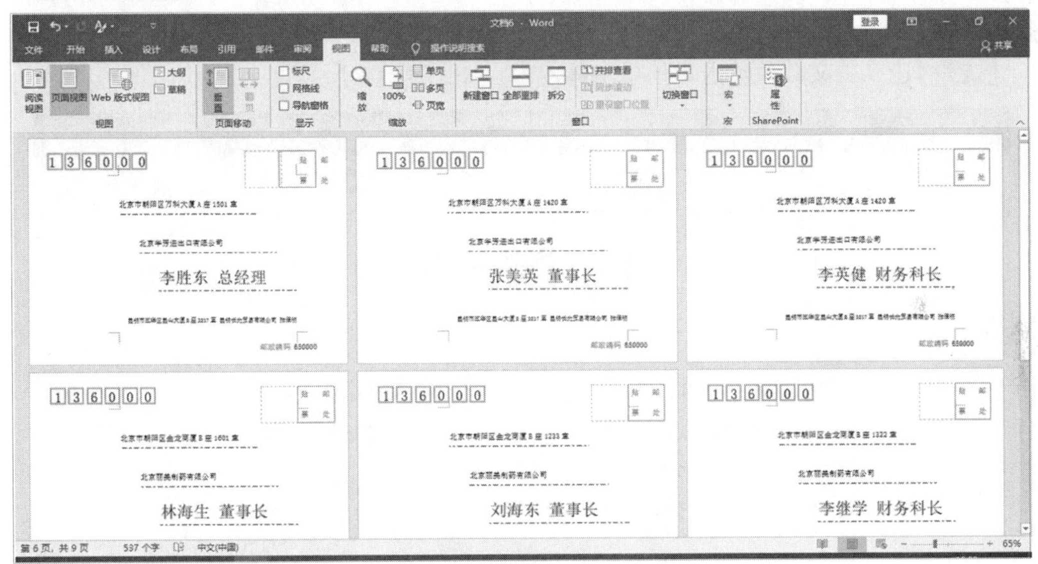

图 4-103　批量制作的信封

4.5.3　制作邀请函

日常生活中，很多企事业单位需要使用邀请函来邀请别人参加各种活动，如宴请宾客、举办产品发布会等。同样，对于举办一项活动要制作的邀请函，除所邀请的人员信息不同以外，其他内容完全相同。图 4-104 所示的邀请函，除被邀请人的姓名和性别称谓不同以外，其他内容完全相同，如果被邀请的人数众多，逐个制作邀请函，工作量巨大。因此，可使用 Word 2016 提供的邮件合并功能来批量制作邀请函。

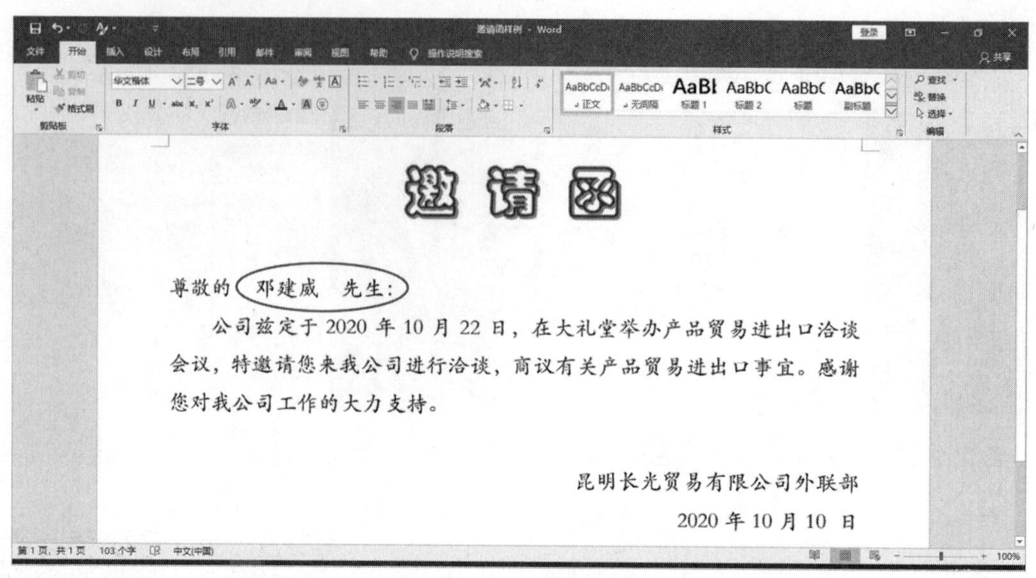

图 4-104　邀请函样例

如果希望将数据源中被保存的人员信息作为被邀请人员的信息，则可使用邮件合并功能将这些人员信息添加到邀请函的主文档中，具体操作步骤如下。

步骤01 建立主文档，输入邀请函主体内容，如图 4-105 所示。

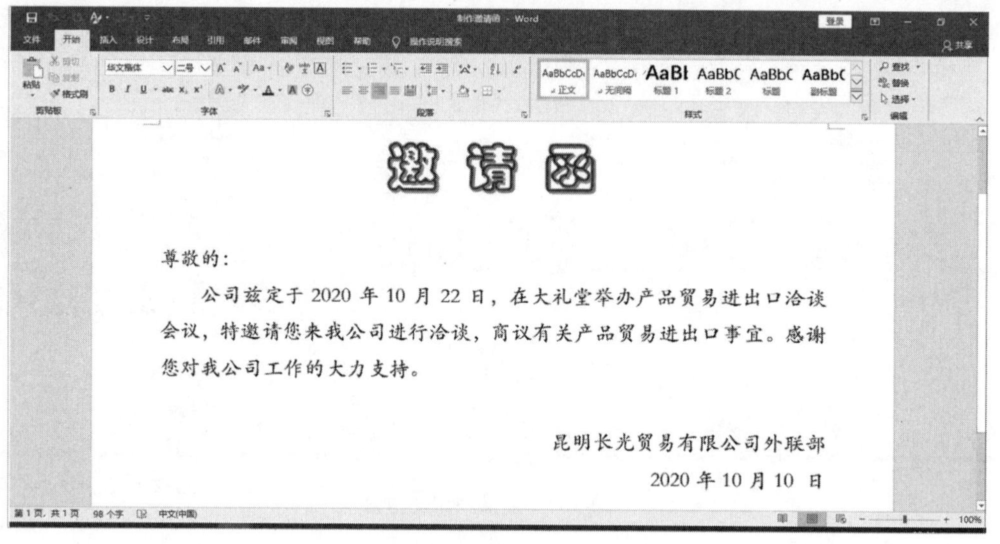

图 4-105　邀请函主体

步骤02 单击“邮件”选项卡“开始邮件合并”选项组中的“选择收件人”下拉按钮，弹出的下拉列表如图 4-106 所示。

图 4-106　“选择收件人”下拉列表

步骤03 选择“使用现有列表”命令，打开“选取数据源”对话框，如图 4-107 所示。在该对话框中选择数据源文档，如选择图 4-100 所示的 Excel 表格“客户通讯录”作为数据源。

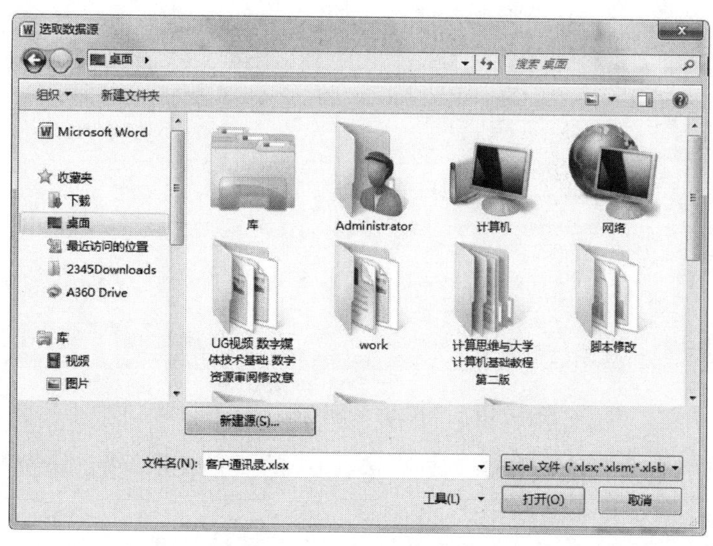

图 4-107　“选取数据源”对话框

步骤04 将主文档的光标定位到要添加数据的位置，如在图 4-105 所示的主文档中，将光标定位到“尊敬的”和冒号“：”之间，即要添加被邀请人姓名的位置。

步骤05 单击“邮件”选项卡“编写和插入域”选项组中的“插入合并域”下拉按钮，在弹出的下拉列表中，从被导入的数据源中选择一列，如“姓名”，如图 4-108 所示，作为在输入光标处要导入的数据，即插入合并域。

步骤06 如果在光标处导入的数据是对数据源中的数据进行判断得到的结果，如在图 4-100 中，如果“性别”=“男”，则在邀请函的“姓名”后添加“先生”；否则在“姓名”后添加“女士”。此时，单击“邮件”选项卡“编写和插入域”选项组中的“规则”下拉按钮，弹出的下拉列表如图 4-109 所示。

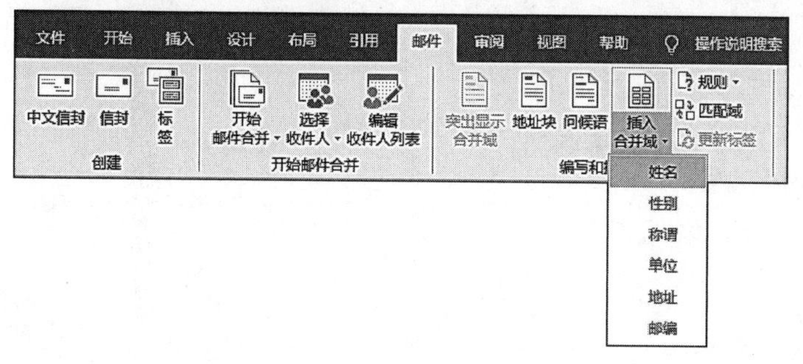

图 4-108　在主文档的指定位置处插入合并域

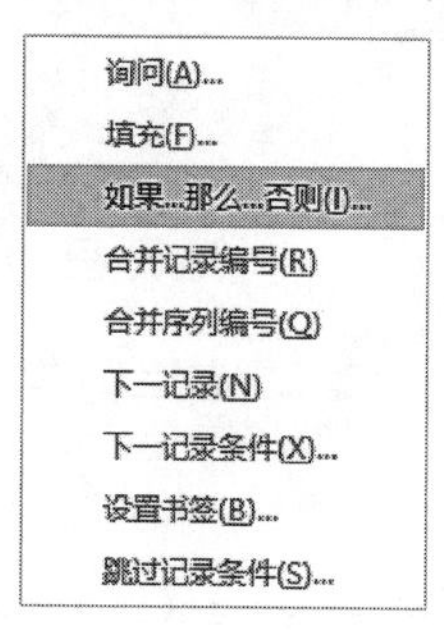

图 4-109　“规则”下拉列表

步骤07 用户可以根据自己的需要，在下拉列表中选择对应的选项来设置规则，本例选择“如果…那么…否则…”命令进行设置，打开“插入 Word 域：IF”对话框，如图 4-110 所示。在“域名”和“比较条件”下拉列表中分别选择“性别”和“等于”命令；在“比较对象”文本框中输入“男”；在“则插入此文字”文本框和“否则插入此文字”文本框中分别输入“先生”和“女士”，表明：如果性别为“男”，则尊称为“先生”；否则性别为“女”，尊称为“女士”。规则设置完成后，单击“确定”按钮。

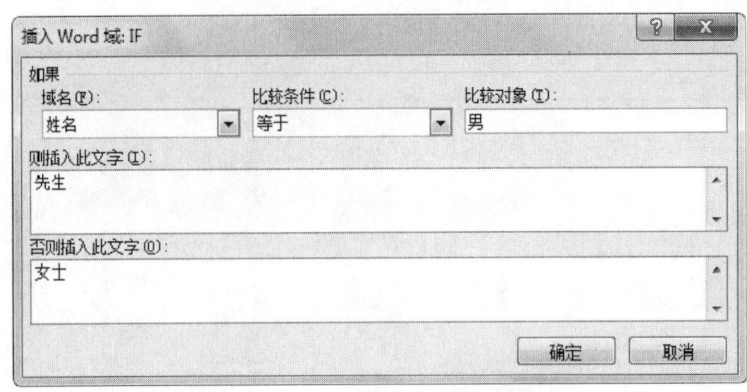

图 4-110　“插入 Word 域：IF”对话框

步骤08 单击“邮件”选项卡“完成”选项组中的“完成并合并”下拉按钮，弹出的下拉列表如图 4-111 所示。

步骤09 选择“编辑单个文档”命令，打开“合并到新文档”对话框，如图 4-112 所示。

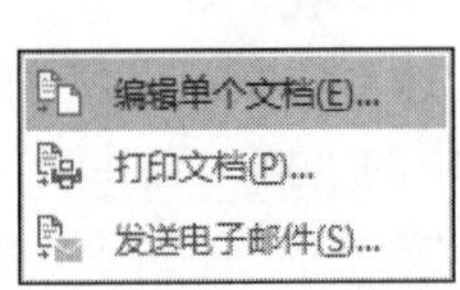

图 4-111　“完成”下拉列表

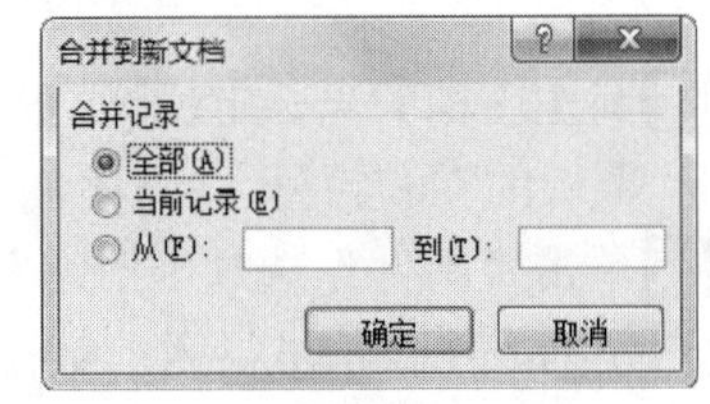

图 4-112　“合并到新文档”对话框

步骤10 选择要合并到主文档的记录范围，如选中“全部”单选按钮，单击“确定”按钮，批量生成邀请函，生成的结果如图 4-113 所示。

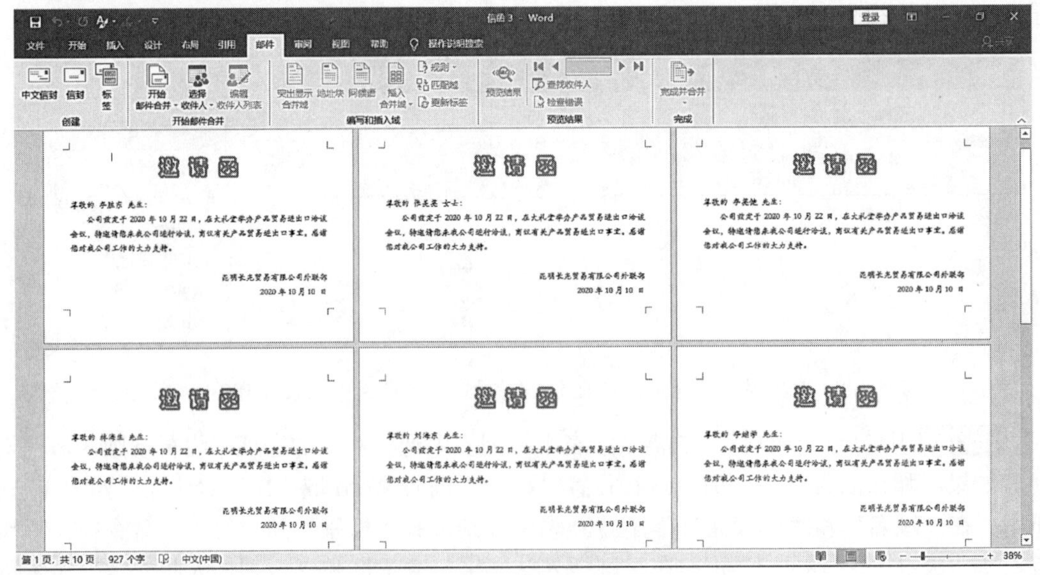

图 4-113　邀请函合并文档输出结果

步骤11 保存生成的邀请函，并保存主文档。

例4-10

使用邮件合并功能在“素材\实例”目录中按图 4-114 批量制作邀请函。其中，要求在“尊敬的”和冒号“：”之间加入被邀请人的姓名，若性别为男，则尊称为先生，否则性别为女，尊称为女士；被邀请人姓名和性别来自 Excel 工作表“客户通信录”。邀请函的背景纹理为“信纸”，“邀请函”3 个字为艺术字“填充：金色，主题色 4；软棱台”，字体设置为“楷体”，字体颜色为红色，且字号为 120；正文为“华文楷体”，字号为一号。

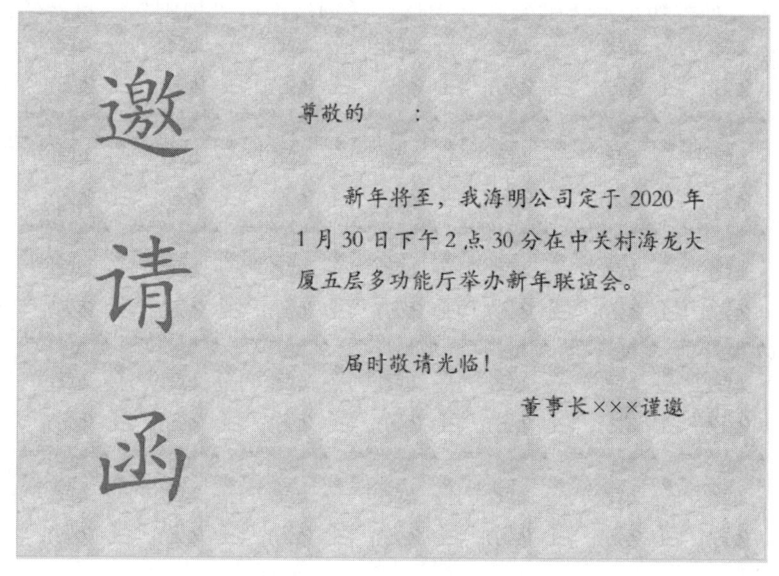

图 4-114　邀请函模板

操作实现

01在“素材\实例”目录中建立一个名称为“邀请函模板”的 Word 文档，并打开文档。

02单击“布局”选项卡“页面设置”选项组中的“纸张方向”下拉按钮，在弹出的下拉列表中选择“横向”命令，将纸张方向由默认的“纵向”改为“横向”，纸张大小默认设置为 A4。

03单击“设计”选项卡“页面背景”选项组中的“页面颜色”下拉按钮，在弹出的下拉列表中选择“填充效果”命令，打开“填充效果”对话框。选择“纹理”选项卡，在“纹理”列表框中选择“信纸”纹理图案作为邀请函的背景，再单击“确定”按钮。

04单击“布局”选项卡“页面设置”选项组中的“分栏”下拉按钮，在弹出的下拉列表中选择“偏左”命令，划分页面为两栏，使左栏较窄，右栏较宽，并把左栏作为标题区，用于输入标题；把右栏作为正文区，用于输入正文。

05将光标定位于页面左栏，单击“插入”选项卡“文本”选项组中的“艺术字”下拉按钮，在弹出的下拉列表中选择“填充-金色，着色 4；软棱台”命令，插入艺术字，并输入“邀请函”3 个字；单击“开始”选项卡“字体”选项组右下角的对话框启动器，打开“字体”对话框，再选择“字体”选项卡，并设置字体为“楷体”、字体颜色为红色，字号为 120。

06在页面右栏按照邀请函模板输入正文内容，单击“开始”选项卡“字体”选项组右下角的对话框启动器，打开“字体”对话框，选择“字体”选项卡，设置字体为“华文楷体”、字号为“一号”。

07单击“邮件”选项卡“开始邮件合并”选项组中的“选择收件人”下拉按钮，在弹出的下拉列表中选择“使用现有列表”命令，打开“选取数据源”对话框，选择 Excel 表格“客户通信录”作为数据源，单击“打开”按钮。

08将光标定位到页面右栏“尊敬的”和冒号“：”之间，作为添加被邀请人姓名的位置。单击“邮件”选项卡“编写和插入域”选项组中的“插入合并域”下拉按钮，在弹出的下拉列表中，从被导入的数据源中选择“姓名”列作为要导入的数据，即插入合并域。

09单击“邮件”选项卡“编写和插入域”选项组中的“规则”下拉按钮，在弹出的下拉列表中选择“如果...那么...否则...”命令，打开“插入 Word 域：IF”对话框，在“域名”和“比较条件”下拉列表中分别选择“性别”和“等于”命令；在“比较对象”文本框中输入“男”；在“则插入此文字”文本框和“否则插入此文字”文本框中分别输入“先生”和“女士”，再单击“确定”按钮。

10单击“邮件”选项卡“完成”选项组中的“完成并合并”下拉按钮，在弹出的下拉列表中选择“编辑单个文档”命令，打开“合并到新文档”对话框，选择要合并到主文档的记录范围，如选中“全部”单选按钮，单击“确定”按钮，批量生成邀请函并保存。

第 5 章

Excel 2016 电子表格软件

Excel 2016 是 Office 2016 组件中的电子表格软件，集电子表格、图表、数据库管理于一体，支持文本和图形编辑，具有功能丰富、用户界面良好等特点。利用 Excel 2016 提供的函数计算功能，用户可以很容易地完成数据计算、排序、分类汇总及制作报表等工作。

5.1 Excel 2016 基本知识

Excel 2016 是微软公司开发的办公自动化软件包 Office 2016 中一个非常重要的软件，其主要功能是处理日常办公过程中各种以表格形式表达的数据，能够完成各种复杂表格的处理工作，包括计算、统计、排序、图表显示等。对于文本内容也能较方便地进行处理。

5.1.1 Excel 2016 的特点和工作界面

1. Excel 2016 的特点

Excel 2016 是一款集电子表格、文字处理、计算、统计、图表、数据库等功能于一体的办公软件，具有以下主要特点。

（1）非常友好的工作界面

Excel 2016 是在 Windows 环境下运行的应用软件，为用户提供了极为友好的窗口、工具栏、对话框、菜单等界面，操作灵活方便。

（2）强大的计算功能

能方便地进行公式计算和填充是 Excel 2016 的重要特色之一，大大地提高了用户的工作效率。

（3）强大的图表处理能力

Excel 2016 不仅可以在选定的数据区域自动生成丰富的图表，还可以绘制图形。由数据自动生成图表嵌入在数据表中，当数据表的数据发生变化时，其图表将自动进行更新。对已生成的图表也可进行图表类型、格式、选项等方面的修改。

（4）具有函数与制图功能

Excel 2016 提供了丰富的函数，可进行复杂的报表统计和数据分析，并提供了制图功能，可将图、表、文字有机地结合起来表达信息。

（5）具有文字处理功能

Excel 2016 具有一定的文字处理功能，如文字内容的字符格式设置、段落格式设置和页面格式设置等。

（6）具有数据库管理功能

Excel 2016 以数据库方式来管理表格中的数据，具有统计、排序、筛选、汇总、检索等各项功能。

（7）能与其他软件共享资源

Excel 2016 可以通过 Windows 剪贴板、对象链接及嵌入等动态数据交换技术同其他软件（如 PowerPoint 2016、Word 2016 等）进行数据交换，以达到资源共享的目的。

2. Excel 2016 工作界面

（1）工作簿窗口

启动 Excel 2016，选择“空白工作簿”模板后，将出现如图 5-1 所示的工作界面。

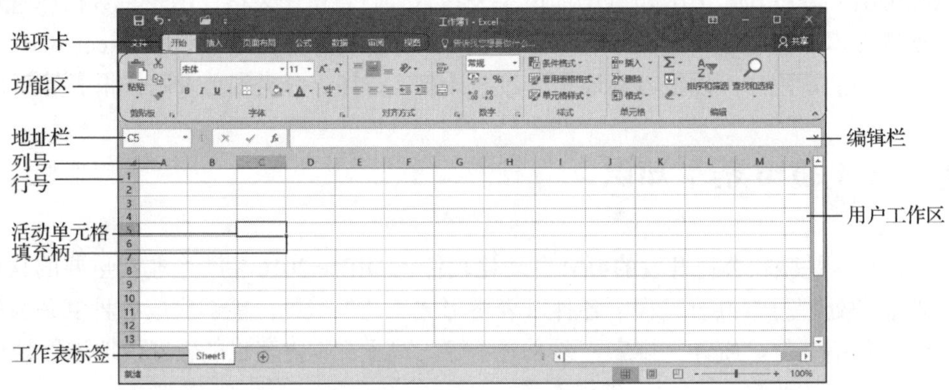

图 5-1 Excel 2016 工作界面

Excel 2016 窗口具有 Windows 应用程序窗口的各种基本元素，还有其特有的用户工作区、选项卡、功能区、编辑栏、地址栏、行号、列号、活动单元格、填充柄、工作表标签等部分。

工作簿窗口是指用 Excel 2016 应用程序编辑的文档窗口，作用是显示工作簿文件中当前工作表处理的内容，供用户编辑时使用。

（2）选项卡

Excel 2016 有一个“文件”菜单和“开始”“插入”“页面布局”“公式”“数据”“审阅”“视图”7 个基本选项卡。与 Word 2016 一样，在用户操作过程，根据需要还会弹出一些动态选项卡。例如，绘制了一个图形对象，选中后就会弹出“绘图工具-格式”选项卡。

在图 5-1 中，显示了“开始”选项卡的各选项组，有“剪贴板”“字体”“对齐方式”“数字”“样式”“单元格”“编辑”7 个选项组及其相应按钮。与 Word 2016 不同的主要是“样式”选项组中有“条件格式”“套用表格格式”“单元格格式”下拉按钮；“单元格”选项组中有“插入”“删除”“格式”下拉按钮；“数字”选项组中有“常规”下拉列表及“会计数字格式”“百分比样式”“千位分隔样式”“增加小数位数”“减少小数位数”按钮；“编辑”选项组中有“求和”“填充”“清除”“排序和筛选”下拉按钮等。

（3）编辑区

编辑区位于当前工作表窗口列号的上方，由地址栏（名称框）、“取消”按钮、“输入”按钮、“插入函数”按钮和编辑栏组成。地址栏用来显示活动单元格地址；单击编辑框，则在地址栏右边显示 3 个按钮：✕ 为“取消”按钮、✔ 为“输入”按钮、f_x 为“插入函数”

按钮；编辑栏供用户输入及编辑数据内容时使用。

3. 工作簿与工作表

（1）工作簿

Excel 中，将用户处理的文件称为工作簿，系统默认扩展名为.xlsx。Excel 默认的工作簿文件名为“工作簿 1”（表示未命名，若用户将文档存盘后则名称自动变为该文件名）。

一个工作簿文件可以包含若干张工作表，用户可以将若干张相关的工作表组成一个工作簿文件。系统默认一个工作簿文件包含一张工作表，可根据需要添加或删除，工作表数量多少受可用内存空间的限制。

（2）工作表

工作表是用来存储及处理数据内容的表格，是工作簿文件的一部分，又称电子表格，由若干行、列构成。

工作表标签区显示工作表名，默认为 Sheet1，其名称可以更改。当前工作表的标签呈反白，其内容显示在用户工作区中。

一张工作表由若干行、列组成，列号为 A、B、C、……、Z、AA、AB 等，最多可有 16384 列，行号为 1～1048576。用户表格一般仅占用工作表极少的一部分。

行与列交叉部分为单元格，是工作表存放数据的基本单位，一个单元格可存放文本、数值、变量、字符、公式等内容。在单元格输入、编辑数据之前，应选取某单元格为活动单元格（即正在使用的单元格，其四周边框呈绿色），且右下方有一个绿色小方块，称为填充柄，供填充数据时使用。

为了操作需要，给每个单元格一个编号，称为单元格地址。在 Excel 中，单元格地址有相对地址、绝对地址、混合地址 3 种形式，其区别在被其他单元格引用时才能体现出来。当一个单元格被其他单元格引用时，其相对地址会发生变化，绝对地址则不变，混合地址的相对部分要变化、绝对部分不变化。引用单元格内容时一般使用相对地址，也可用绝对地址及混合地址。例如，第 D 列、第 8 行所对应单元格的相对地址表示为“D8”，绝对地址表示为“$D$8”，混合地址表示为“$D8”或“D$8”。

如需要表示多个单元格，则可用由单元格地址组成的区域表示。例如，B1:B1（一般简单表示为 B1）表示单个单元格；B2:D3 表示 B2、C2、D2、B3、C3、D3 共 6 个单元格；A2:C3,D5,G2:H3 表示 A2～C3、D5、G2～H3 共 11 个单元格。这种表示方法在 Excel 的公式运算中是非常有效而实用的。

5.1.2　工作表的基本操作

电子表格的内容是通过工作表来体现的。Excel 2016 工作表的基本操作主要包括工作簿操作、工作表内容输入、工作表编辑、工作表格式化等方面。

1. 工作簿操作

Excel 2016 启动成功后，系统将自动为用户建立一个内容为空的、名为“工作簿 1”的工作簿文件。如果用户在使用过程中需要建立一个新的工作簿文件，可以选择“文件”→“新建”命令，出现一个与 Word 2016 类似的“新建”面板，选择相应模板来建立文件（还可以使用联机模板）。

如果用户需要处理已有工作簿文件，可选择“文件”→“打开”命令来实现，打开的工作簿文件也可以来自云空间。

用户在处理电子表格的过程中，应养成随时存盘的操作习惯。可单击快速访问工具栏上的“保存”按钮进行保存，也可选择“文件”→“另存为”命令进行保存，还可单击窗口右上角的“共享”按钮保存到云空间，选择“文件”→“共享”命令可与他人进行共享，选择“导出”命令可导出PDF格式或其他文件类型。

2. 工作表内容输入

工作表内容输入可分为直接输入、填充输入、外部数据导入3种方式。

（1）直接输入

可直接在活动单元格或编辑栏中输入数据。输入的数据可以为数值型、文本型、日期型和以“=”开头的公式。Excel 2016默认数值型、日期型数据右对齐，文本型数据左对齐。

1）数值型：一般由0～9组成，另外还可包括+、-、E、e、$、/、%、.（小数点）、,（千分位符号）等特殊字符。当输入数据位数太长时，系统自动以科学计数法表示（自动进行四舍五入），如输入888888888888，则显示为8.88889E+11。当输入分数时，为避免与日期型数据混淆，应在数字前加一个0和空格，如7/9应输入0#7/9（其中，#表示一个空格），否则系统会接收为“7月9日”。

2）文本型：包括字符串、数字、特殊符号、汉字等。文本型数据在输入时原则上应以英文（半角方式）单引号开头。若为数字格式的文本型数据，则前缀的单引号是不能省略的，如学号、身份证号等数据。若要输入学号202006999，实际应输入格式为'202006999，系统显示时其单元格左上角有绿色小三角形。当输入文本长度超过单元格宽度时，如果其右边单元格为空，则扩展到右边列，否则将截断显示。对于这两种情形，该数据的所有内容都是全部保存在该单元格中的。

3）日期和时间型：输入日期数据时，应符合系统相应格式要求，常用的格式为mm/dd/yy、yyyy-mm/dd、hh:mm AM/PM等，其中，“/”或“-”为分隔符。例如，输入2020/9/6，表示2020年9月6日；输入13:36:45，表示13点36分45秒；同时输入日期和时间时，需用空格分隔，如输入2020/9/6 13:36:45，表示2020年9月6日13点36分45秒。

4）逻辑型：在Excel中，需要进行条件判断的式子会计算出结果，并用两个逻辑值来表达结果。其中，逻辑真（TRUE）表示条件成立，逻辑假（FALSE）表示条件不成立。逻辑型数据输入时，必须以等号“=”开头。例如，在某单元格中输入=5>=8，则该单元格中显示为FALSE；若输入=5<8，则显示为TRUE。

用户结束数据输入按Enter键或单击编辑区中部的“输入”按钮✔后，数据放入活动单元格中，按Alt+Enter组合键换行输入。如果先选定了若干个单元格区域，输入完成后按Ctrl+Enter组合键，可同时在这些单元格中输入相同的数据。

（2）填充输入

数据填充输入是指同时在相邻单元格中复制有一定规律的多个相同或不同的数据。它只能将所选单元格中的数据复制到相邻的若干个单元格中。当需输入相邻的多个数据时，可使用填充输入来提高工作效率。

1）利用填充柄输入：先选定一个或多个连续单元格，沿水平或垂直方向拖动其右下角的填充柄到目标位置。如图 5-2 所示是填充效果示意图。对于有规律的数值、日期、文本（中、英文等）数据，系统默认按等差数列进行填充；无规律数据则进行原样复制，选定内容为单个数值时也进行原样复制。

图 5-2　填充效果示意图

2）数据序列输入：先选定起始单元格，输入数据（一般为数值型或日期型），然后单击“开始”选项卡“编辑”选项组中的“填充”下拉按钮，在弹出的下拉列表中选择“序列”命令，则打开“序列”对话框，进行相关选项的设置，设置完后单击“确定”按钮即可。

（3）外部数据导入

其他软件中正在编辑的内容（文本、数字、表格、图表、文本框、图形、图片等）也可通过剪贴板共享到工作表中。例如，Word 中正在处理的文档内容，可先选定后复制到剪贴板，切换到 Excel，在当前工作表中进行粘贴。也可利用“数据”选项卡“获取外部数据”中的相应功能，将其他软件（如 Access）、网站等中的数据导入当前工作表中，还可导入文本文件内容等。

3. 工作表编辑

工作表编辑是指以单元格全部信息为基本单位进行的编辑处理，包括对工作表中行、列、单元格内容进行的选定、编辑操作，以及对单元格区域或整个工作表进行的编辑操作。

（1）选定单元格或工作表

单元格是工作表中最基本的单元，在对工作表进行操作之前，必须选定某一个、一组或多组单元格作为操作对象。选定单元格的一般方法如表 5-1 所示。无论如何选定一张工作表的区域，活动单元格都只有一个，其单元格地址会在编辑区的地址栏中显示出来，一般为选定过程中最后连续区域的首单元格。

表 5-1 选定单元格的一般方法

选定区域	操作方法
单个单元格	单击该单元格
连续区域	拖动鼠标，或按住 Shift 键并单击，或用 Shift+光标移动键↑、→、←、↓
多个不连续区域	选定一个区域后，按住 Ctrl 键选定其他区域
整行或整列	单击其行号或列号
取消选定	单击其他单元格或某些特殊操作
所有单元格	单击工作表窗口左上角（行列号交叉处）的“全选”按钮
一张工作表	单击工作表标签

（2）修改单元格内容

对于已有内容（文本、数字、公式或函数）的单元格可根据实际需要进行修改，方法是单击或双击该单元格，修改或输入新内容后按 Enter 键。

（3）移动/复制单元格

先选定单元格区域，鼠标指针指向其四周边缘呈 ✥ 状态时，直接拖动鼠标/按住 Ctrl 键拖动鼠标到目标位置，可移动/复制单元格内容。通过剪贴板应用程序也能实现移动/复制单元格内容的操作。

若选定单元格中含有公式，进行复制后，其相对地址与混合地址会发生变化，绝对地址则不会改变。对于移动操作，无论是相对地址、绝对地址，还是混合地址都不会发生改变。

移动及复制操作一般在本工作表中进行，也可在不同工作表或工作簿中进行（使用剪贴板）。单击“开始”选项卡“剪贴板”选项组中的“粘贴”下拉按钮，选择下拉列表中的“选择性粘贴”命令，在弹出的“选择性粘贴”对话框中有“全部”“公式”“格式”“有效性验证”“批注”等选项供选择。

（4）插入/删除单元格

编辑工作表时，可进行插入、删除、清除操作，操作对象可以是单元格、单元格区域、行、列。其内容可能会发生相应变化。

插入方法：先选定若干行、列，然后单击“开始”选项卡“单元格”选项组中的“插入”按钮，则在当前首行上面、首列左边插入若干空行或空列。如果选定的是单元格或单元格区域，则选定区域下移。也可选择“插入”下拉列表中的“插入单元格”命令，则会打开“插入”对话框，可通过选择相应选项来确定插入方式。

删除对象是单元格、行或列，删除后选定的单元格、行或列将连同其数据内容从工作表中消失。删除行、列、单元格或单元格区域的方法与插入操作相类似。

选定若干行、列或单元格区域后，单击“开始”选项卡“编辑”选项组中的“清除”按钮，可选择清除全部内容、格式、批注或超链接。执行“清除”操作后，选定区域的单元格仍然存在，对其他单元格不会有任何影响。

选定若干行、列或单元格区域后，比较常用方法是右击，弹出快捷菜单后进行相应操作。

（5）查找/替换

在 Excel 2016 工作表中，可查找/替换指定的数字、标点、日期、公式及任何字符。其操作与 Word 大同小异：单击“开始”选项卡“编辑”选项组中的“查找和选择”按钮，或选择其下拉列表中的“替换”“公式”“常量”等命令。选择“替换”命令，打开“查找和替换”对话框，可进行相关设置。

（6）工作表操作

工作表操作主要有切换、移动、复制、重命名、插入、删除、保护、隐藏等。可利用工作表标签的快捷菜单来实现，也可单击“开始”选项卡“单元格”选项组中的“格式”下拉按钮，在弹出的下拉列表中选择相应命令来完成操作。这里仅介绍使用鼠标及键盘进行工作表切换、移动、复制、重命名操作的方法。

在工作簿中，一次只能对一张工作表的内容进行编辑操作，此工作表称为当前工作表。若需使用其他工作表，可单击工作表标签来进行切换。

用鼠标拖动/按住 Ctrl 键后拖动工作表标签到目标位置可实现工作表的移动/复制操作。复制工作表后，其所有数据内容也一起被复制。

Excel 默认的工作表名称为 Sheet1，用户可重新为工作命名。操作方法：双击相应的工作表标签，在其呈现编辑状态时，输入新的名称，然后按 Enter 键。

4. 工作表格式化

工作表格式化实质是针对单元格进行格式化，包括调整行高和列宽、单元格格式化、自动套用格式等方面。

（1）调整行高和列宽

用户可根据需要调整工作表的行高及列宽，以正确显示编辑的内容。将鼠标指针移动到两行号之间，当鼠标指针呈 ‡ 状态时拖动可调整行的高度；将鼠标指针移动到两列号之间，当鼠标指针呈 ↔ 状态时拖动可调整列的宽度。当行高或列宽不大于 0 时，相应的行、列将被隐藏，可单击“开始”选项卡“单元格”选项组中的“格式”下拉按钮，在弹出的下拉列表中选择相应命令来取消被隐藏的行或列。

（2）单元格格式化

为了美化工作表的表现形式，根据需要对各单元格中的内容进行数字、对齐、字符、边框和填充等格式设置，称为单元格格式化。

Excel 2016 提供了“单元格样式”功能供用户选择使用，操作非常简便，单击“开始”选项卡“样式”选项组中的“单元格样式”下拉按钮，在弹出的下拉列表中选择需要的样式即可。

实际应用中，经常需要对选定单元格区域进行数字、对齐、字符、边框和填充等格式的详细设置，以增加视觉效果。用户可选定若干单元格后右击，在弹出的快捷菜单中选择“设置单元格格式”命令，或单击“开始”选项卡“数字”或“对齐方式”选项组右下角的对话框启动器按钮，打开“设置单元格格式”对话框，选择相应选项，根据需要进行设置。

1）数字格式：对于工作表中的数字，系统提供了丰富的表现形式，有常规、数值、货币、会计专用、日期等。在“设置单元格格式”对话框中选择“数字”选项卡，根据需要进行相关选项的设置。系统默认为常规，原则上按用户输入形式显示数字内容。

2）对齐方式：系统提供了水平方向和垂直方向两种类型的对齐方式。其中，水平对齐有常规、靠左（缩进）、居中、靠右（缩进）、填充、两端对齐、跨列居中、分散对齐（缩进）；垂直对齐有靠上、居中、靠下、两端对齐、分散对齐。在“设置单元格格式”对话框中选择“对齐”选项卡（图 5-3），根据需要进行相关选项的设置。系统默认水平方向是常规（数值和日期数据靠右、字符数据靠左、逻辑值居中）、垂直方向是顶端对齐。

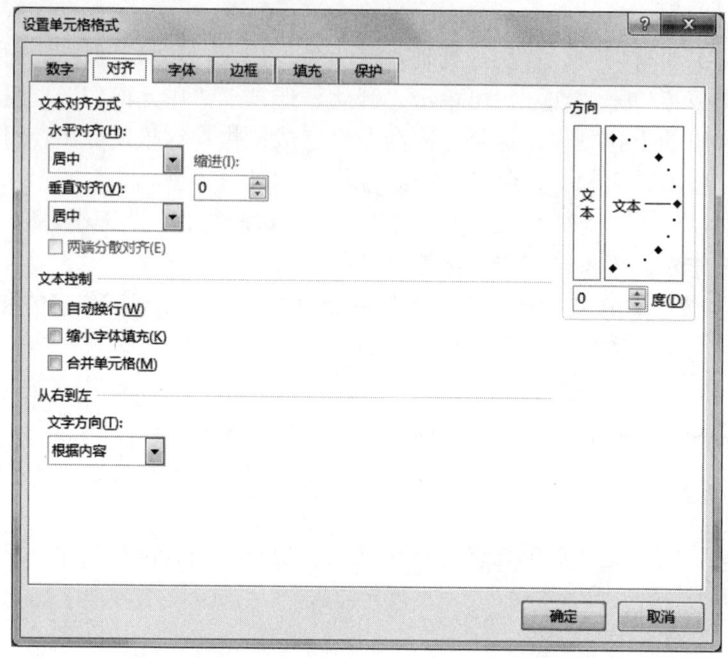

图 5-3 “设置单元格格式”对话框中的“对齐”选项卡

在“开始”选项卡“对齐方式”选项组中，有“顶端对齐”“垂直居中”“底端对齐”“方向”“文本左对齐”“居中”“文本右对齐”“自动换行”“合并及居中”（先将多个单元格合并成一个后，首单元格内容再居中，再单击则还原为合并前格式）按钮供用户使用。

3）字符格式：字符格式设置包括字体、字形、字号、颜色、特殊效果等设置，方法与 Word 2016 的设置方法相同。选定内容或若干单元格后，可通过单击“开始”选项卡“字体”选项组中的相应按钮来实现，也可通过“设置单元格格式”对话框中的“字体”选项卡进行设置。

4）边框和填充：为了增加工作表内容的可视效果，选择“设置单元格格式”对话框中的“边框”选项卡，可根据需要设置选定单元格的边框，选择“填充”选项卡可设置填充效果。也可通过单击“开始”选项卡“字体”选项组中的“下划线”“填充颜色”按钮来实现。

对于工作表中的单元格，系统默认显示有网格线。网格线是否显示及输出可通过“页面布局”选项卡“工作表选项”选项组中的“网格线”选项组中的“查看”复选框进行设置。

（3）自动套用格式

Excel 2016 提供了很多适合各种情况使用的表格格式，供用户根据需要选择相应表格格式，以提高工作效率。

自动套用格式操作方法：单击“开始”选项卡“样式”选项组中的“套用表格样式”下拉按钮，在弹出的下拉列表中进行选择。

5.2 Excel 公式和函数

表格是记录、存储、处理数据和数据规则化的典范，Microsoft Excel 是微软办公软件 Microsoft Office 的组件之一，其直观的界面、出色的计算功能和图表工具，已使它成为个人计算机上流行的数据处理软件之一。Excel 可以对存储在表格中的数据进行各种智能操作，包括统计分析和辅助决策等重要的数据处理业务，它是微软办公自动化套装软件的重要组成部分，被广泛地应用于管理、统计财经、金融等众多领域。而处理这些数据主要依赖于 Excel 提供的各种运算符和函数，如求总和、求平均值、计数等，用户可使用这些运算符和函数来构造公式，满足处理数据的需要。使用公式和函数处理数据，降低了在数据处理上所花费的人力成本并避免出现错误，这将极大地提高数据处理的效率和可靠性。

5.2.1 使用公式的基本方法

Excel 公式是 Excel 工作表中进行数据计算的表达式，用于对数据进行计算后生成新值，输入公式从“=”开始，后面是由运算符连接的各种元素，包括单元格引用、标识符、名称、常量、运算符、括号和函数，实现加、减、乘、除等的自动计算。当一组数据的取值发生变化时，包含该组数据的每一个公式，其计算结果将被自动更新。

1. 运算符

运算符用于连接公式，是构成完整公式的重要元素，从而实现各种运算。Excel 包含 4 种常用的运算符，即算术运算符、关系运算符、引用运算符和文本运算符。

（1）算术运算符

算术运算符用于实现数值元素之间的算术运算，参与运算的元素为数值型数据，其运算结果也必须为数值型数据，一般的算术运算符及其含义如表 5-2 所示，所提供的公式样例中，A1=20、B1=2。

表 5-2　一般的算术运算符及其含义

运算符	含义	公式样例	运算结果
+	加法运算或正数符号	=A1+B1	22
-	减法运算或负数符号	=A1-B1	18
*	乘法运算	=A1*B1	40
/	除法运算	=A1/B1	10
^	乘方运算	=A1^B1	400
%	百分比	=A1%	0.2

（2）关系运算符

关系运算符用于实现元素之间的关系运算，比较元素的大小，其运算结果为逻辑型 TRUE（真）或 FALSE（假）。关系运算符及其含义如表 5-3 所示。

表 5-3　关系运算符及其含义

运算符	含义	公式样例	运算结果
>	大于	=A1>B1	TRUE

续表

运算符	含义	公式样例	运算结果
>=	大于等于	=A1>=B1	TRUE
<	小于	=A1<B1	FALSE
<=	小于等于	=A1<=B1	FALSE
=	等于	=A1=B1	FALSE
<>	不等于	=A1<>B1	TRUE

（3）引用运算符

统计时常常需要引用数据，如果只是一个单元格，则直接用列标（字母）+行号（数字）表示，如 A1 表示引用列标为 A、行号为 1 的单元格数据，A1 被称为该单元格数据的地址。如果用户一次要引用的单元格数据不是唯一的，则使用冒号“:”或逗号“,”分隔。引用运算符及其含义如表 5-4 所示。

表 5-4　引用运算符及其含义

运算符	含义	公式样例	运算结果
:	区域运算符，引用包括在两个单元格之间的所有单元格数据	=A1:B4	引用 A1、A2、A3、A4、B1、B2、B3、B4，是 A1～B4 范围内的矩形区域
,	联合运算符，引用多个不连续单元格数据	=A2:B3,C1,D4	引用 A2、A3、B2、B3、C1、D4
空格	交叉运算符，引用空格两边的两个引用的交集	=A1:B2 B1:C3	引用 B1、B2

（4）文本运算符

文本运算符“&”用于连接两个文本，如文本 A1="Micro"和文本 B1="soft"，则 A1&B1="Microsoft"。

此外，Excel 运算符还包括圆括号“( )”，其用于改变运算符的优先级，以使圆括号中的表达式优先运算。

2. 输入与编辑公式

在 Excel 中，编辑公式不同于编辑文本，必须要遵循编辑规则。输入公式的具体操作步骤如下。

步骤01 将光标定位到要使用公式的单元格中，使其成为活动单元格。

步骤02 输入“=”，表示要开始输入公式，否则 Excel 会把输入的内容作为简单的文本来处理。

步骤03 输入对数据进行处理的公式。

步骤04 按 Enter 键，公式输入完成。此时，将自动在活动单元格中显示公式的计算结果。

修改公式时，可将光标定位到相应的单元格中进行修改，修改完成后，按 Enter 键，确认并重新显示计算结果；如果要删除公式，可选中单元格，按 Delete 键即可。

3. 单元格引用

单元格引用是 Excel 公式中经常用到的功能之一，使用它可以引用单元格、单元格区域或来自另一个 Excel 工作表的单元格、单元格区域。根据引用的方式不同，将单元格引用分为相对引用、绝对引用、混合引用。

（1）相对引用

相对引用是指被引用的单元格相对位置不变，即公式所在的单元格相对于参与运算的单元格的行列间距保持不变。例如，D5 单元格中有公式“=A1+C3”，其对单元格 A1 和 C3 的引用就是相对引用。通过分析，A1 和 D5 的行列间距是（4, 3），C3 和 D5 的行列间距是（2, 2）。将该公式复制到 F7 单元格中，参与加法运算的两个数据所在的单元格与 F7 的行列间距也要求分别是（4, 3）和（2, 2）。经过计算，分别是 C3 和 E5，F7 单元格中的公式变为“=C3+E5”。

（2）绝对引用

绝对引用是指被引用的单元格地址固定不变，与包含公式的单元格位置无关。如果不希望公式中的单元格地址发生变化，就要使用绝对引用。绝对引用的形式是在被引用单元格的列标与行号之前分别添加“$”符号。例如，$A$1 是对单元格 A1 的绝对引用。又如，将 D5 单元格中的公式“=A1+C3”改为绝对引用形式“=$A$1+$C$3”，然后将其复制到 F7 单元格，F7 单元格中的公式依然是“=$A$1+$C$3”。

（3）混合引用

混合引用是指绝对引用列标，相对引用行号，或者相反，如$A1、A$1。在输入公式时，只在要被绝对引用的行号或列标前添加“$”符号即可。

5.2.2 函数的基本用法

Excel 函数是一些已经预先定义好的公式，它们使用一些称为参数的特定数值按照规定的顺序或结构对数据进行计算。函数作为 Excel 处理数据的一个重要手段，其功能强大，在日常办公中具有多种应用。

Excel 提供的内置函数共 500 多个，被划分为 10 类，分别是数据库函数、日期与时间函数、工程函数、财务函数、信息函数、逻辑函数、查询和引用函数、数学和三角函数、统计函数、文本函数，但常用函数只有 30 多个，基本能够满足用户日常处理数据的需要。还有一类是用户根据需要自定义的函数。Excel 函数通常表示为如下形式：

函数名称([参数 1],[参数 2],…,[参数 *n*])

其中，“参数”是参与函数执行的数据，参数可以有多个，用逗号“,”分隔。例如，函数 SUM(Number 1,[Number 2],…,[Number *n*])计算数字 Number 1, Number 2, …, Number *n* 之和，SUM 是函数名称，作为用户使用函数的标志；Number 1, Number 2, …, Number *n* 是参数，作为参与求和运算时的数据。方括号中的参数是可选的，可根据需要设置或不设置，有的函数可以没有参数，而有的函数则不能缺少必要的参数，如求和函数 SUM( )中，须至少包含一个参数来参与求和运算。参数可以是常量、单元格地址、名称、公式、函数、文本等。将函数作为参数，可以形成函数的嵌套，Excel 的函数嵌套不能超过 64 层。

事实上，函数是公式的组成元素之一。因此，无论是输入包含各种类型数据的混合公式，还是只有一个函数的简单公式，都必须以“=”开始。向单元格中插入公式的方法主要包括以下几种。

（1）使用分类函数库

使用分类函数库向单元格中插入公式的具体操作步骤如下。

步骤01 如果只是向空白单元格中插入一个函数，则选中该单元格，或通过双击将光标定位于该单元格；如果单元格内已经包含一个公式，要向公式中插入函数，则双击该单元格，并将光标定位于公式中要插入函数的位置。

步骤02 单击“公式”选项卡“函数库”选项组中要插入的函数类型下拉按钮，弹出下拉列表。例如，单击“数学和三角函数”下拉按钮，弹出下拉列表。

步骤03 选择要插入的函数，打开“函数参数”对话框。插入的函数不同，打开的“函数参数”对话框也不同。例如，在“数学和三角函数”下拉列表中选择“ABS”（取绝对值）函数后，打开的对话框如图 5-4 所示。

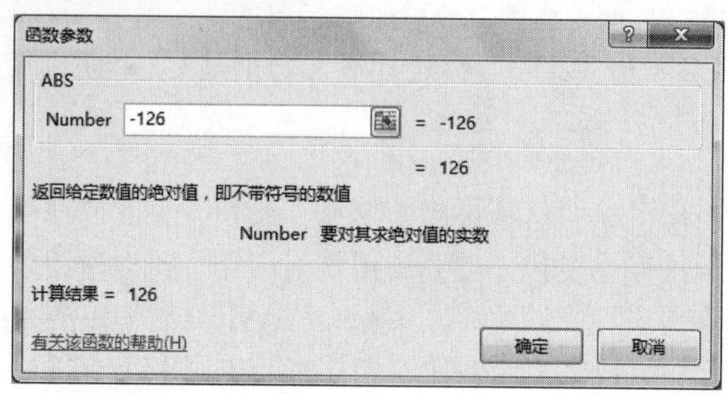

图 5-4 取绝对值函数的“函数参数”对话框

步骤04 输入或选择参数。例如，在图 5-4 的“Number”文本框中输入“-126”，表示要计算-126 的绝对值；也可以通过单击文本框右侧的按钮来选取某一单元格数据作为参数。

步骤05 单击“确定”按钮，完成插入函数的操作。

在插入“公式”选项卡“函数库”选项组“自动求和”下拉列表中的函数时，其参数的设置将直接在单元格中进行，而不使用对话框。

（2）使用“插入函数”按钮

使用“插入函数”按钮向单元格中插入公式的具体操作步骤如下。

步骤01 如果只是向空白单元格中插入一个函数，则选中该单元格，或通过双击将光标定位于该单元格；如果单元格内已经包含一个公式，要向公式中插入函数，则需双击该单元格，并将光标定位于要插入函数的位置。

步骤02 单击“公式”选项卡“函数库”选项组中的“插入函数”按钮，打开“插入函数”对话框，如图 5-5 所示。

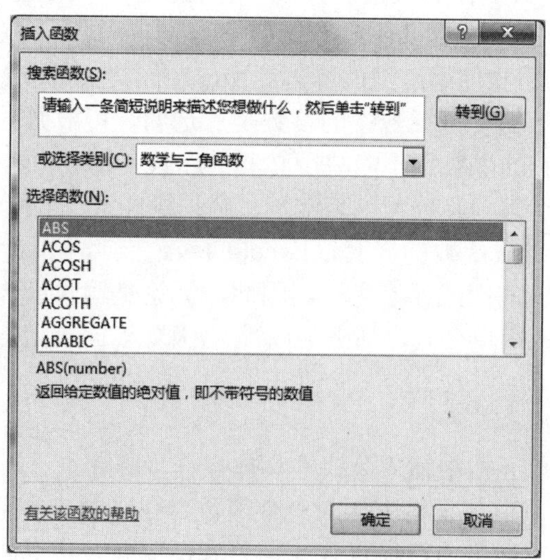

图 5-5 “插入函数”对话框

步骤03 在“或选择类别”下拉列表中选择要插入的函数类别，在“选择函数”列表框中选择函数名称。

步骤04 单击“确定”按钮，完成插入函数的操作。

当然，也可以通过使用键盘手动输入函数。若要修改单元格中的函数，则可双击单元格，进入编辑状态进行修改，修改完成后，按 Enter 键确认即可。

5.3 使用 Excel 创建图表

在 Excel 中，图表将工作表中的数据用图形表示出来。图表可以使数据的显示更加直观、易于阅读和评价，可以帮助用户分析和比较数据。当基于工作表选定区域建立图表时，Excel 使用来自工作表的值，并将其当作数据点在图表上显示出来。数据点用条形、线条、柱形、切片、点及其他形状表示。这些形状被称为数据标志。建立好图表之后，可以通过增加图表项，如数据标记、图例、标题、文字、趋势线、误差线及网格线来美化图表及强调某些信息。大多数图表项可被移动或调整。我们也可以使用图案、颜色、对齐、字体及其他格式属性来设置这些图表项的格式。

5.3.1 创建图表

Excel 主要提供了两种图表形式：一种是嵌入式图表，能够在显示表格数据的同时，嵌入图表来描述表格数据；另一种是以工作表形式存在的独立图表。无论使用哪一种形式，图表均来源于 Excel 表格数据，都是对表格数据的形象化描述。因此，在创建图表时，首先要指定 Excel 表格作为数据源。

1. 嵌入式图表

嵌入式图表可以配合 Excel 表格数据进行显示，便于用户对表格数据做出比较和分析。创建嵌入式图表的具体操作步骤如下。

步骤01 打开 Excel 工作表，选定要创建图表的区域。例如，使用嵌入式图表显示销售业绩表中每种产品的月收入，则选中图 5-6 中的单元格区域 A1:D14。

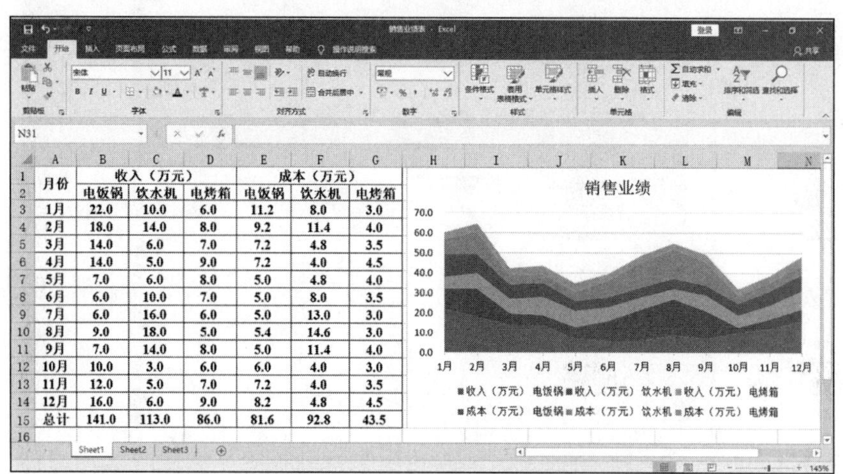

月份	收入（万元）			成本（万元）		
	电饭锅	饮水机	电烤箱	电饭锅	饮水机	电烤箱
1月	22.0	10.0	6.0	11.2	8.0	3.0
2月	18.0	14.0	8.0	9.2	11.4	4.0
3月	14.0	6.0	7.0	7.2	4.8	3.5
4月	14.0	5.0	9.0	7.2	4.0	4.5
5月	7.0	6.0	8.0	5.0	4.8	4.0
6月	6.0	10.0	7.0	5.0	8.0	3.5
7月	6.0	16.0	6.0	5.0	13.0	3.0
8月	9.0	18.0	5.0	5.4	14.6	3.0
9月	7.0	14.0	8.0	5.0	11.4	4.0
10月	10.0	3.0	6.0	6.0	4.0	3.0
11月	12.0	5.0	7.0	7.2	4.0	3.5
12月	16.0	6.0	9.0	8.2	4.8	4.5
总计	141.0	113.0	86.0	81.6	92.8	43.5

图 5-6　创建嵌入式图表

步骤02 单击“插入”选项卡“图表”选项组右下角的对话框启动器，如图 5-7 所示，打开“插入图表”对话框，该对话框包含“推荐的图表”和“所有图表”两个选项卡，分别如图 5-8 和图 5-9 所示。其中，“推荐的图表”选项卡为用户推荐几种典型图表，可根据需要选择一种作为当前建立图表的类型；“所有图表”选项卡列出在 Excel 中可使用的所有图表类型，用户可以根据需要选择一种类型来建立图表。

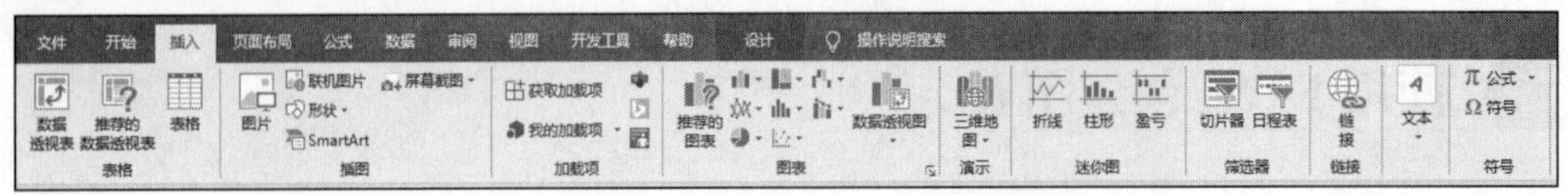

图 5-7 “插入”选项卡

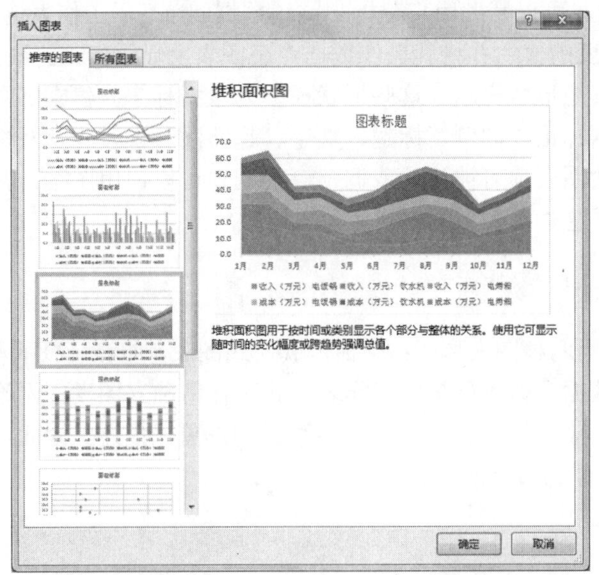

图 5-8 “插入图表”对话框的“推荐的图表”选项卡

图 5-9 “插入图表”对话框的“所有图表”选项卡

步骤03 根据需要，在“插入图表”对话框中选择一种图表类型来建立图表，如选择“推荐的图表”选项卡中的“堆积面积图”作为当前建立图表的类型。

步骤04 单击“确定”按钮，完成图表的创建，结果如图 5-6 所示。

用户也可以单击“插入”选项卡“图表”选项组中的下拉按钮，在弹出的下拉列表中选择要插入的图表类型。另外，用户可以对图表的尺寸和位置进行调整。

例5-1

饼图可用于显示一组数据中各项数值占数值总和的份额。某巨型企业各部门的本年度固定资产和材料消耗费用统计于 Excel 工作表中，如图 5-10 所示。试建立图表，使用“三维饼图”统计各部门年材料消耗的百分比。

	A	B	C
1	单位名称	年固定资产（万元）	年材料费用（万元）
2	组织部	1500	10
3	宣传部	1000	15
4	生产部	60000	50
5	后勤部	2000	9
6	财务部	4000	30
7	运输部	8700	10
8	销售部	30000	10
9	监察部	2000	12
10	文化部	1000	40
11	人力资源部	3000	35
12	环境保护部	2000	20
13	审计署	3400	19
14	工业和信息化部	2700	45
15	安全保障部	1900	5

图 5-10　材料费用表

操作实现

01 首先，用鼠标选中 A1:B15 单元格区域；其次，按住 Ctrl 键不放，用鼠标再选中 C1:C15 单元格区域，选中后，释放 Ctrl 键。此时，A1:B15 和 C1:C15 两个单元格区域均被选中。

02 选中后，单击“插入”选项卡“图表”选项组右下角的对话框启动器，打开“插入图表”对话框。

03 在“所有图表”选项卡中选择“饼图”中的“三维饼图”图表。

04 单击“确定”按钮，插入饼图。

05 右击饼图的圆饼区域，在弹出的快捷菜单中选择“添加数据标签”命令，再次右击饼图的圆饼区域，在弹出的快捷菜单中选择“设置数据标签格式”命令，打开“设置数据标签格式”窗格。

06 在“标签选项”选项卡“标签包括”选项组中选中“百分比”复选框，并取消选中“值”复选框。

07 单击“关闭”按钮，在饼图上显示各部门材料消耗的百分比，如图 5-11 所示。

注意

图表中显示的所有文本内容均可对它们的字体进行设置。

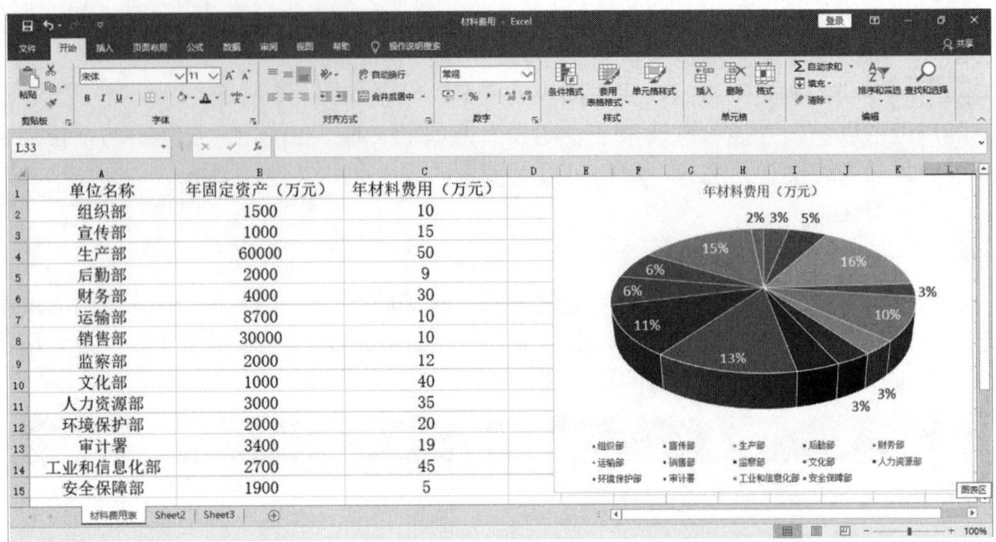

单位名称	年固定资产（万元）	年材料费用（万元）
组织部	1500	10
宣传部	1000	15
生产部	60000	50
后勤部	2000	9
财务部	4000	30
运输部	8700	10
销售部	30000	10
监察部	2000	12
文化部	1000	40
人力资源部	3000	35
环境保护部	2000	20
审计署	3400	19
工业和信息化部	2700	45
安全保障部	1900	5

图 5-11　三维饼图

2. 独立图表

独立图表以工作表形式存在，工作表中将不显示表格数据，而只显示图表。创建独立图表的具体操作步骤如下。

步骤01 为指定的单元格区域创建嵌入式图表后，继续单击“图表工具-设计”选项卡“位置”选项组中的“移动图表”按钮，如图 5-12 所示，打开“移动图表”对话框，如图 5-13 所示。

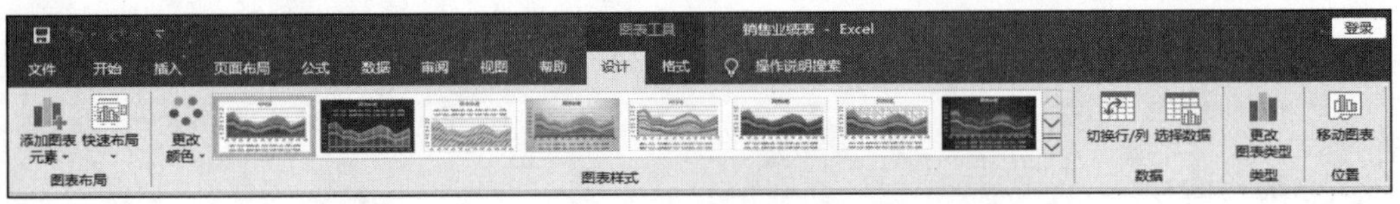

图 5-12　“图表工具-设计”选项卡

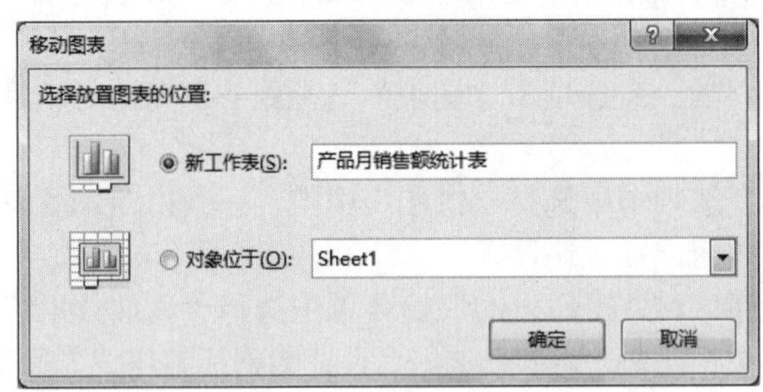

图 5-13　“移动图表”对话框

步骤02 选中“新工作表”单选按钮，并在对应的文本框中输入新工作表名称，如“产品月销售额统计表”。

步骤03 单击“确定”按钮，完成创建，结果如图 5-14 所示。

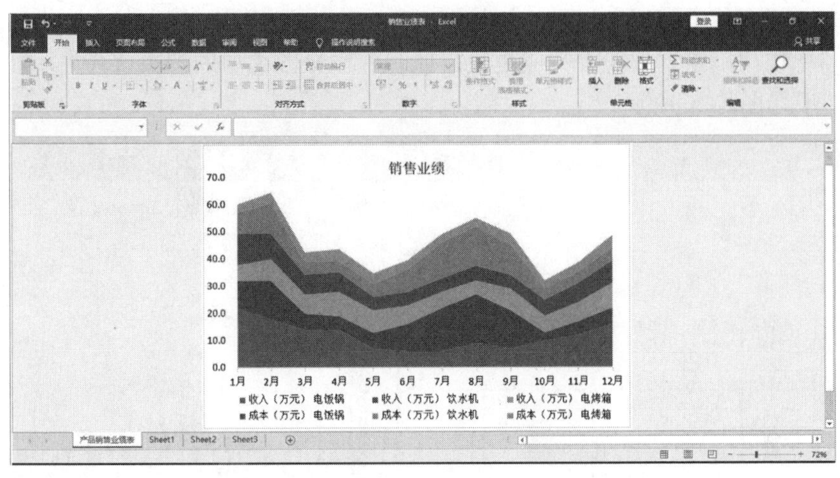

图 5-14　独立图表

5.3.2　编辑图表

当基本图表创建好后，可以根据需要对图表进行修饰和完善，以期达到令人满意的效果，或者使用相同的图表类型来重新选择数据源进行显示，这就涉及对图表进行编辑。当数据表格中的数据发生变化时，图表会随着数据的变化自动进行更新。

1. 更改图表类型

Excel 提供了丰富多彩、形式多样的图表类型，如果用户对当前图表类型不满意，则可对当前图表类型进行更改。更改图表类型的具体操作步骤如下。

步骤01 在工作区中选中要更改类型的图表。

步骤02 单击“图表工具-设计”选项卡“类型”选项组中的“更改图表类型”按钮，打开“更改图表类型”对话框，如图 5-15 所示。

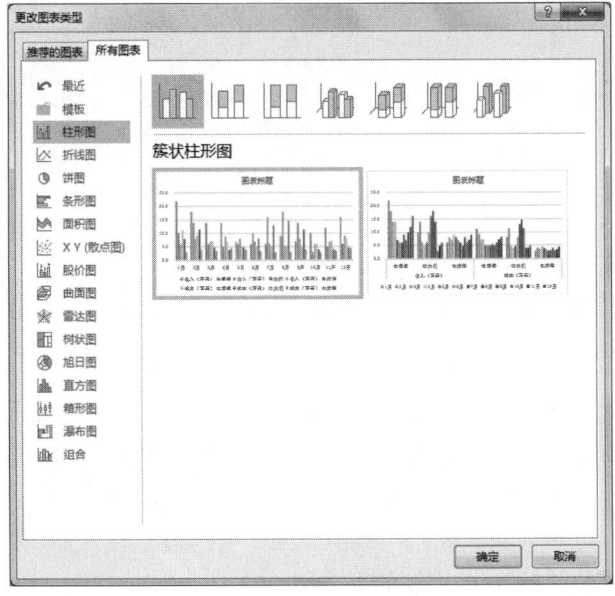

图 5-15　“更改图表类型”对话框

步骤03 选择要使用的图表类型，如将图 5-9 中的“面积图”更改为“簇状柱形图”。

步骤04 单击“确定”按钮，完成更改。此时，被更改类型的图表就会显示在 Excel 工作区中，结果如图 5-16 所示。

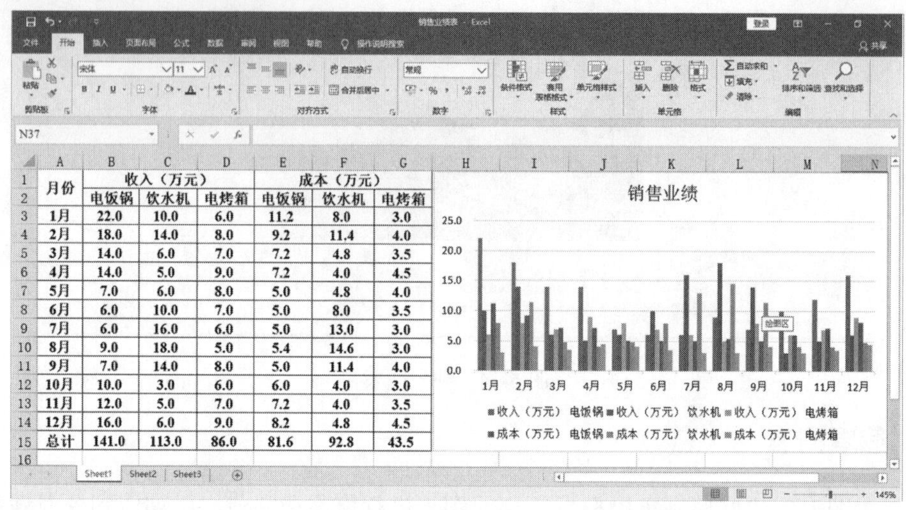

月份	收入（万元）			成本（万元）		
	电饭锅	饮水机	电烤箱	电饭锅	饮水机	电烤箱
1月	22.0	10.0	6.0	11.2	8.0	3.0
2月	18.0	14.0	8.0	9.2	11.4	4.0
3月	14.0	6.0	7.0	7.2	4.8	3.5
4月	14.0	5.0	9.0	7.2	4.0	4.5
5月	7.0	6.0	8.0	5.0	4.8	4.0
6月	6.0	10.0	7.0	5.0	8.0	3.5
7月	6.0	16.0	6.0	5.0	13.0	3.0
8月	9.0	18.0	5.0	5.4	14.6	3.0
9月	7.0	14.0	8.0	5.0	11.4	4.0
10月	10.0	3.0	6.0	6.0	4.0	3.0
11月	12.0	5.0	7.0	7.2	4.0	3.5
12月	16.0	6.0	9.0	8.2	4.8	4.5
总计	141.0	113.0	86.0	81.6	92.8	43.5

图 5-16 将“面积图”更改为“簇状柱形图”

2. 更换数据源

如果要使用当前的图表样式显示其他数据，可以更换显示的数据源。更换数据源的具体操作步骤如下。

步骤01 在工作区中选中要更换数据源的图表。

步骤02 单击“图表工具-设计”选项卡“数据”选项组中的“选择数据”按钮，打开“选择数据源”对话框，如图 5-17 所示。

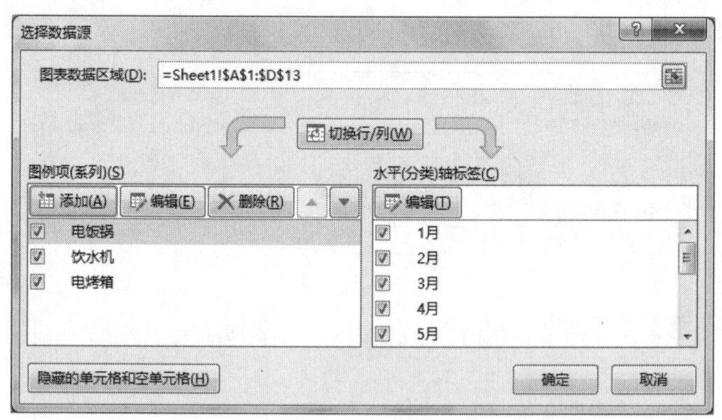

图 5-17 “选择数据源”对话框

步骤03 单击“图表数据区域”文本框右侧的按钮，重新选择要显示的单元格区域，如显示图 5-6 销售业绩表中每种产品的月成本，则须选中 A3:A14 和 E3:G14 两个单元格区域。分别单击“图例项（系列）”列表框中的“添加”“编辑”“删除”按钮，可对图表中的显示数据进行添加、编辑、删除操作；单击“水平（分类）轴标签”列表框中的“编辑”按钮，可以对横坐标轴的标签进行修改。

步骤04 单击“确定”按钮，完成数据源的更换，结果如图 5-18 所示。

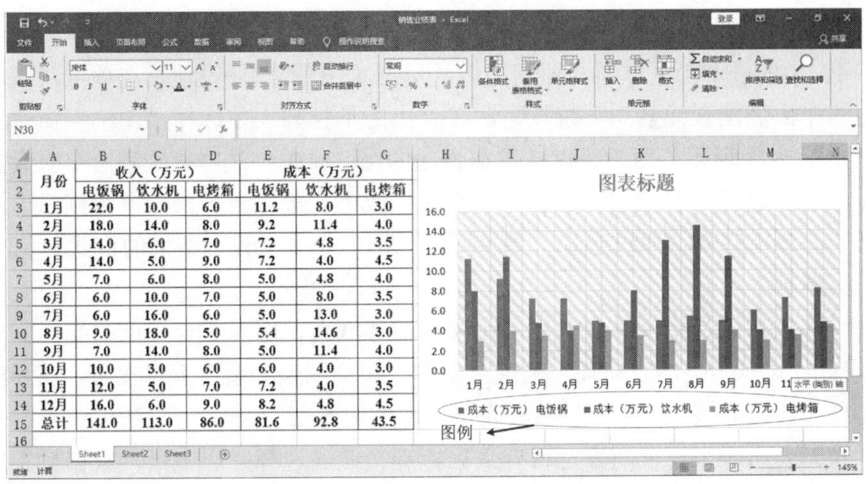

月份	收入（万元）			成本（万元）		
	电饭锅	饮水机	电烤箱	电饭锅	饮水机	电烤箱
1月	22.0	10.0	6.0	11.2	8.0	3.0
2月	18.0	14.0	8.0	9.2	11.4	4.0
3月	14.0	6.0	7.0	7.2	4.8	3.5
4月	14.0	5.0	9.0	7.2	4.0	4.5
5月	7.0	6.0	8.0	5.0	4.8	4.0
6月	6.0	10.0	7.0	5.0	8.0	3.5
7月	6.0	16.0	6.0	5.0	13.0	3.0
8月	9.0	18.0	5.0	5.4	14.6	3.0
9月	7.0	14.0	8.0	5.0	11.4	4.0
10月	10.0	3.0	6.0	6.0	4.0	3.0
11月	12.0	5.0	7.0	7.2	4.0	3.5
12月	16.0	6.0	9.0	8.2	4.8	4.5
总计	141.0	113.0	86.0	81.6	92.8	43.5

图 5-18　更换数据源后的图表

3. 设置标签

为图表设置标签有助于更清晰地呈现数据。Excel 图表标签主要包括图表标题、坐标轴标题、图例、数据标签和模拟运算表。设置时，首先选中要设置标签的图表。

（1）图表标题

图表标题可以帮助用户从整体上把握数据信息的内涵。单击“图表工具-设计”选项卡“图表布局”选项组中的“添加图表元素”下拉按钮，在弹出的下拉列表中选择“图表标题”命令，弹出级联菜单，如图 5-19 所示。通过在弹出的级联菜单中选择“无”、“图表上方”或“居中覆盖”命令来决定图表是否有标题、标题位于图表上方或标题位于图表中央；通过选择“更多标题选项”命令来设置图表标题格式。

（2）坐标轴标题

图表的横纵坐标轴标题能够帮助用户清楚了解横纵坐标轴的含义。单击“图表工具-设计”选项卡“图表布局”选项组中的“添加图表元素”下拉按钮，在弹出的下拉列表中选择“坐标轴标题”命令，弹出级联菜单，如图 5-20 所示。通过在弹出的级联菜单中选择“主要横坐标轴”或“主要纵坐标轴”命令来设置图表的横坐标轴标题或纵坐标轴标题；通过选择“更多轴标题选项”命令来设置横纵坐标轴标题的格式。

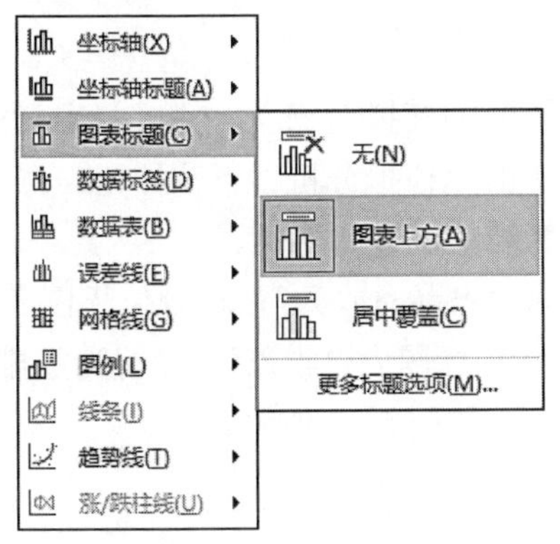

图 5-19　设置图表标题

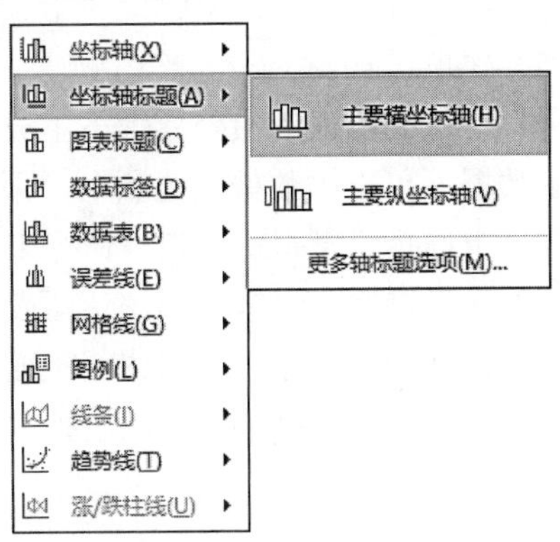

图 5-20　设置图表坐标轴

（3）图例

图 5-18 中的椭圆形区域所指即为图例。单击“图表工具-设计”选项卡“图表布局”选项组中的“添加图表元素”下拉按钮，在弹出的下拉列表中选择“图例”命令，弹出级联菜单，如图 5-21 所示。用户可以通过在弹出的级联菜单中选择“无”命令来设置图表是否有图例；通过选择“右侧”、“顶部”、“左侧”或“底部”命令来确定图例位于图表的右侧、顶部、左侧或底部；通过选择“更多图例选项”命令来设置图例的格式。

（4）数据标签

数据标签的功能是将表格数据显示在图例的邻域内，用以配合图例的显示。单击“图表工具-设计”选项卡“图表布局”选项组中的“添加图表元素”下拉按钮，在弹出的下拉列表中选择“数据标签”命令，弹出级联菜单，如图 5-22 所示。可以通过在弹出的级联菜单中选择“无”命令来设置图表是否有数据标签；通过选择“居中”、“数据标签内”、“轴内侧”或“数据标签外”命令来确定数据标签在图表内部居中显示、图表内部靠外侧显示、图表内部靠内侧显示、图表外部靠近图表显示；通过选择“数据标注”命令设置数据标签为横纵坐标标注的形式，并显示于图表外侧靠近图表的位置；通过选择“其他数据标签选项”命令来设置图例的格式。

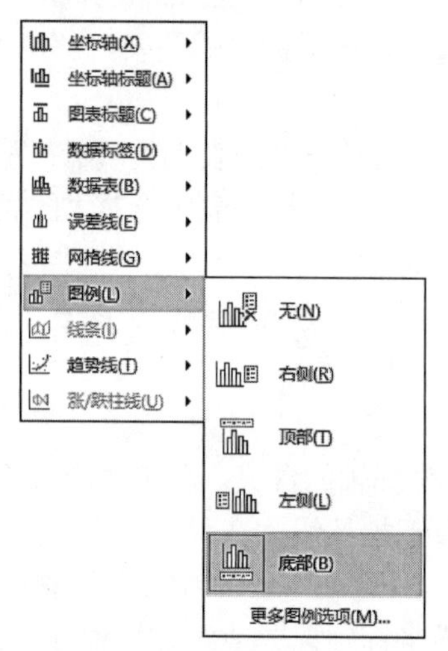

图 5-21　设置图表标题

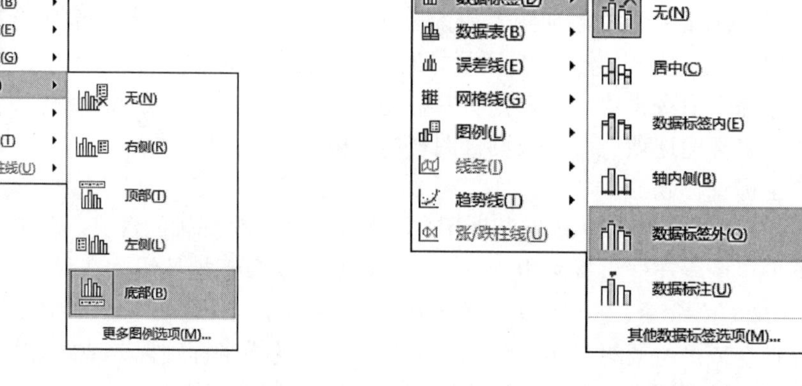

图 5-22　设置图表数据标签

（5）模拟运算表

用户可以在图表的横坐标轴下生成与数据标签等值的模拟运算表，并以二维表格的形式显示数据。单击“数据”选项卡“预测”选项组中的“模拟分析”下拉按钮，在弹出的下拉列表中选择“模拟运算表”命令来设置模拟运算表的位置和格式。

例如，设置产品月销售额统计图表的图表标题为“产品月收入”，标题位于图表上方；横坐标轴标题为“月份”，位于横坐标轴下方；纵坐标轴标题为“收入”，设置为竖排显示；图例在顶部显示；数据标签在图表外侧靠近图表显示，如图 5-23 所示。

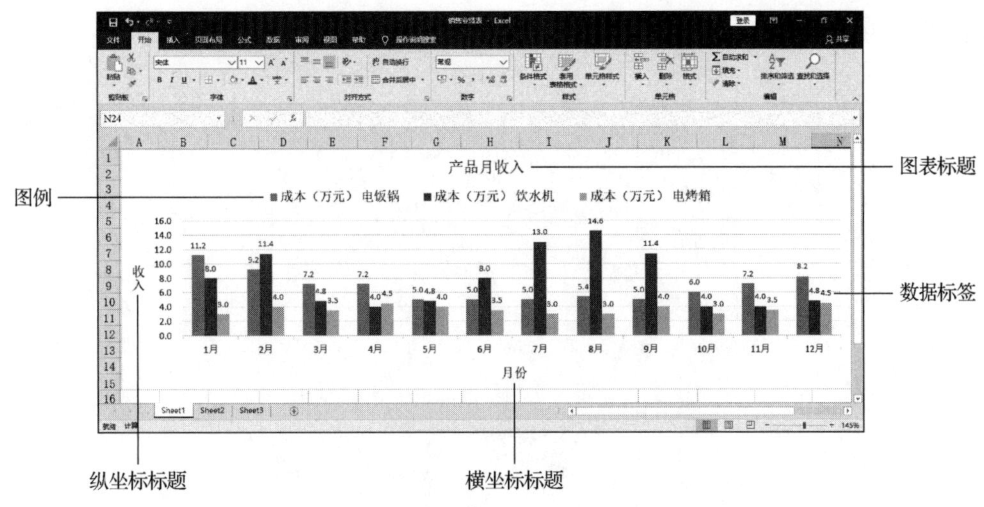

图 5-23　设置标签

4. 设置格式

通过设置图表格式，能够从细节上完善和美化图表外观，使用户建立的图表更为清晰、精美。设置图表格式的具体操作步骤如下。

步骤01 右击当前图表中的空白区域，弹出的快捷菜单如图 5-24 所示。

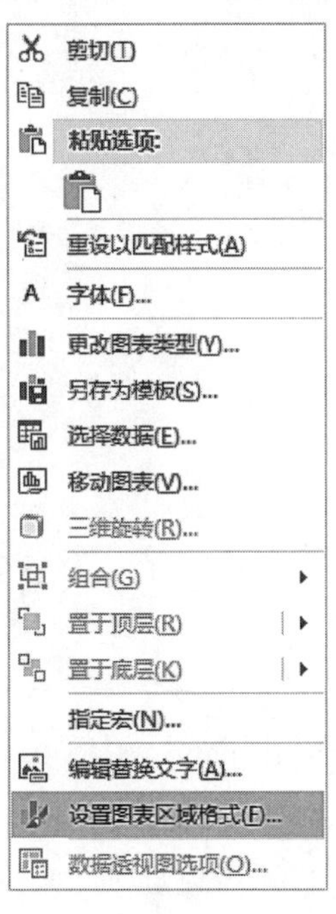

图 5-24　图表快捷菜单

步骤02 选择“设置图表区域格式”命令，打开“设置图表区格式”窗格，包含“图表选项”和“文本选项”两个选项卡，分别如图 5-25 和图 5-26 所示。

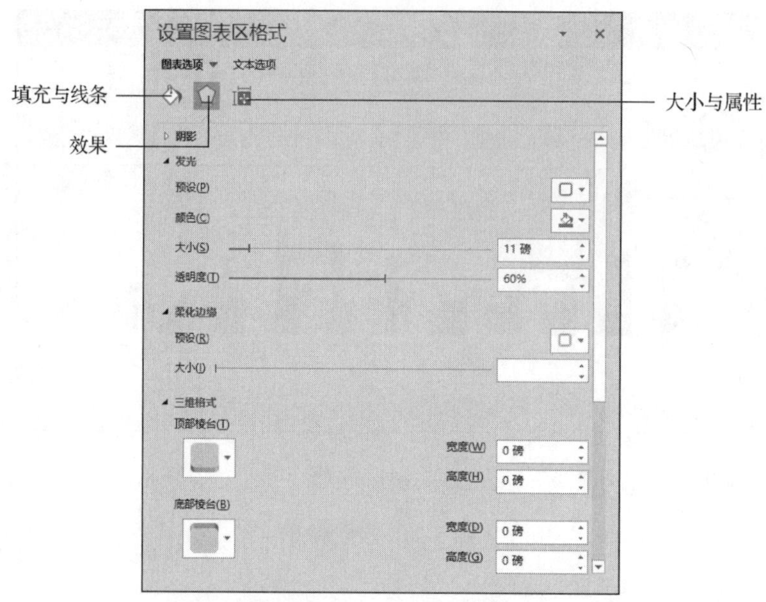

图 5-25 “设置图表区格式”窗格的“图表选项”选项卡

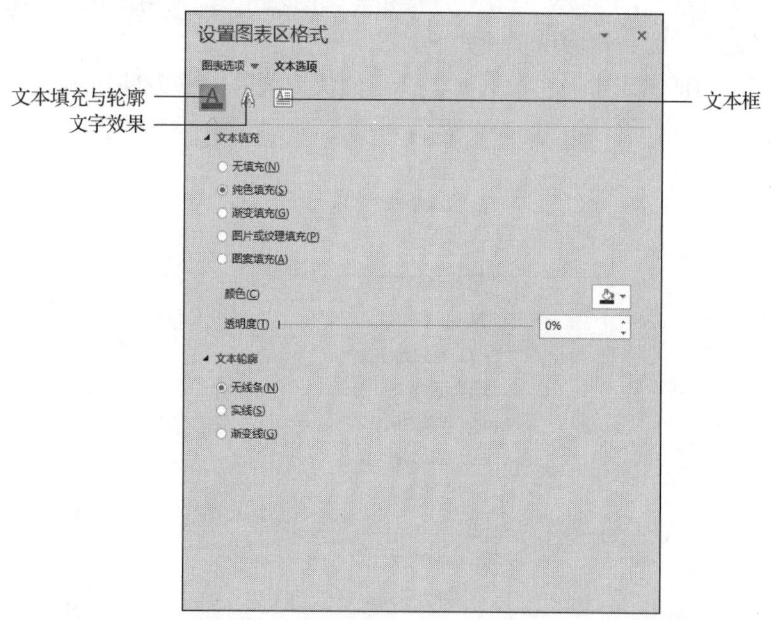

图 5-26 “设置图表区格式”窗格的“文本选项”选项卡

步骤03 根据需要，在窗格中可以分别单击“图表选项”选项卡中的“填充与线条”“效果”“大小与属性”按钮，展开图表显示设置选项，来设置图表显示样式；分别单击“文本选项”选项卡中的“文本填充与轮廓”“文字效果”“文本框”按钮，展开文本显示设置选项，来设置文本显示样式。

步骤04 单击“关闭”按钮，完成图表区域的格式设置。

5.3.3 创建和编辑迷你图表

迷你图表即微型图表，是 Excel 提供的一种全新图表绘制工具，其以一个单元格为绘图单位，在一个单元格中以图表方式显示小范围单元格区域的数据。

1. 创建迷你图表

通常，输入表格中的数据，其逻辑性很强，很难一眼看出数据的分布形态，在数据旁边插入迷你图表，就能清晰简明地显示相邻数据的变化趋势，如收入的季节性增加或减少、经济数据周期变化等，还能突出显示较大值和较小值，且只占用少量的存储空间。当数据被更新时，这些更新会立刻反映到迷你图表上。例如，对于图 5-6 销售业绩表，可在第 14 行与第 15 行之间插入一行，如图 5-27 所示，并在插入行的每个单元格中使用迷你图表显示每种产品的月收入或月成本变化趋势。

月份	收入（万元）			成本（万元）		
	电饭锅	饮水机	电烤箱	电饭锅	饮水机	电烤箱
1月	22.0	10.0	6.0	11.2	8.0	3.0
2月	18.0	14.0	8.0	9.2	11.4	4.0
3月	14.0	6.0	7.0	7.2	4.8	3.5
4月	14.0	5.0	9.0	7.2	4.0	4.5
5月	7.0	6.0	8.0	5.0	4.8	4.0
6月	6.0	10.0	7.0	5.0	8.0	3.5
7月	6.0	16.0	6.0	5.0	13.0	3.0
8月	9.0	18.0	5.0	5.4	14.6	3.0
9月	7.0	14.0	8.0	5.0	11.4	4.0
10月	10.0	3.0	6.0	6.0	4.0	3.0
11月	12.0	5.0	7.0	7.2	4.0	3.5
12月	16.0	6.0	9.0	8.2	4.8	4.5
总计	141.0	113.0	86.0	81.6	92.8	43.5

图 5-27 插入创建迷你图表的空白行

具体操作步骤如下。

步骤01 在工作区中选中要插入迷你图表的单元格区域，如图 5-27 所示，插入一个空白行后，选中单元格区域 B15:G15 来显示每一种产品的月收入或月成本迷你图表。

步骤02 单击“插入”选项卡“迷你图”选项组中的一个按钮，确定要插入的迷你图表类型。例如，单击“折线图”按钮，打开“创建迷你图”对话框，如图 5-28 所示。

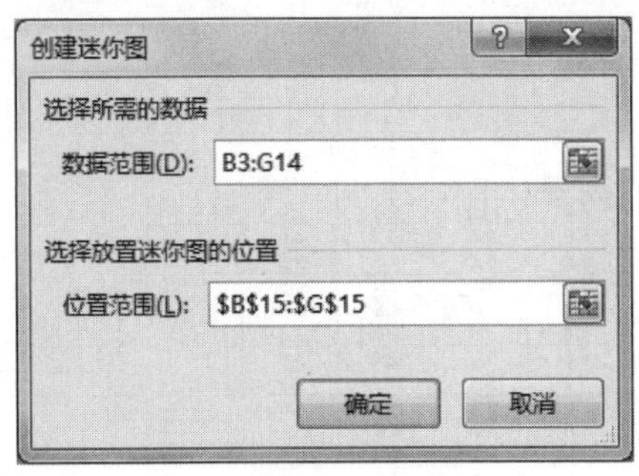

图 5-28 “创建迷你图”对话框

步骤03 单击“数据范围”文本框右侧的按钮，选择要显示迷你图表的数据源。如在图 5-27 中选择单元格区域 B3:G14。

步骤04 单击“确定”按钮，迷你图表创建完成，结果如图 5-29 所示。

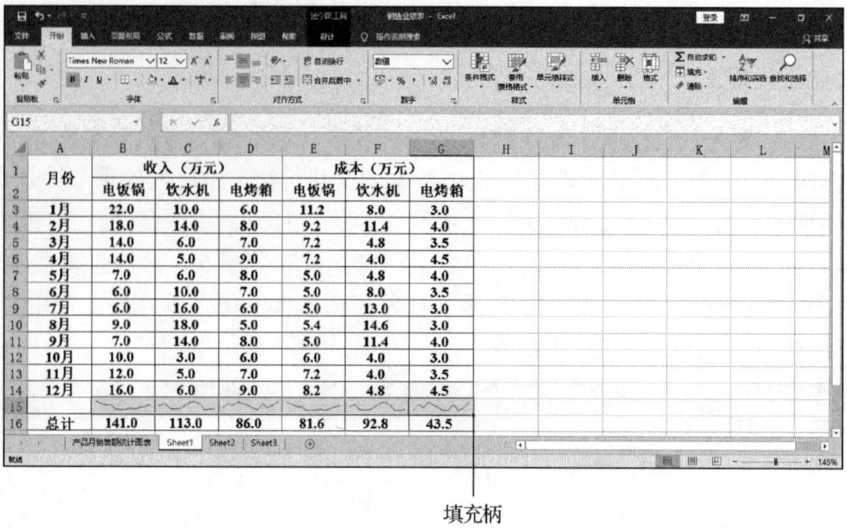

月份	收入（万元）			成本（万元）		
	电饭锅	饮水机	电烤箱	电饭锅	饮水机	电烤箱
1月	22.0	10.0	6.0	11.2	8.0	3.0
2月	18.0	14.0	8.0	9.2	11.4	4.0
3月	14.0	6.0	7.0	7.2	4.8	3.5
4月	14.0	5.0	9.0	7.2	4.0	4.5
5月	7.0	6.0	8.0	5.0	4.8	4.0
6月	6.0	10.0	7.0	5.0	8.0	3.5
7月	6.0	16.0	6.0	5.0	13.0	3.0
8月	9.0	18.0	5.0	5.4	14.6	3.0
9月	7.0	14.0	8.0	5.0	11.4	4.0
10月	10.0	3.0	6.0	6.0	4.0	3.0
11月	12.0	5.0	7.0	7.2	4.0	3.5
12月	16.0	6.0	9.0	8.2	4.8	4.5
总计	141.0	113.0	86.0	81.6	92.8	43.5

填充柄

图 5-29 迷你图表效果

迷你图表创建成功后，在生成的迷你图表上右击，在弹出的快捷菜单中选择“迷你图”命令，可在弹出的级联菜单中修改迷你图表的显示位置、数据源、数据源数据和删除迷你图表。与 Excel 工作区的图表不同，迷你图表并非对象，它实际上是一个嵌入单元格内的微型图表，可使用迷你图表为背景，在其单元格中输入其他数据。在打印包含迷你图表的工作表时，迷你图表也将同时被打印。

2. 复制迷你图表

使用包含迷你图表的单元格右下角的填充柄，如图 5-29 所示，能够为其他数据快速创建迷你图表。例如，在 H3 单元格内创建迷你图表，显示 1 月份每种产品的收入和成本走势，如图 5-30 所示。拖动 H3 单元格的填充柄到 H14，能够快速创建迷你图表，显示其他月份每种产品的收入和成本走势，如图 5-31 所示。

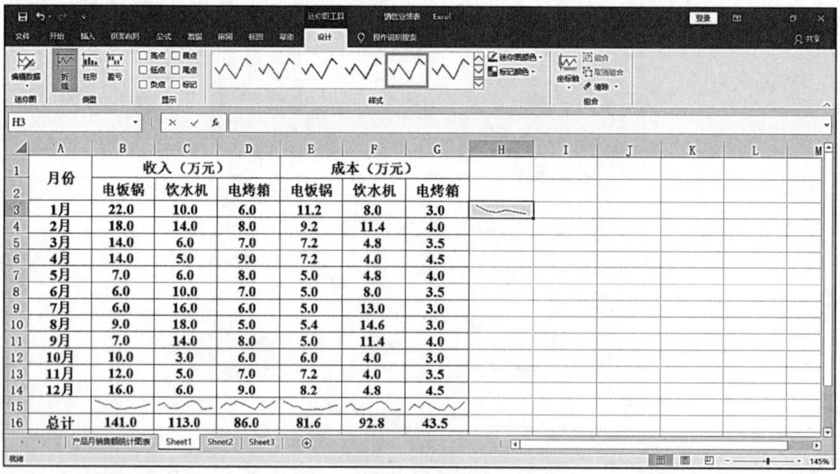

月份	收入（万元）			成本（万元）		
	电饭锅	饮水机	电烤箱	电饭锅	饮水机	电烤箱
1月	22.0	10.0	6.0	11.2	8.0	3.0
2月	18.0	14.0	8.0	9.2	11.4	4.0
3月	14.0	6.0	7.0	7.2	4.8	3.5
4月	14.0	5.0	9.0	7.2	4.0	4.5
5月	7.0	6.0	8.0	5.0	4.8	4.0
6月	6.0	10.0	7.0	5.0	8.0	3.5
7月	6.0	16.0	6.0	5.0	13.0	3.0
8月	9.0	18.0	5.0	5.4	14.6	3.0
9月	7.0	14.0	8.0	5.0	11.4	4.0
10月	10.0	3.0	6.0	6.0	4.0	3.0
11月	12.0	5.0	7.0	7.2	4.0	3.5
12月	16.0	6.0	9.0	8.2	4.8	4.5
总计	141.0	113.0	86.0	81.6	92.8	43.5

图 5-30 创建 1 月份每种产品的收入和成本走势迷你图表

月份	收入（万元）			成本（万元）		
	电饭锅	饮水机	电烤箱	电饭锅	饮水机	电烤箱
1月	22.0	10.0	6.0	11.2	8.0	3.0
2月	18.0	14.0	8.0	9.2	11.4	4.0
3月	14.0	6.0	7.0	7.2	4.8	3.5
4月	14.0	5.0	9.0	7.2	4.0	4.5
5月	7.0	6.0	8.0	5.0	4.8	4.0
6月	6.0	10.0	7.0	5.0	8.0	3.5
7月	6.0	16.0	6.0	5.0	13.0	3.0
8月	9.0	18.0	5.0	5.4	14.6	3.0
9月	7.0	14.0	8.0	5.0	11.4	4.0
10月	10.0	3.0	6.0	6.0	4.0	3.0
11月	12.0	5.0	7.0	7.2	4.0	3.5
12月	16.0	6.0	9.0	8.2	4.8	4.5
总计	141.0	113.0	86.0	81.6	92.8	43.5

图 5-31　通过拖动填充柄快速创建迷你图表

3. 更改迷你图表类型

当选中创建的迷你图表时，功能区将自动弹出“迷你图工具-设计”选项卡，如图 5-32 所示，可以使用该选项卡对迷你图表进行编辑。更改创建的迷你图表类型的具体操作步骤如下。

步骤01 选中要更改迷你图表类型的单元格。如果被选中单元格中的迷你图表是以拖动填充柄的方式生成的，则默认情况下该迷你图表和单元格处于组合状态。此时，必须先取消组合状态。

步骤02 根据需要，单击“迷你图工具-设计”选项卡“类型”选项组中的类型按钮，即可完成更改。

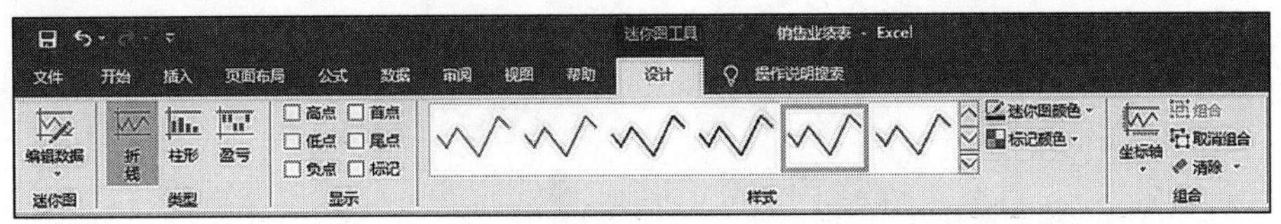

图 5-32　“迷你图工具-设计”选项卡

4. 突出显示数据点

迷你图表中不同的数据点可以设置为突出显示，具体操作步骤如下。

步骤01 选中要突出显示数据点的迷你图表。

步骤02 根据需要，选中“迷你图工具-设计”选项卡“显示”选项组中的复选框，决定要显示迷你图表中的哪些数据点。如果要显示迷你图表的全部数据点，则选中“标记”复选框，结果如图 5-33 所示。“显示”选项组中各复选框的作用如下。

① 选中“高点”复选框，显示最高值数据点。

② 选中“低点”复选框，显示最低值数据点。

③ 选中“负点”复选框，显示负数值数据点。

④ 选中“首点”复选框，显示第一个数据点。

⑤ 选中“尾点”复选框，显示最后一个数据点。

⑥ 选中“标记”复选框，显示全部数据点。

月份	收入（万元）			成本（万元）		
	电饭锅	饮水机	电烤箱	电饭锅	饮水机	电烤箱
1月	22.0	10.0	6.0	11.2	8.0	3.0
2月	18.0	14.0	8.0	9.2	11.4	4.0
3月	14.0	6.0	7.0	7.2	4.8	3.5
4月	14.0	5.0	9.0	7.2	4.0	4.5
5月	7.0	6.0	8.0	5.0	4.8	4.0
6月	6.0	10.0	7.0	5.0	8.0	3.5
7月	6.0	16.0	6.0	5.0	13.0	3.0
8月	9.0	18.0	5.0	5.4	14.6	3.0
9月	7.0	14.0	8.0	5.0	11.4	4.0
10月	10.0	3.0	6.0	6.0	4.0	3.0
11月	12.0	5.0	7.0	7.2	4.0	3.5
12月	16.0	6.0	9.0	8.2	4.8	4.5
总计	141.0	113.0	86.0	81.6	92.8	43.5

图 5-33　显示全部数据点

5. 设置迷你图表样式

对迷你图表样式可以重新进行设置，以更好地配合数据显示。设置迷你图表样式的具体操作步骤如下。

步骤01 选中要设置样式的迷你图表。

步骤02 单击“迷你图工具-设计”选项卡“样式”选项组中的“其他”下拉按钮，展开 Excel 2016 内置的迷你图表样式，如图 5-34 所示。

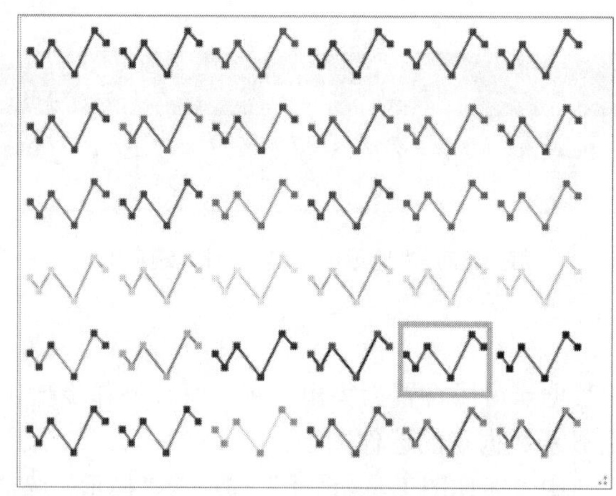

图 5-34　迷你图表样式

步骤03 根据需要，选择一种内置样式，即可完成设置。

通过单击“迷你图工具-设计”选项卡“样式”选项组中的“迷你图颜色”下拉按钮和“标记颜色”下拉按钮，可以设置迷你图表的曲线颜色和数据点颜色。

例5-2

“学生成绩”工作簿中包含单科成绩表和总成绩表两个工作表，分别如图 5-35 和图 5-36

所示。其中，单科成绩表已输入学生 4 次考试的各科成绩。要求在总成绩表中统计每个学生单次考试总成绩，绘制迷你图表，用于显示总成绩变化趋势。

学号	姓名	数学				英语				语文				物理				化学			
2017224001	李一鸣	95	90	90	97	80	81	87	78	90	78	80	87	80	87	85	88	90	80	87	85
2017224002	王金芬	89	90	92	96	89	90	87	85	78	67	66	80	68	70	76	70	78	67	66	80
2017224003	卢明奇	89	87	88	90	78	78	83	76	65	69	70	80	78	67	70	71	65	70	70	80
2017224004	金胜奎	87	87	90	92	89	90	78	80	81	80	76	77	76	75	70	67	81	80	76	77
2017224005	李金铭	80	87	87	79	76	69	89	78	74	78	78	70	77	79	87	80	74	80	90	74
2017224006	李鑫鑫	90	90	87	90	76	78	80	87	67	78	80	83	80	80	86	78	67	78	80	83
2017224007	王再恩	90	90	88	95	67	68	79	80	89	80	90	78	89	92	87	83	89	89	92	78
2017224008	李光旭	97	90	91	95	78	98	78	90	77	80	89	79	78	78	83	76	77	83	90	79
2017224009	金名义	94	90	89	95	67	75	74	89	90	91	90	78	89	91	80	86	90	91	90	78
2017224010	陆　畅	87	90	90	87	68	78	79	90	77	87	89	90	76	69	89	78	77	87	89	90
2017224011	孙金东	98	97	90	99	67	78	77	80	92	67	78	80	76	78	89	87	92	69	78	80
2017224012	王喜明	78	89	90	78	87	90	88	93	78	70	89	69	67	68	80	76	78	70	89	69
2017224013	李广义	88	90	87	78	89	90	93	90	78	79	90	78	78	90	78	90	78	79	90	78
2017224014	赵明奇	89	90	91	94	78	89	90	89	70	90	78	80	67	75	70	89	70	90	78	80
2017224015	李志安	90	90	93	89	78	80	90	78	67	88	80	84	68	78	89	90	67	88	83	84
2017224016	王璐新	92	94	97	89	67	68	79	80	80	78	78	80	67	78	76	80	80	78	78	80
2017224017	张发栋	78	78	67	87	78	77	67	70	69	90	78	80	87	90	80	93	69	90	70	80
2017224018	李平福	88	78	89	87	90	87	85	80	89	78	87	80	89	89	93	90	89	85	87	80
2017224019	张　继	78	80	76	89	80	87	67	66	69	70	70	75	78	89	80	89	69	70	70	75
2017224020	卜明伟	79	80	89	90	65	78	89	80	90	78	87	90	78	80	87	78	91	78	87	90
2017224021	陆绽新	80	85	87	90	70	76	70	71	87	78	89	90	67	68	88	80	88	70	89	90
2017224022	季广鑫	92	90	97	93	78	80	86	90	91	94	78	89	78	77	66	70	91	91	75	89
2017224023	刘春燕	87	78	67	90	80	84	82	78	9	89	67	80	90	87	80	89	90	89	80	80
2017224024	王　铭	67	78	80	78	78	77	70	68	97	89	90	68	80	87	79	66	96	89	94	68
2017224025	王丽丽	90	90	91	93	78	89	90	68	67	86	78	76	80	77	76	80	80	90	78	76
2017224026	张春明	93	78	80	95	78	89	90	67	89	80	90	87	88	90	89	88	90	85	79	89

图 5-35　单科成绩表

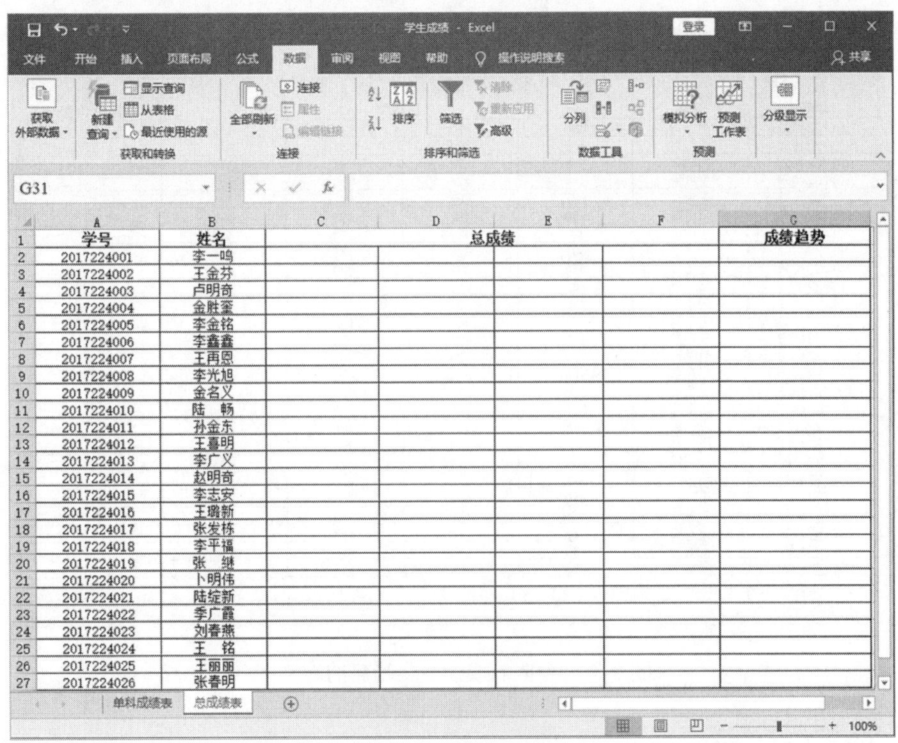

学号	姓名	总成绩				成绩趋势
2017224001	李一鸣					
2017224002	王金芬					
2017224003	卢明奇					
2017224004	金胜奎					
2017224005	李金铭					
2017224006	李鑫鑫					
2017224007	王再恩					
2017224008	李光旭					
2017224009	金名义					
2017224010	陆　畅					
2017224011	孙金东					
2017224012	王喜明					
2017224013	李广义					
2017224014	赵明奇					
2017224015	李志安					
2017224016	王璐新					
2017224017	张发栋					
2017224018	李平福					
2017224019	张　继					
2017224020	卜明伟					
2017224021	陆绽新					
2017224022	季广鑫					
2017224023	刘春燕					
2017224024	王　铭					
2017224025	王丽丽					
2017224026	张春明					

图 5-36　总成绩表

操作实现

01 在工作簿总成绩表中，选中 C2 单元格，输入公式“=SUM(单科成绩表!C2,单科成绩表!G2,单科成绩表!K2,单科成绩表!O2,单科成绩表!S2)”，按 Enter 键，显示第一个学生第一次考试总成绩，拖动 C2 单元格右下角的填充柄，填充其他学生的第一次考试总成绩；选中 D2 单元格，输入公式“=SUM(单科成绩表!D2,单科成绩表!H2,单科成绩表!L2,单科成绩表!P2,单科成绩表!T2)”，按 Enter 键，拖动 D2 单元格右下角的填充柄，填充其他学生的第二次考试总成绩；选中 E2 单元格，输入公式“=SUM(单科成绩表!E2,单科成绩表!I2,单科成绩表!M2,单科成绩表!Q2,单科成绩表!U2)”，按 Enter 键，拖动 E2 单元格右下角填充柄，填充其他学生的第三次考试总成绩；选中 F2 单元格，输入公式“=SUM(单科成绩表!F2,单科成绩表!J2,单科成绩表!N2,单科成绩表!R2,单科成绩表!V2)”，按 Enter 键，拖动 F2 单元格右下角的填充柄，填充其他学生第四次考试总成绩。SUM( )函数用于统计每次考试的总成绩。

02单击“插入”选项卡“迷你图”选项组中的“折线图”按钮，打开“创建迷你图”对话框，在“数据范围”文本框中输入迷你图要统计的数据范围 C2:F2，在“位置范围”文本框中输入显示迷你图的单元格 G2，单击“确定”按钮，绘制反映第一个学生每次考试总成绩变化趋势的迷你图。然后，拖动 G2 单元格右下角的填充柄，填充绘制反映其他学生每次考试总成绩变化趋势的迷你图，结果如图 5-37 所示。

学号	姓名	总成绩				成绩趋势
2017224001	李一鸣	435	416	429	435	
2017224002	王金芬	402	384	387	411	
2017224003	卢明奇	375	371	381	397	
2017224004	金胜銮	414	412	390	393	
2017224005	李金铭	381	393	431	381	
2017224006	李鑫鑫	380	404	413	421	
2017224007	王再恩	424	419	436	414	
2017224008	李光旭	407	429	431	419	
2017224009	金名义	430	438	423	426	
2017224010	陆　畅	385	411	436	435	
2017224011	孙金东	425	389	412	426	
2017224012	王喜明	388	387	436	385	
2017224013	李广义	411	428	438	414	
2017224014	赵明奇	374	434	407	432	
2017224015	李志安	370	424	435	425	
2017224016	王璐新	386	396	408	409	
2017224017	张发栋	381	425	362	410	
2017224018	李平福	445	417	441	417	
2017224019	张　继	374	396	363	394	
2017224020	卜明伟	403	394	439	428	
2017224021	陆绽新	392	377	423	421	
2017224022	季广霞	430	432	402	431	
2017224023	刘春燕	356	427	376	417	
2017224024	王　铭	418	420	413	348	
2017224025	王丽丽	395	432	413	393	
2017224026	张春明	438	422	428	426	

图 5-37　反映总成绩变化趋势的迷你图

5.4 分析与处理 Excel 数据

将数据收集起来存储在Excel工作表中是数据分析与处理的前提。使用Excel辅助功能，能够对数据进行有序的组织、整理、排列、分类、筛选，并最终获得对数据的自动分析结果，全面了解并掌握数据信息的内涵。Excel 不仅能对数据进行计算，还具备相关的数据库管理等高级功能。利用 Excel 提供的一整套丰富的命令集，可以使分析与处理数据更加方便快捷。

5.4.1 数据排序

Excel 具有十分强大的数据处理能力，数据排序就是一个常用的典型功能。一个杂乱无章、无任何规律可循的表格经过排序后，其中的数据可以一目了然，数据的可读性和实用性大大提高。Excel 的数据排序主要分为简单排序和高级排序。

1. 简单排序

简单排序分两种情况：①一次选中连续的多列数据，被选中的数据将按照升序或降序要求各自进行排序，如图 5-38 所示的学生成绩表，选中 C4:E10 单元格区域，则被选中区域中每列数据的排序都是独立进行的，而被选中区域外部的数据不进行排序；②选中某一列数据的连续若干单元格后，可只对该列数据进行排序，也可以列数据为关键字，对所有记录进行排序。在图 5-38 中，可以先选中 C 列“语文”成绩，再对数据表的所有记录以语文成绩为关键字进行排序。

考号	姓名	语文	数学	英语	物理	化学	生物	总分	班名次	升降幅度
1084170605	杨　璐	131	143	144	124	108	144	794	1	↑4
1084170603	王　雪	131	135	144	124	128	122	784	2	↑1
1084170609	韩林霖	127	139	142	121	123	128	780	3	↑6
1084170601	沙龙逸	123	148	136	116	131	122	776	4	↓3
1084170606	李鉴学	126	135	140	114	124	122	761	5	↑1
1084170604	韩雨萌	129	133	138	116	123	119	758	6	↓2
1084170602	刘　帅	116	143	140	116	122	118	755	7	↓5
1084170616	康惠雯	114	142	139	118	126	111	750	8	↑8
1084170607	刘钰婷	115	139	135	112	109	130	740	9	↓2
1084170611	林世博	116	142	129	109	116	125	737	10	↑1
1084170621	张　希	123	130	134	114	117	118	736	11	↑10
1084170608	徐　冲	122	124	139	110	102	136	733	12	↓4
1084170612	苑宇飞	118	136	131	114	113	120	732	13	↓1
1084170623	卢一凡	121	123	139	110	117	119	729	14	↑9
1084170610	张瑞鑫	126	115	139	113	113	119	725	15	↓5
1084170633	范作鑫	121	127	131	117	121	106	723	16	↑16
1084170620	裴子翔	111	139	128	112	105	126	721	17	↑3
1084170625	武传禹	119	129	130	126	135	140	779	18	↑7
1084170619	任雪桐	124	108	144	129	133	138	776	19	→

图 5-38　学生成绩表

实现简单排序的具体操作步骤如下。

步骤01 根据需要，选择数据列。

步骤02 单击“数据”选项卡“排序和筛选”选项组中的“升序”或“降序”按钮，如图 5-39 所示。如果选中的是多列数据，则单击“升序”或“降序”按钮后，每列数据将按照上述第一种情况进行排序；如果选中的是单列数据中的连续若干单元格，则单击“升序”或“降序”按钮后，将打开“排序提醒”对话框，如图 5-40 所示。

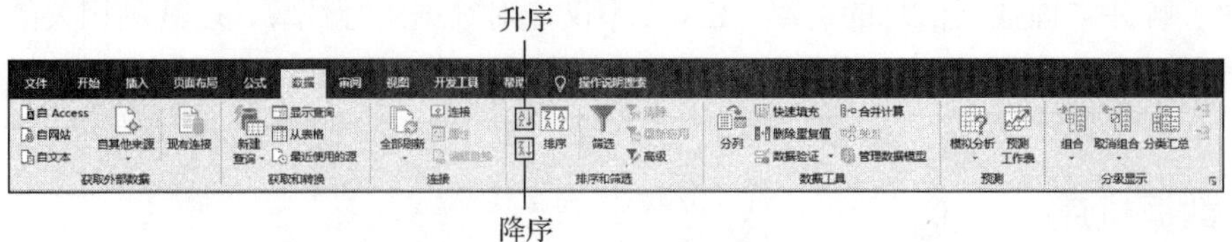

图 5-39 “数据”选项卡

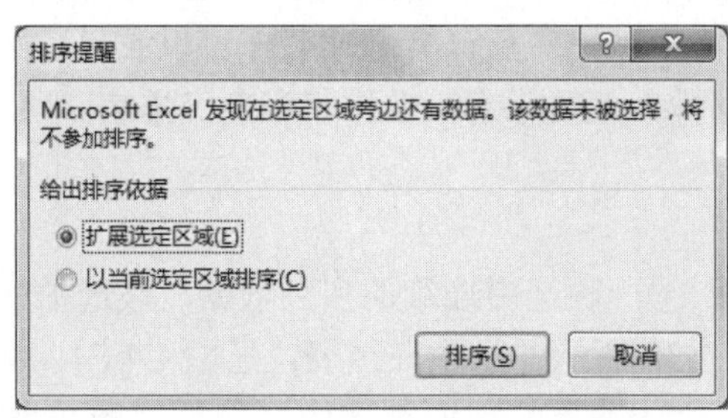

图 5-40 “排序提醒”对话框

步骤03 在“排序提醒”对话框中，如果选中“扩展选定区域”单选按钮，则数据将会按照上述第二种情况进行排序；如果选中“以当前选定区域排序”单选按钮，则数据仍将按照上述第一种情况进行排序。

步骤04 单击“排序”按钮，完成排序。例如，在图 5-38 中，对 C 列“语文”成绩按照“扩展选定区域”进行升序排列，结果如图 5-41 所示。

考号	姓名	语文	数学	英语	物理	化学	生物	总分	班名次	升降幅度
1084170605	杨　璐	131	143	144	124	108	144	794	1	↑4
1084170603	王　雪	131	135	144	124	128	122	784	2	↑1
1084170609	韩林霖	127	139	142	121	123	128	780	3	↑6
1084170601	沙龙逸	123	148	136	116	131	122	776	4	↓3
1084170606	李鉴学	126	135	140	114	124	122	761	5	↑1
1084170604	韩雨萌	129	133	138	116	123	119	758	6	↓2
1084170602	刘　帅	116	143	140	116	122	118	755	7	↓5
1084170616	康惠雯	114	142	139	118	126	111	750	8	↑8
1084170607	刘钰婷	115	139	135	112	109	131	741	9	↓2
1084170611	林世博	116	142	130	109	117	126	740	10	↑1
1084170621	张　希	123	130	134	114	117	120	738	11	↑10
1084170608	徐　冲	122	124	139	110	106	136	737	12	↓4
1084170612	苑宇飞	118	136	131	114	113	120	732	13	↓1
1084170623	卢一凡	121	123	139	110	117	119	729	14	↑9
1084170610	张瑞鑫	126	115	139	113	113	119	725	15	↓5
1084170633	范作鑫	121	127	131	117	121	106	723	16	↑16
1084170620	裴子翔	111	139	128	112	105	126	721	17	↑3
1084170625	武传禹	119	129	130	126	135	140	779	18	↑7
1084170619	任雪桐	124	108	144	129	133	138	776	19	→
1084170614	刘　姗	124	128	122	116	143	140	773	20	↓6
1084170613	王柏坤	121	123	128	114	142	139	767	21	↓8

图 5-41 按照关键字排序结果

2. 高级排序

在上述第二种情况下，对全部记录进行排序时，如果关键字包含了取值相同的几组数据，则无法做到精确排序。在图 5-41 中，C20 和 C21 等的成绩分别相同，不易区分优劣，还需要选取其他列作为关键字，并在第一关键字已经排好顺序的基础上，再按照第二关键字进行排序，以此类推，建立多关键字排序，就能对学生成绩的优劣一目了然。具体操作步骤如下。

步骤01 单击“数据”选项卡“排序和筛选”选项组中的“排序”按钮，打开“排序”对话框，如图 5-42 所示，要衡量每个学生对“语文”“数学”“物理”“化学”4 门课程的学习水平，并以“语文”为主，“数学”“物理”“化学”按序次之。

图 5-42　“排序”对话框

步骤02 在“排序”对话框中，“添加条件”“删除条件”“复制条件”按钮分别用于添加关键字、删除关键字、复制关键字；“上移”或“下移”按钮用于将选中的某一关键字“上移”或“下移”一个位置，来决定该关键字在排序时的优先级别。单击“选项”按钮，打开“排序选项”对话框，该对话框用于设置排序时是否区分大小写、在行还是列的方向上进行排序、使用字母还是笔画排序。在“排序”对话框中选中“数据包含标题”复选框，可以加载表的首行为排序关键字，如未选中，则加载表的列号为排序关键字。在学生成绩表中，选取的主要关键字是“语文”，次要关键字是“数学”“物理”“化学”，均设置为降序排列。

步骤03 单击“确定”按钮，完成排序，结果如图 5-43 所示。

考号	姓名	语文	数学	英语	物理	化学	生物	总分	班名次	升降幅度
1084170605	杨　璐	131	143	144	124	108	144	794	1	↑4
1084170603	王　雪	131	135	144	124	128	122	784	2	↑1
1084170604	韩雨萌	129	133	138	116	123	119	758	6	↓2
1084170609	韩林霖	127	139	142	121	123	128	780	3	↑6
1084170606	李鉴学	126	135	140	114	124	122	761	5	↑1
1084170610	张瑞鑫	126	115	139	113	113	119	725	15	↓5
1084170614	刘　姗	124	128	122	116	143	140	773	20	↓6
1084170619	任雪桐	124	108	144	129	133	138	776	19	→
1084170601	沙龙逸	123	148	136	116	131	122	776	4	↓3
1084170621	张　希	123	130	134	114	117	118	736	11	↑10
1084170608	徐　冲	122	124	139	110	102	136	733	12	↓4
1084170633	范作鑫	121	127	131	117	121	106	723	16	↑16
1084170613	王柏坤	121	123	128	114	142	139	767	21	↓8
1084170623	卢一凡	121	123	139	110	117	119	729	14	↑9
1084170625	武传禹	119	129	130	126	135	140	779	18	↑7
1084170612	苑宇飞	118	136	131	114	113	120	732	13	↓1
1084170626	赵美欣	118	126	111	118	136	131	740	26	→
1084170650	王春月	118	82	112	94	98	104	608	45	↑5
1084170637	姜美慧	117	121	106	126	135	140	745	34	↑3
1084170602	刘　帅	116	143	140	116	122	118	755	7	↓5
1084170611	林世博	116	142	129	109	116	125	737	10	↑1

图 5-43　高级排序结果

对数据进行排序有助于快速直观地组织并查找所需数据。大多数排序是列排序。需要指出的是，数据排序时，隐藏的行或列将不参与排序。因此，排序前应取消行或列隐藏，使被隐藏的行或列显示在工作表中，避免数据遭到破坏。

例5-3

在“学生成绩”工作簿的总成绩表中，已经对每次考试的总成绩进行统计，如图 5-44 所示。试以每次考试的总成绩为关键字对学生总成绩表中的记录进行高级排序：首先，以第一次考试的总成绩为关键字降序排序；其次，当出现本次考试总成绩相同的记录时，以第二次考试总成绩为关键字继续排序；以此类推，并分别将每次考试的相同总成绩自动标记为“浅红填充色深红色文本”。

学号	姓名	总成绩				成绩趋势
2017224001	李一鸣	435	416	429	435	
2017224002	王金芬	402	384	387	411	
2017224003	卢明奇	375	371	381	397	
2017224004	金胜奎	414	412	390	393	
2017224005	李金铭	381	393	431	381	
2017224006	李鑫鑫	380	404	413	421	
2017224007	王再恩	424	419	436	414	
2017224008	李光旭	407	429	431	419	
2017224009	金名义	430	438	423	426	
2017224010	陆　畅	385	411	436	435	
2017224011	孙金东	425	389	412	426	
2017224012	王喜明	388	387	436	385	
2017224013	李广义	411	428	438	414	
2017224014	赵明奇	374	434	407	432	
2017224015	李志安	370	424	435	425	
2017224016	王璐新	386	396	408	409	
2017224017	张发栋	381	425	362	410	
2017224018	李平福	445	417	441	417	
2017224019	张　继	374	396	363	394	
2017224020	卜明伟	403	394	439	428	
2017224021	陆绽新	392	377	423	421	
2017224022	季广霞	430	432	402	431	
2017224023	刘春燕	356	427	376	417	
2017224024	王　铭	418	420	413	348	
2017224025	王丽丽	395	432	413	393	
2017224026	张春明	438	422	428	426	

图 5-44　总成绩表

操作实现

01 选中除标题行外的全部数据，单击“数据”选项卡“排序和筛选”选项组中的“排序”按钮，打开“排序”对话框，如图 5-45 所示。

图 5-45　设置总成绩表的排序关键字

02 在“排序”对话框中，在“主要关键字”“排序依据”“次序”下拉列表中分别选择

“列 C”“单元格值”“降序”命令，单击“添加条件”按钮，在新增的“次要关键字”“排序依据”“次序”下拉列表中分别选择“列 D”“单元格值”“降序”命令；继续单击“添加条件”按钮，在新增的“次要关键字”“排序依据”“次序”下拉列表中分别选择“列 E”“单元格值”“降序”命令；再单击“添加条件”按钮，在新增的“次要关键字”“排序依据”“次序”下拉列表中分别选择“列 F”“单元格值”“降序”命令，并取消选中“数据包含标题”复选框。

03单击“确定”按钮，完成高级排序。

04选中 C 列数据，即第一次考试总成绩，单击“开始”选项卡“样式”选项组中的“条件格式”下拉按钮，在弹出的下拉列表中选择“突出显示单元格规则”命令，在弹出的级联菜单中选择“重复值”命令，打开“重复值”对话框，在“值”和“设置为”下拉列表中分别选择“重复”和“浅红填充色深红色文本”命令，单击“确定”按钮。对于 D 列、E 列、F 列数据，即第二、三、四次考试总成绩，均采用相同的方法进行设置，结果如图 5-46 所示。

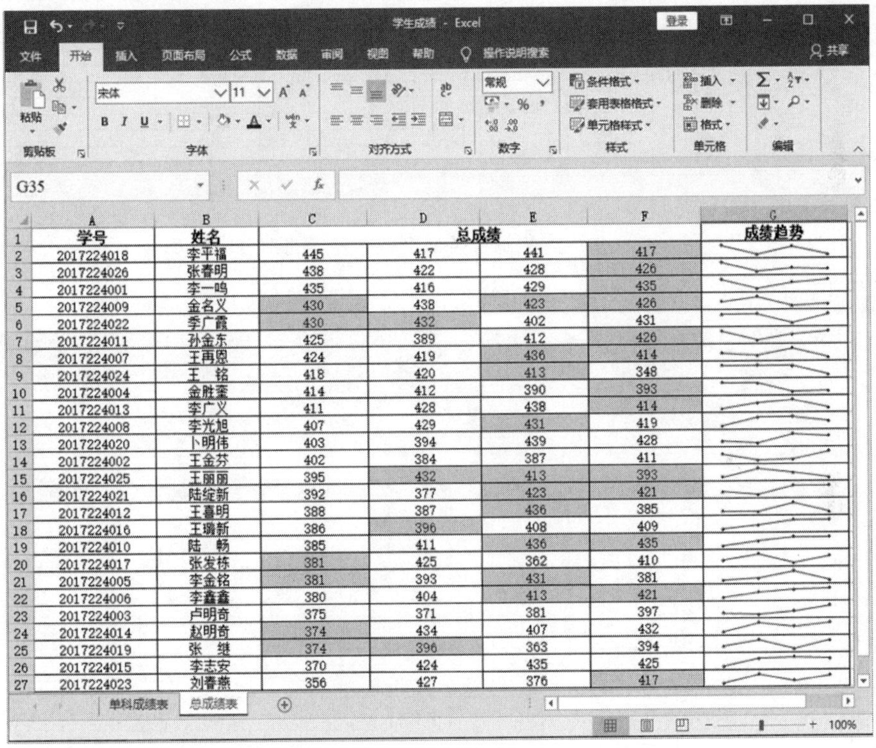

	A	B	C	D	E	F	G
1	学号	姓名	总成绩				成绩趋势
2	2017224018	李平福	445	417	441	417	
3	2017224026	张春明	438	422	428	426	
4	2017224001	李一鸣	435	416	429	435	
5	2017224009	金名义	430	438	423	426	
6	2017224022	季广霞	430	432	402	431	
7	2017224011	孙金东	425	389	412	426	
8	2017224007	王再恩	424	419	436	414	
9	2017224024	王　铭	418	420	413	348	
10	2017224004	金胜銮	414	412	390	393	
11	2017224013	李广义	411	428	438	414	
12	2017224008	李光旭	407	429	431	419	
13	2017224020	卜明伟	403	394	439	428	
14	2017224002	王金芬	402	384	387	411	
15	2017224025	王丽丽	395	432	413	393	
16	2017224021	陆绽新	392	377	423	421	
17	2017224012	王喜明	388	387	436	385	
18	2017224016	王璐新	386	396	408	409	
19	2017224010	陆　畅	385	411	436	435	
20	2017224017	张发栋	381	425	362	410	
21	2017224005	李金铭	381	393	431	381	
22	2017224006	李鑫鑫	380	404	413	421	
23	2017224003	卢明奇	375	371	381	397	
24	2017224014	赵明奇	374	434	407	432	
25	2017224019	张　继	374	396	363	394	
26	2017224015	李志安	370	424	435	425	
27	2017224023	刘春燕	356	427	376	417	

图 5-46　高级排序和标注每次考试的重复总成绩结果

5.4.2 数据筛选

筛选可将暂时不需要处理的记录隐藏起来，而只显示那些当前要分析和处理的记录。对于包含大量数据的 Excel 表格，筛选是一种查找和处理数据集的快捷方法。Excel 的数据筛选主要分为自动筛选和高级筛选。

1. 自动筛选

实现自动筛选的具体操作步骤如下。

步骤01选择数据列作为自动筛选条件。例如，在学生成绩表中，选择“姓名”列和“语文”列作为筛选条件。

步骤02 单击“数据”选项卡“排序和筛选”选项组中的“筛选”按钮，生成隐藏的筛选条件下拉列表，如图 5-47 所示。

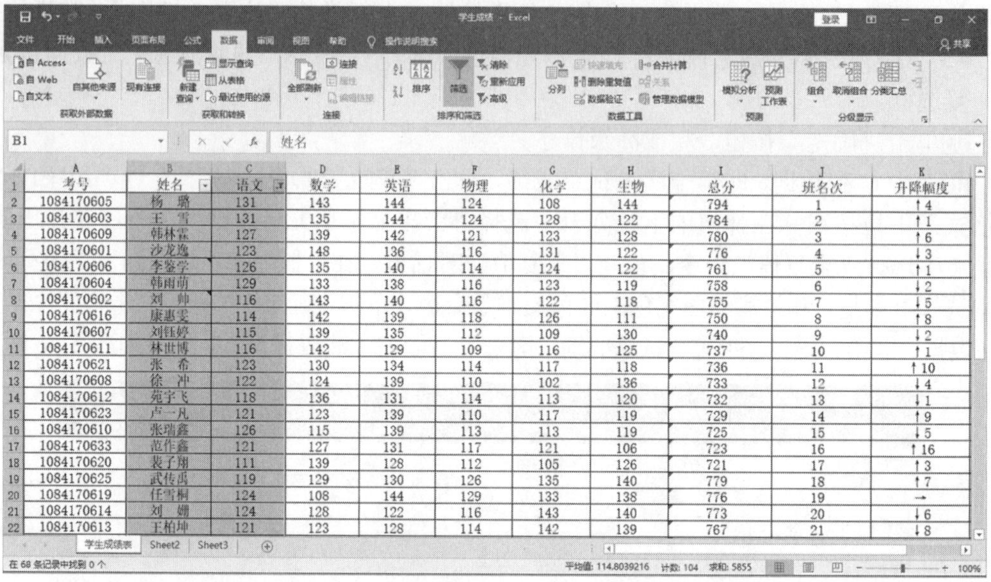

图 5-47　生成隐藏筛选条件下拉列表后的学生成绩表

步骤03 单击相应的下拉按钮，弹出筛选条件下拉列表，如图 5-48 所示。

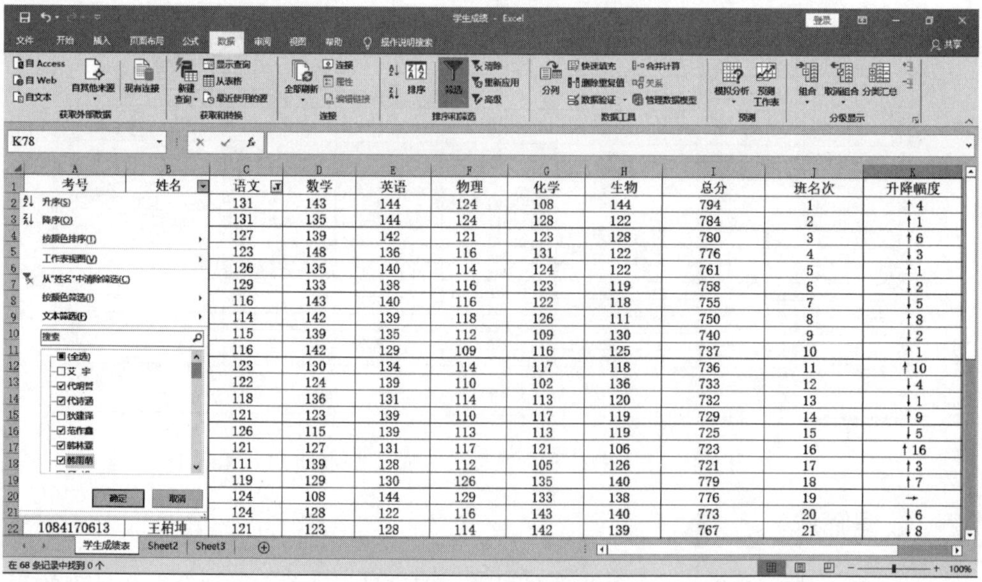

图 5-48　筛选条件下拉列表

步骤04 用户可以在下拉列表中选中等值条件，如选中“代明哲”“代诗涵”“范作鑫”“韩林霖”“韩雨萌”5 个复选框，表示要筛选出这 5 位同学的成绩记录，单击“确定”按钮，筛选结果如图 5-49 所示。

	A	B	C	D	E	F	G	H	I	J	K
1	考号	姓名	语文	数学	英语	物理	化学	生物	总分	班名次	升降幅度
4	1084170609	韩林霖	127	139	142	121	123	128	780	3	↑6
7	1084170604	韩雨萌	129	133	138	116	123	119	758	6	↓2
17	1084170633	范作鑫	121	127	131	117	121	106	723	16	↑16
39	1084170638	代诗涵	105	105	126	115	139	135	725	38	→
45	1084170632	代明哲	101	91	115	107	76	104	594	46	↓14

在 68 条记录中找到 5 个

图 5-49 选中复选框的自动筛选结果

用户也可以选择下拉列表中的“文本筛选”命令，弹出的级联菜单如图 5-50 所示。如果被筛选的是数值型数据，则下拉列表中为“数字筛选”命令，弹出的级联菜单如图 5-51 所示，此时可以根据需要选择级联菜单中的选项。例如，在“数字筛选”级联菜单中选择“自定义筛选”命令，打开“自定义自动筛选方式”对话框，如图 5-52 所示，在其中即可设置筛选条件。例如，筛选出所有语文成绩大于或等于 120 分并且小于或等于 150 分的学生记录。

图 5-50 “文本筛选”级联菜单

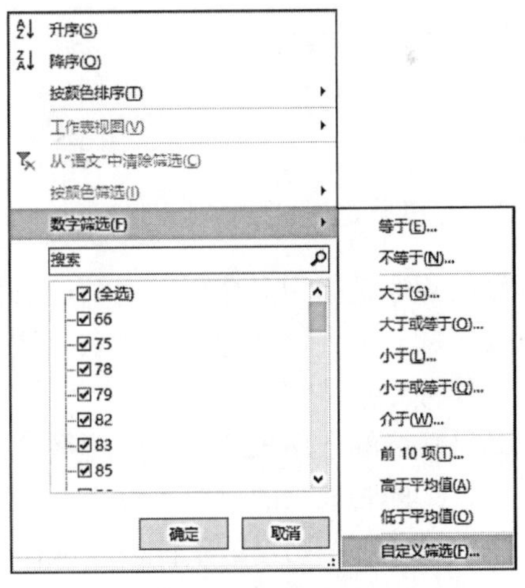

图 5-51 “数字筛选”级联菜单

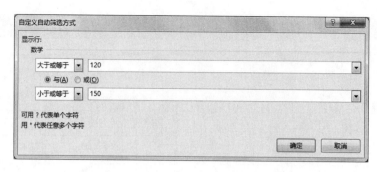

图 5-52 “自定义自动筛选方式”对话框

步骤05 单击“确定”按钮，完成筛选。结果如图 5-53 所示。

	A	B	C	D	E	F	G	H	I	J	K
1	考号	姓名	语文	数学	英语	物理	化学	生物	总分	班名次	升降幅度
2	1084170605	杨 璐	131	143	144	124	108	144	794	1	↑4
3	1084170603	王 雪	131	135	144	124	128	122	784	2	↑1
4	1084170609	韩林霖	127	139	142	121	123	128	780	3	↑6
5	1084170601	沙龙逸	123	148	136	116	131	122	776	4	↓3
6	1084170606	李鉴学	126	135	140	114	124	122	761	5	↑1
7	1084170604	韩雨萌	129	133	138	116	123	119	758	6	↓2
12	1084170621	张 希	123	130	134	114	117	118	736	11	↑10
13	1084170608	徐 冲	122	124	139	110	102	136	733	12	↓4
15	1084170623	卢一凡	121	123	139	110	117	119	729	14	↑9
16	1084170610	张瑞鑫	126	115	139	113	113	119	725	15	↓5
17	1084170633	范作鑫	121	127	131	117	121	106	723	16	↑16
20	1084170619	任雪桐	124	108	144	129	133	138	776	19	→
21	1084170614	刘 姗	124	128	122	116	143	140	773	20	↓6
22	1084170613	王柏坤	121	123	128	114	142	139	767	21	↓8
70											
71											
72											
73											
74											

在 68 条记录中找到 14 个

图 5-53 自定义的自动筛选结果

2. 高级筛选

高级筛选是指为多个列设置筛选条件，条件表达式不唯一且必须放置在工作表内的一个单独区域，可为该条件区域命名以便于引用，在条件表达式中能够像在公式中那样使用比较运算符“=”“>”“<”“>=”“<=”“<>”对取值进行比较。

高级筛选的条件表达式必须遵循：①每个条件表达式必须含有列名，且与工作表的列名一致；②同时成立的一组条件必须放在条件区域的同一行内；③对于几组条件，如果满足至少一组即可，则每组条件必须放在条件区域的不同行。

以筛选出学生成绩表中语文成绩为 120～150 分、数学成绩为 120～150 分、英语成绩为 120～150 分、物理成绩为 120～150 分、化学成绩为 120～150 分，或总成绩为 750～900 分的学生成绩记录为例，实现高级筛选的具体操作步骤如下。

步骤01 选择工作表中的一个空白区域作为条件区域，并输入筛选条件组。例如，在以单元格 A71 开始的空白区域输入筛选条件，如图 5-54 所示。

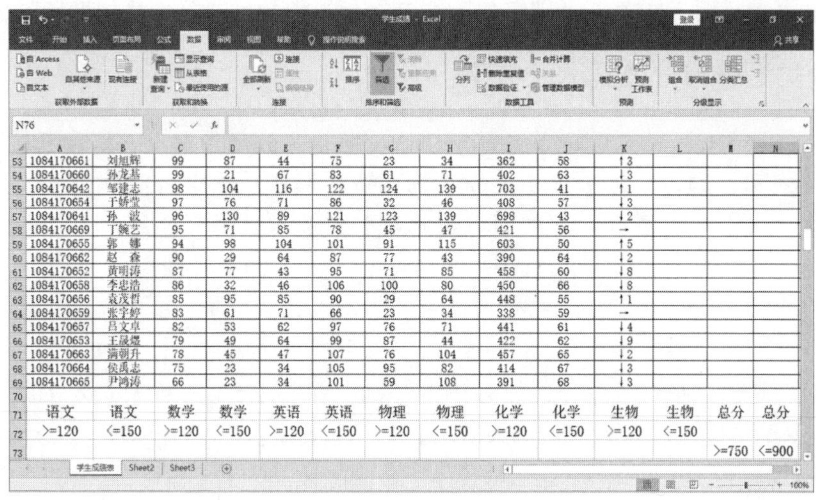

	A	B	C	D	E	F	G	H	I	J	K	L	M	N
53	1084170661	刘旭辉	99	87	44	75	23	34	362	58	↑3			
54	1084170660	孙龙基	99	21	67	83	61	71	402	63	↓3			
55	1084170642	邹建志	98	104	116	122	124	139	703	41	↑1			
56	1084170654	于娇莹	97	76	71	86	32	46	408	57	↓3			
57	1084170641	孙　波	96	130	89	121	123	139	698	43	↓2			
58	1084170669	丁婉艺	95	71	85	78	45	47	421	56	→			
59	1084170655	郭　娜	94	98	104	101	91	115	603	50	↑5			
60	1084170662	赵　森	90	29	64	87	77	43	390	64	↓2			
61	1084170652	黄明涛	87	77	43	95	71	85	458	60	↓8			
62	1084170658	李忠浩	86	32	46	106	100	80	450	66	↓8			
63	1084170656	袁茂哲	85	95	85	90	29	64	448	55	↑1			
64	1084170659	张宇婷	83	61	71	66	23	34	338	59	→			
65	1084170657	吕文卓	82	53	62	97	76	71	441	61	↓4			
66	1084170653	王晟煜	79	49	64	99	87	44	422	62	↓9			
67	1084170663	满朝升	78	45	47	107	76	104	457	65	↓2			
68	1084170664	侯禹志	75	23	34	105	95	82	414	67	↓3			
69	1084170665	尹鸿涛	66	23	34	101	59	108	391	68	↓3			
70														
71	语文	语文	数学	数学	英语	英语	物理	物理	化学	化学	生物	生物	总分	总分
72	>=120	<=150	>=120	<=150	>=120	<=150	>=120	<=150	>=120	<=150	>=120	<=150		
73													>=750	<=900

图 5-54　输入筛选条件组

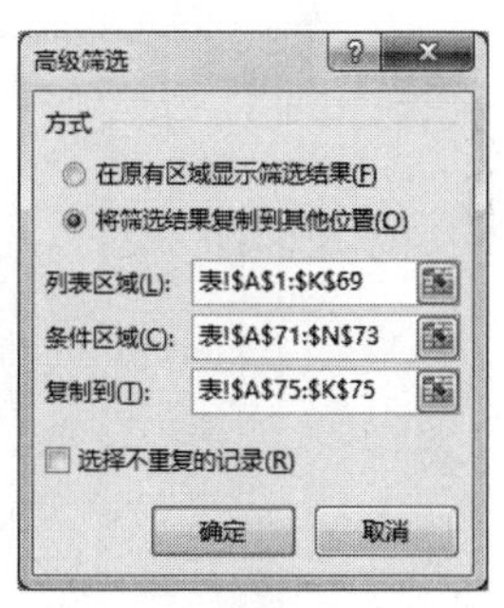

图 5-55 “高级筛选”对话框

步骤02 单击“数据”选项卡“排序和筛选”选项组中的“高级”按钮，打开“高级筛选”对话框，如图 5-55 所示。

步骤03 单击“列表区域”文本框右侧的按钮，选择要筛选的数据区域；单击“条件区域”文本框右侧的按钮，选择筛选条件区域；如果选中“将筛选结果复制到其他位置”单选按钮，则“复制到”文本框可用。此时，单击“复制到”文本框右侧的按钮，选择筛选结果的显示位置。对于本例，选择 A1:K69 为筛选的数据区域；A71:N73 为筛选的条件区域；A75:K75 为显示筛选结果的首行。

步骤04 单击“确定”按钮，完成筛选，结果如图 5-56 所示。

	A	B	C	D	E	F	G	H	I	J	K
75	考号	姓名	语文	数学	英语	物理	化学	生物	总分	班名次	升降幅度
76	1084170605	杨　璐	131	143	144	124	108	144	794	1	↑4
77	1084170603	王　雪	131	135	144	124	128	122	784	2	↑1
78	1084170609	韩林霖	127	139	142	121	123	128	780	3	↑6
79	1084170601	沙龙逸	123	148	136	116	131	122	776	4	↓3
80	1084170606	李鉴学	126	135	140	114	124	122	761	5	↑1
81	1084170604	韩雨萌	129	133	138	116	123	119	758	6	↓2
82	1084170602	刘　帅	116	143	140	116	122	118	755	7	↓5
83	1084170616	康惠雯	114	142	139	118	126	111	750	8	↑8
84	1084170625	武传禹	119	129	130	126	135	140	779	18	↑7
85	1084170619	任雪桐	124	108	144	129	133	138	776	19	→
86	1084170614	刘　媚	124	128	122	116	143	140	773	20	↓6
87	1084170613	王柏坤	121	123	128	114	142	139	767	21	↓8
88	1084170668	赵永刚	116	131	122	115	139	135	758	22	↓4
89	1084170618	张智凯	110	117	119	127	139	142	754	32	↓14
90	1084170643	张晓爽	113	113	119	123	148	136	752	33	↑10

图 5-56　高级筛选结果

如果要清除某列的筛选条件，可在已经设置自动筛选条件的列标题旁的筛选箭头上单击，在弹出的下拉列表中选择“从‘××’中清除筛选”命令即可；如果要清除所有筛选条件，则单击“数据”选项卡“排序和筛选”选项组中的“清除”按钮即可。

5.4.3 分类汇总与分级显示

分类汇总是 Excel 中常用的基本功能，用来分析和处理数据，它将数据按照类别进行汇总，包括求和、均值、极值等相关的数据运算，操作起来十分简洁明了。用户可向数据区域直接插入汇总数据行，并按照分组明细分级显示数据，使用户方便查看数据明细和汇总。

1. 分类汇总

分类汇总是建立在对数据已经排好序的基础上的。Excel 能够对选定的数据列进行汇总，并将汇总结果插入对应列的顶端或末端。在学生成绩表中增加一列“是否为三好学生”，如图 5-57 所示。

考号	姓名	语文	数学	英语	物理	化学	生物	总分	班名次	升降幅度	是否为三好学生
1084170605	杨 璐	131	143	144	124	108	144	794	1	↑4	是
1084170603	王 雪	131	135	144	124	128	122	784	2	↑1	是
1084170609	韩林霖	127	139	142	121	123	128	780	3	↑6	是
1084170601	沙龙逸	123	148	136	116	131	122	776	4	↓3	是
1084170606	李鉴学	126	135	140	114	124	122	761	5	↑1	是
1084170604	韩雨萌	129	133	138	116	123	119	758	6	↓2	是
1084170602	刘 帅	116	143	140	116	122	118	755	7	↓5	是
1084170616	康惠雯	114	142	139	118	126	111	750	8	↑8	否
1084170607	刘钰婷	115	139	135	112	109	130	740	9	↓2	否
1084170611	林世博	116	142	129	109	116	125	737	10	↑1	否
1084170621	张 希	123	130	134	114	117	118	736	11	↑10	否
1084170608	徐 冲	122	124	139	110	102	136	733	12	↓4	否
1084170612	苑宇飞	118	136	131	114	113	120	732	13	↓1	否
1084170623	卢一凡	121	123	139	110	117	119	729	14	↑9	否
1084170610	张瑞鑫	126	115	139	113	113	119	725	15	↓5	否
1084170633	范作鑫	121	127	131	117	121	106	723	16	↑16	否
1084170620	裴子翔	111	139	128	112	105	126	721	17	↑3	否
1084170625	武传禹	119	129	130	126	135	140	779	18	↑7	否
1084170619	任雪桐	124	108	144	129	133	138	776	19	→	否
1084170614	刘 婵	124	128	122	116	143	140	773	20	↓6	否
1084170613	王柏坤	121	123	128	114	142	139	767	21	↓8	否

图 5-57 增加“是否为三好学生”列

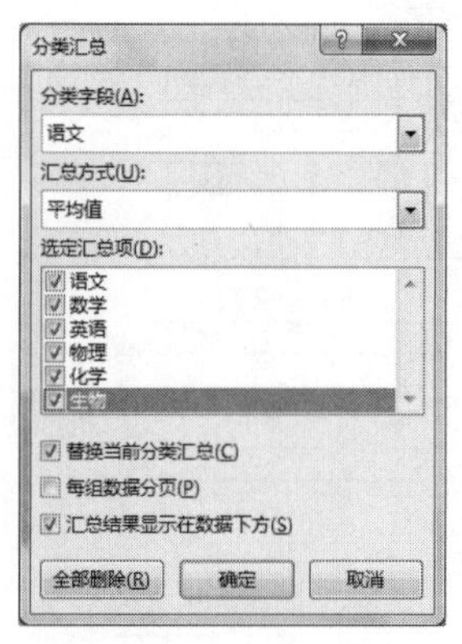

图 5-58 “分类汇总”对话框

以“是否为三好学生”进行分类，计算每门课的平均成绩和总平均成绩，实现分类汇总的具体操作步骤如下。

步骤01 单击“数据”选项卡“分级显示”选项组中的“分类汇总”按钮，打开“分类汇总”对话框，如图 5-58 所示。

步骤02 在该对话框的“分类字段”下拉列表中选择“是否为三好学生”命令，在“汇总方式”下拉列表中选择“平均值”命令，在“选定汇总项”列表框中选中“语文”“数学”“英语”“物理”“化学”“生物”“总分”复选框，其余选项保留默认设置。

步骤03 单击“确定”按钮，完成分类汇总，结果如图 5-59 所示。

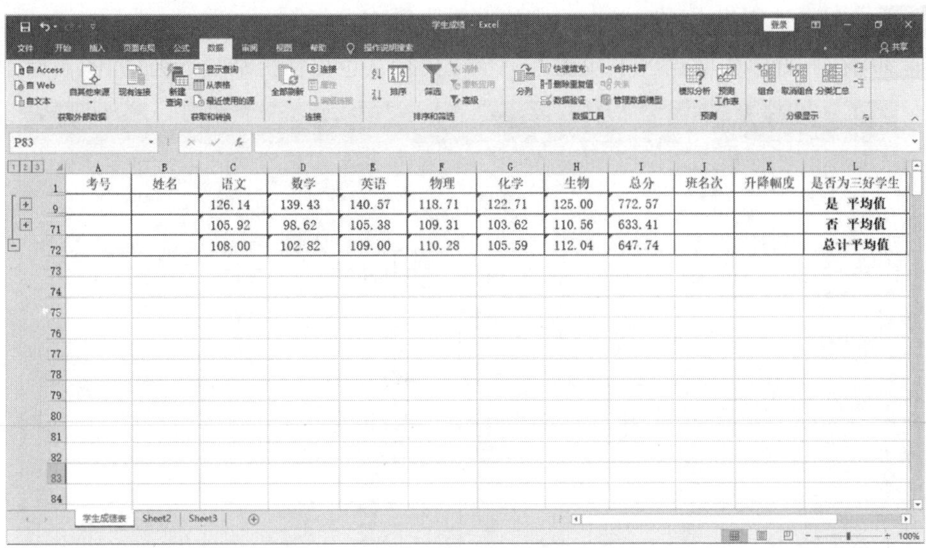

考号	姓名	语文	数学	英语	物理	化学	生物	总分	班名次	升降幅度	是否为三好学生
		126.14	139.43	140.57	118.71	122.71	125.00	772.57			是 平均值
		105.92	98.62	105.38	109.31	103.62	110.56	633.41			否 平均值
		108.00	102.82	109.00	110.28	105.59	112.04	647.74			总计平均值

图 5-59　分类汇总结果

2. 分级显示

分类汇总结果能够配合原有数据实现分级显示。对表格数据进行分类汇总后，工作表左侧会增加分级显示标签，如图 5-60 所示，分级显示标签的数字越大，它的数据级别就越小。当单击某一分级显示标签时，比它级别低的数据将全部被隐藏起来，而比它级别高的数据将被正常显示。单击⊞或⊟按钮，可以隐藏或显示下级数据。

分级显示标签

考号	姓名	语文	数学	英语	物理	化学	生物	总分	班名次	升降幅度	是否为三好学生
1084170605	杨　璐	131	143	144	124	108	144	794	1	↑4	是
1084170603	王　雪	131	135	144	124	128	122	784	2	↑1	是
1084170609	韩林霖	127	139	142	121	123	128	780	3	↑6	是
1084170601	沙龙逸	123	148	136	116	131	122	776	4	↓3	是
1084170606	李鉴学	126	135	140	114	124	122	761	5	↑1	是
1084170604	韩雨萌	129	133	138	116	123	119	758	6	↓2	是
1084170602	刘　帅	116	143	140	116	122	118	755	7	↓5	是
		126.14	139.43	140.57	118.71	122.71	125.00	772.57			是 平均值
		105.92	98.62	105.38	109.31	103.62	110.56	633.41			否 平均值
		108.00	102.82	109.00	110.28	105.59	112.04	647.74			总计平均值

图 5-60　数据的分级显示

根据需要，用户可自定义创建分级显示，分为自定义按行创建和自定义按列创建两种。

（1）自定义按行创建

以统计学生成绩表中三好学生的各科成绩平均值和总平均值为例，自定义按行创建分级显示的具体操作步骤如下。

步骤01 依据“是否为三好学生”对数据进行排序。

步骤02 在三好学生数据区下端插入一个空白行（也可在上端插入），如图 5-61 所示。

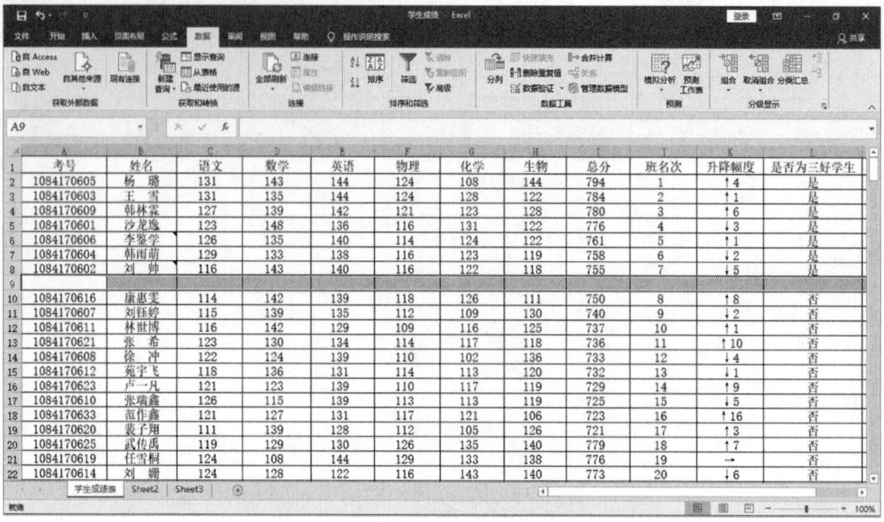

图 5-61 在指定组数据区域下端插入空白行

步骤03 选中三好学生的“语文”“数学”“英语”“物理”“化学”“生物”“总分”成绩数据区域，单击“公式”选项卡“函数库”选项组中的“自动求和”下拉按钮，在弹出的下拉列表中选择“平均值”命令，选中后，成绩平均值将显示在空白行区域。结果如图 5-62 所示。

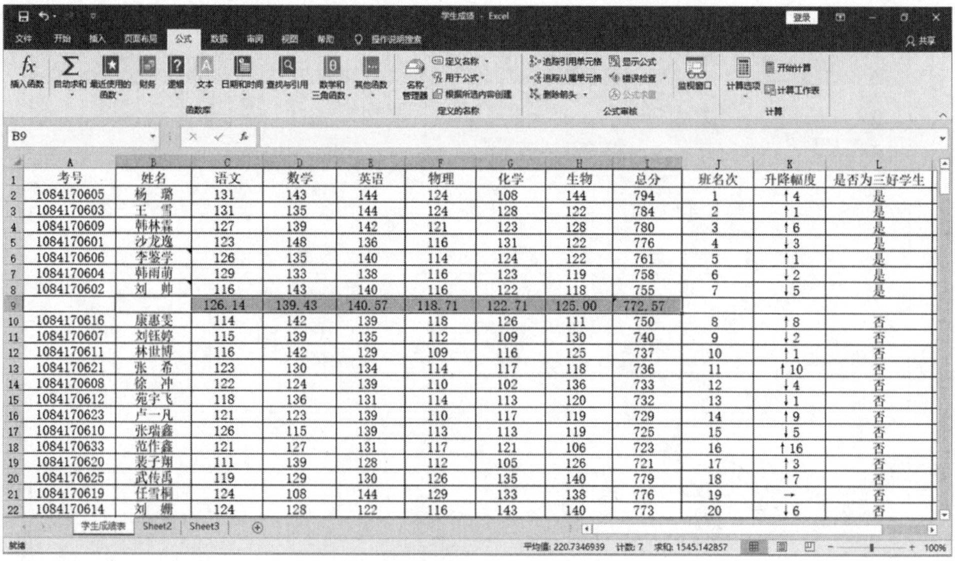

图 5-62 设置三好学生的成绩平均值

步骤04 选中三好学生成绩数据区域，其中不包括列名和平均成绩，再单击“数据”选项卡“分级显示”选项组中的“组合”下拉按钮，在弹出的下拉列表中选择“组合”命令，打开“组合”对话框，选中“行”单选按钮。

步骤05 单击“确定”按钮，完成创建。结果如图 5-63 所示。

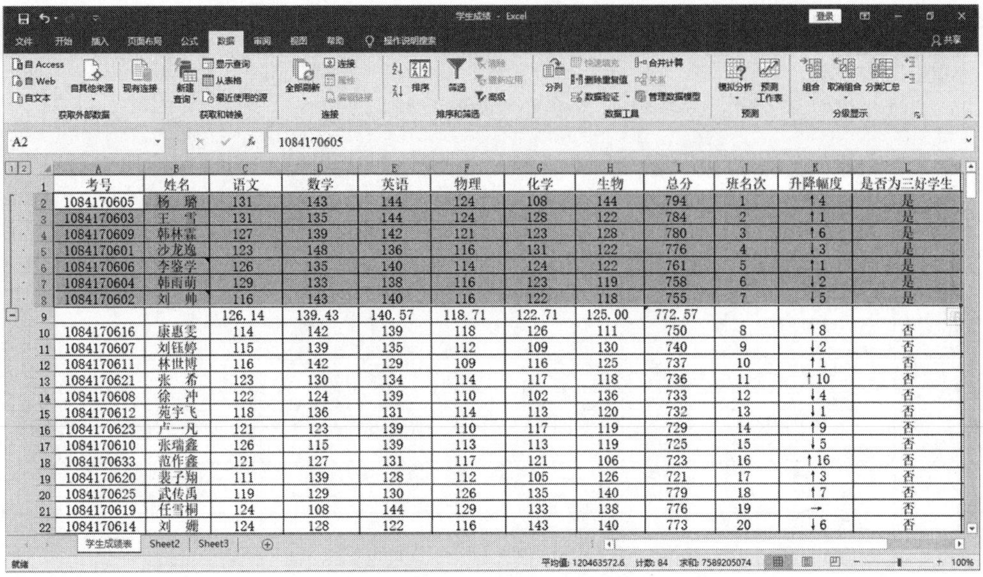

图 5-63　自定义按行分级显示

（2）自定义按列创建

以统计学生成绩表中每个学生的单科平均成绩为例，自定义创建按列分级显示的具体操作步骤如下。

步骤01 在“总分”列左侧插入一个空白列，并命名为“单科平均分”，如图 5-64 所示。

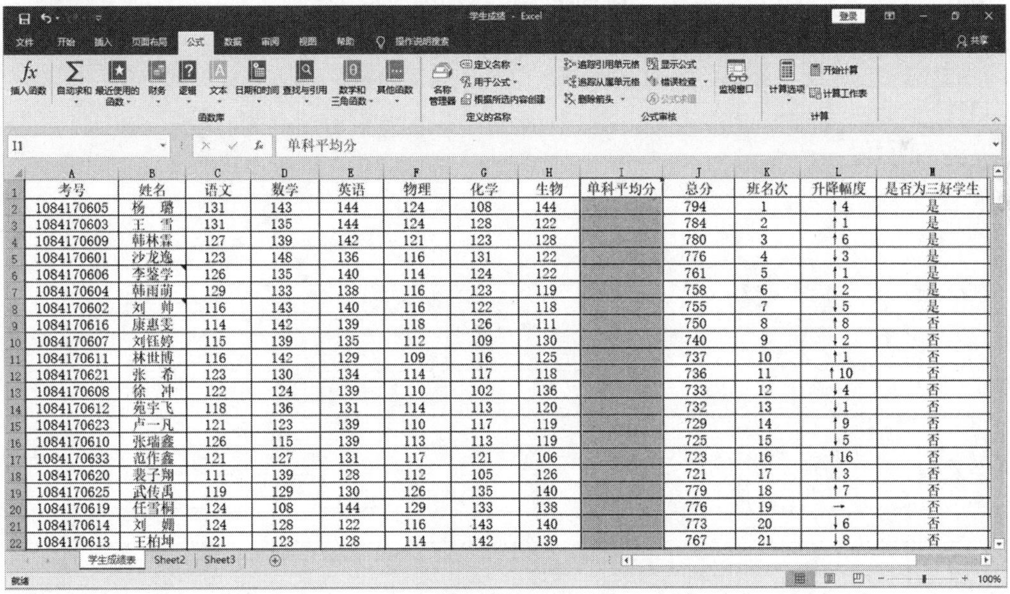

图 5-64　在指定组数据列左侧插入空白列

步骤02 选中 I1 单元格，并输入公式“=AVERAGE(C2:H2)”，再按 Enter 键，得到“杨璐”同学的单科平均分，然后向下拖动 I1 单元格的填充柄至最后一个学生的成绩记录，得到所有学生的单科平均分，如图 5-65 所示。

I2 =AVERAGE(C2:H2)

	A	B	C	D	E	F	G	H	I	J	K	L	M
1	考号	姓名	语文	数学	英语	物理	化学	生物	单科平均分	总分	班名次	升降幅度	是否为三好学生
2	1084170605	杨 璐	131	143	144	124	108	144	132	794	1	↑4	是
3	1084170603	王 雪	131	135	144	124	128	122	131	784	2	↑1	是
4	1084170609	韩林霖	127	139	142	121	123	128	130	780	3	↑6	是
5	1084170601	沙龙逸	123	148	136	116	131	122	129	776	4	↓3	是
6	1084170606	李鉴学	126	135	140	114	124	122	127	761	5	↑1	是
7	1084170604	韩雨萌	129	133	138	116	123	119	126	758	6	↓2	是
8	1084170602	刘 帅	116	143	140	116	122	118	126	755	7	↓5	是
9	1084170616	康惠雯	114	142	139	118	126	111	125	750	8	↑8	否
10	1084170607	刘钰婷	115	139	135	112	109	130	123	740	9	↓2	否
11	1084170611	林世博	116	142	129	109	116	125	123	737	10	↑1	否
12	1084170621	张 希	123	130	134	114	117	118	123	736	11	↑10	否
13	1084170608	徐 冲	122	124	139	110	102	136	122	733	12	↓4	否
14	1084170612	苑宇飞	118	136	131	114	113	120	122	732	13	↓1	否
15	1084170623	卢一凡	121	123	139	110	117	119	122	729	14	↑9	否
16	1084170610	张瑞鑫	126	115	139	113	113	119	121	725	15	↓5	否
17	1084170633	范作鑫	121	127	131	117	121	106	121	723	16	↑16	否
18	1084170620	裴子翔	111	139	128	112	105	126	120	721	17	↑3	否
19	1084170625	武传禹	119	129	130	126	135	140	130	779	18	↑7	否
20	1084170619	任雪桐	124	108	144	129	133	138	129	776	19	→	否
21	1084170614	刘 姗	124	128	122	116	143	140	129	773	20	↓6	否
22	1084170613	王柏坤	121	123	128	114	142	139	128	767	21	↓8	否

学生成绩表 Sheet2 Sheet3

平均值: 108 计数: 68 求和: 7341

图 5-65 计算学生的单科平均分

步骤03 选中所有学生的“语文”“数学”“英语”“物理”“化学”“生物”成绩的数据区域，其中不包括列名，再单击“数据”选项卡“分级显示”选项组中的“组合”下拉按钮，在弹出的下拉列表中选择“组合”命令，打开“组合”对话框，选中“列”单选按钮。

步骤04 单击“确定”按钮，完成创建。结果如图 5-66 所示。

C1 语文

	A	B	C	D	E	F	G	H	I	J	K	L	M
1	考号	姓名	语文	数学	英语	物理	化学	生物	单科平均分	总分	班名次	升降幅度	是否为三好学生
2	1084170605	杨 璐	131	143	144	124	108	144	132	794	1	↑4	是
3	1084170603	王 雪	131	135	144	124	128	122	131	784	2	↑1	是
4	1084170609	韩林霖	127	139	142	121	123	128	130	780	3	↑6	是
5	1084170601	沙龙逸	123	148	136	116	131	122	129	776	4	↓3	是
6	1084170606	李鉴学	126	135	140	114	124	122	127	761	5	↑1	是
7	1084170604	韩雨萌	129	133	138	116	123	119	126	758	6	↓2	是
8	1084170602	刘 帅	116	143	140	116	122	118	126	755	7	↓5	是
9	1084170616	康惠雯	114	142	139	118	126	111	125	750	8	↑8	否
10	1084170607	刘钰婷	115	139	135	112	109	130	123	740	9	↓2	否
11	1084170611	林世博	116	142	129	109	116	125	123	737	10	↑1	否
12	1084170621	张 希	123	130	134	114	117	118	123	736	11	↑10	否
13	1084170608	徐 冲	122	124	139	110	102	136	122	733	12	↓4	否
14	1084170612	苑宇飞	118	136	131	114	113	120	122	732	13	↓1	否
15	1084170623	卢一凡	121	123	139	110	117	119	122	729	14	↑9	否
16	1084170610	张瑞鑫	126	115	139	113	113	119	121	725	15	↓5	否
17	1084170633	范作鑫	121	127	131	117	121	106	121	723	16	↑16	否
18	1084170620	裴子翔	111	139	128	112	105	126	120	721	17	↑3	否
19	1084170625	武传禹	119	129	130	126	135	140	130	779	18	↑7	否
20	1084170619	任雪桐	124	108	144	129	133	138	129	776	19	→	否

学生成绩表 Sheet2 Sheet3

平均值: 107.9558824 计数: 414 求和: 44046

图 5-66 自定义按列分级显示

根据需要，分级显示可自定义创建多个级别，按行自定义创建和按列自定义创建可以在工作表中并存。如果要删除分级显示，可单击“数据”选项卡“分级显示”选项组中的“取消组合”下拉按钮，在弹出的下拉列表中，若选择“清除分级显示”命令，则在当前工作表中删除创建的所有分级显示。若选择“取消组合”命令，则打开“取消组合”对话框，在该对话框中，若选中“行”单选按钮，再单击“确定”按钮，则删除最近一次自定义按行创建的分级显示；若选中“列”单选按钮，再单击“确定”按钮，则删除最近一次自定义按列创建的分级显示。分级显示被删除后，如果发现存在被隐藏的行或列，则单击“开始”选项卡“单元格”选项组中的“格式”下拉按钮，在弹出的下拉列表中选择“隐藏和取消隐藏”→“取消隐藏行”或“取消隐藏列”命令来恢复对隐藏行或隐藏列的显示。

例5-4

“职工工资”工作簿中包含一个职工工资表，如图 5-67 所示。现对职工工资表数据按“车间”进行分类汇总，并按“车间”计算出“基本工资”“绩效工资”“补贴”“加班费”“奖金”“社保福利”“应发工资”“个人所得税”“实发工资”等各项平均值，将结果保存在新的工作表中，命名为“职工工资分类汇总”；并创建“二维簇状柱形”独立图表，命名为“各项平均”，用于分析比较。

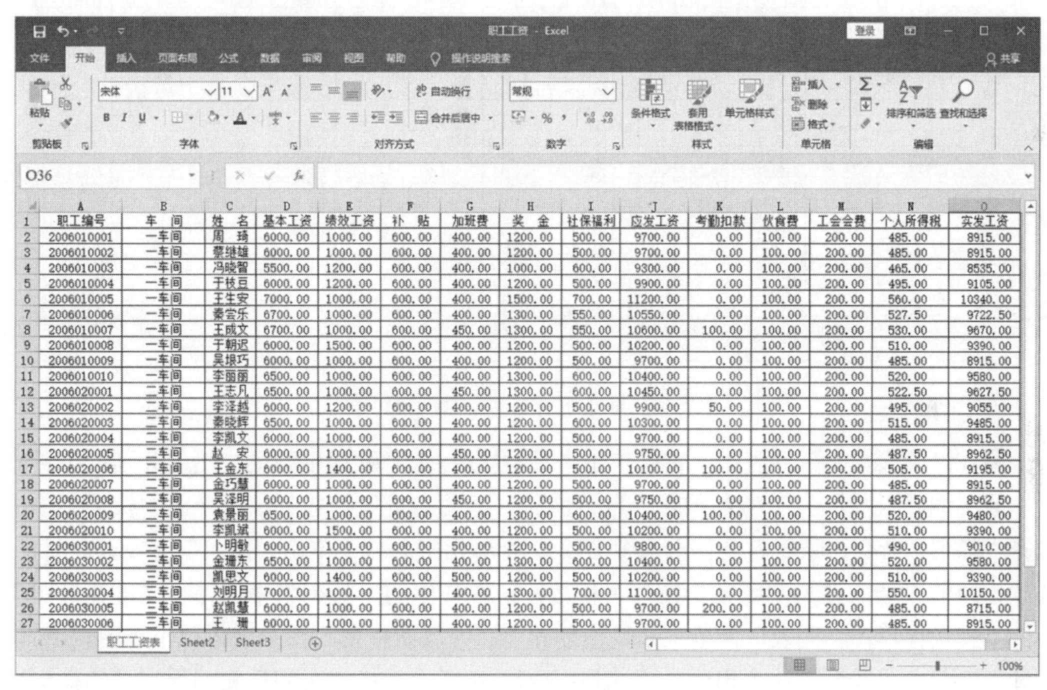

职工编号	车间	姓名	基本工资	绩效工资	补贴	加班费	奖金	社保福利	应发工资	考勤扣款	伙食费	工会会费	个人所得税	实发工资
2006010001	一车间	周 琦	6000.00	1000.00	600.00	400.00	1200.00	500.00	9700.00	0.00	100.00	200.00	485.00	8915.00
2006010002	一车间	蔡继雄	6000.00	1000.00	600.00	400.00	1200.00	500.00	9700.00	0.00	100.00	200.00	485.00	8915.00
2006010003	一车间	冯晓智	5500.00	1200.00	600.00	400.00	1000.00	600.00	9300.00	0.00	100.00	200.00	465.00	8535.00
2006010004	一车间	于枝豆	6000.00	1200.00	600.00	400.00	1200.00	500.00	9900.00	0.00	100.00	200.00	495.00	9105.00
2006010005	一车间	王生安	7000.00	1000.00	600.00	400.00	1500.00	700.00	11200.00	0.00	100.00	200.00	560.00	10340.00
2006010006	一车间	秦尝乐	6700.00	1000.00	600.00	400.00	1300.00	550.00	10550.00	0.00	100.00	200.00	527.50	9722.50
2006010007	一车间	王成文	6700.00	1000.00	600.00	450.00	1300.00	550.00	10600.00	100.00	100.00	200.00	530.00	9670.00
2006010008	一车间	于朝迟	6000.00	1500.00	600.00	400.00	1200.00	500.00	10200.00	0.00	100.00	200.00	510.00	9390.00
2006010009	一车间	吴垠巧	6000.00	1000.00	600.00	400.00	1200.00	500.00	9700.00	0.00	100.00	200.00	485.00	8915.00
2006010010	一车间	李丽丽	6500.00	1000.00	600.00	400.00	1300.00	600.00	10400.00	0.00	100.00	200.00	520.00	9580.00
2006020001	二车间	王志凡	6500.00	1000.00	600.00	450.00	1300.00	600.00	10450.00	0.00	100.00	200.00	522.50	9627.50
2006020002	二车间	李泽越	6000.00	1200.00	600.00	400.00	1200.00	500.00	9900.00	50.00	100.00	200.00	495.00	9055.00
2006020003	二车间	秦晓辉	6500.00	1000.00	600.00	400.00	1200.00	600.00	10300.00	0.00	100.00	200.00	515.00	9485.00
2006020004	二车间	李凯文	6000.00	1000.00	600.00	400.00	1200.00	500.00	9700.00	0.00	100.00	200.00	485.00	8915.00
2006020005	二车间	赵 安	6000.00	1000.00	600.00	450.00	1200.00	500.00	9750.00	0.00	100.00	200.00	487.50	8962.50
2006020006	二车间	王金东	6000.00	1400.00	600.00	400.00	1200.00	500.00	10100.00	100.00	100.00	200.00	505.00	9195.00
2006020007	二车间	金巧慧	6000.00	1000.00	600.00	400.00	1200.00	500.00	9700.00	0.00	100.00	200.00	485.00	8915.00
2006020008	二车间	吴泽明	6000.00	1000.00	600.00	450.00	1200.00	500.00	9750.00	0.00	100.00	200.00	487.50	8962.50
2006020009	二车间	袁景丽	6500.00	1000.00	600.00	400.00	1300.00	600.00	10400.00	100.00	100.00	200.00	520.00	9480.00
2006020010	二车间	李凯斌	6000.00	1500.00	600.00	400.00	1200.00	500.00	10200.00	0.00	100.00	200.00	510.00	9390.00
2006030001	三车间	卜明敏	6000.00	1000.00	600.00	500.00	1200.00	500.00	9800.00	0.00	100.00	200.00	490.00	9010.00
2006030002	三车间	金珊东	6500.00	1000.00	600.00	400.00	1300.00	600.00	10400.00	0.00	100.00	200.00	520.00	9580.00
2006030003	三车间	凯思文	6000.00	1400.00	600.00	500.00	1200.00	500.00	10200.00	0.00	100.00	200.00	510.00	9390.00
2006030004	三车间	刘明月	7000.00	1000.00	600.00	400.00	1300.00	700.00	11000.00	0.00	100.00	200.00	550.00	10150.00
2006030005	三车间	赵凯慧	6000.00	1000.00	600.00	400.00	1200.00	500.00	9700.00	200.00	100.00	200.00	485.00	8715.00
2006030006	三车间	王 珊	6000.00	1000.00	600.00	400.00	1200.00	500.00	9700.00	0.00	100.00	200.00	485.00	8915.00

图 5-67　职工工资表

操作实现

01 右击“职工工资表”工作表标签，在弹出的快捷菜单中选择“移动或复制”命令，打开“移动或复制工作表”对话框。

02 在该对话框的“下列选定工作表之前”列表框中选择“Sheet2”工作表，并选中“建立副本”复选框，表明复制职工工资表，并将复制的结果放于“Sheet2”工作表之前。此后，单击“确定”按钮，即可进行复制。

03 选择复制后的新工作表，单击“数据”选项卡“分级显示”选项组中的“分类汇总”按钮，打开“分类汇总”对话框。

04在该对话框中的“分类字段”和“汇总方式”下拉列表中分别选择“车间”和“平均值”命令，在“选定汇总项”列表框中选中“基本工资”“绩效工资”“补贴”“加班费”“奖金”“社保福利”“应发工资”“个人所得税”“实发工资”等复选框，单击“确定”按钮，完成分类汇总。

05右击新工作表标签，在弹出的快捷菜单中选择“重命名”命令，将新工作表重命名为“职工工资分类汇总”，如图 5-68 所示。

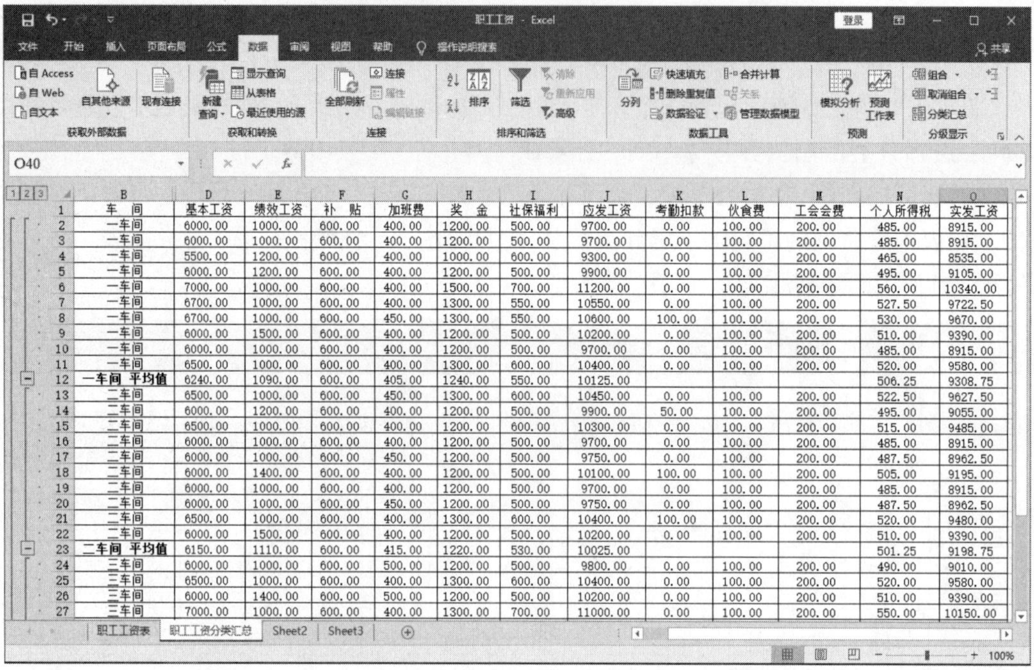

	B	D	E	F	G	H	I	J	K	L	M	N	O
1	车　间	基本工资	绩效工资	补　贴	加班费	奖　金	社保福利	应发工资	考勤扣款	伙食费	工会会费	个人所得税	实发工资
2	一车间	6000.00	1000.00	600.00	400.00	1200.00	500.00	9700.00	0.00	100.00	200.00	485.00	8915.00
3	一车间	6000.00	1000.00	600.00	400.00	1200.00	500.00	9700.00	0.00	100.00	200.00	485.00	8915.00
4	一车间	5500.00	1200.00	600.00	400.00	1000.00	600.00	9300.00	0.00	100.00	200.00	465.00	8535.00
5	一车间	6000.00	1200.00	600.00	400.00	1200.00	500.00	9900.00	0.00	100.00	200.00	495.00	9105.00
6	一车间	7000.00	1000.00	600.00	400.00	1500.00	700.00	11200.00	0.00	100.00	200.00	560.00	10340.00
7	一车间	6700.00	1000.00	600.00	400.00	1300.00	550.00	10550.00	0.00	100.00	200.00	527.50	9722.50
8	一车间	6700.00	1000.00	600.00	450.00	1300.00	550.00	10600.00	100.00	100.00	200.00	530.00	9670.00
9	一车间	6000.00	1500.00	600.00	400.00	1200.00	500.00	10200.00	0.00	100.00	200.00	510.00	9390.00
10	一车间	6000.00	1000.00	600.00	400.00	1200.00	500.00	9700.00	0.00	100.00	200.00	485.00	8915.00
11	一车间	6500.00	1000.00	600.00	400.00	1300.00	600.00	10400.00	0.00	100.00	200.00	520.00	9580.00
12	**一车间 平均值**	6240.00	1090.00	600.00	405.00	1240.00	550.00	10125.00				506.25	9308.75
13	二车间	6500.00	1000.00	600.00	450.00	1300.00	600.00	10450.00	0.00	100.00	200.00	522.50	9627.50
14	二车间	6000.00	1200.00	600.00	400.00	1200.00	500.00	9900.00	50.00	100.00	200.00	495.00	9055.00
15	二车间	6500.00	1000.00	600.00	400.00	1200.00	600.00	10300.00	0.00	100.00	200.00	515.00	9485.00
16	二车间	6000.00	1000.00	600.00	400.00	1200.00	500.00	9700.00	0.00	100.00	200.00	485.00	8915.00
17	二车间	6000.00	1000.00	600.00	450.00	1200.00	500.00	9750.00	0.00	100.00	200.00	487.50	8962.50
18	二车间	6000.00	1400.00	600.00	400.00	1200.00	500.00	10100.00	100.00	100.00	200.00	505.00	9195.00
19	二车间	6000.00	1000.00	600.00	400.00	1200.00	500.00	9700.00	0.00	100.00	200.00	485.00	8915.00
20	二车间	6000.00	1000.00	600.00	450.00	1200.00	500.00	9750.00	0.00	100.00	200.00	487.50	8962.50
21	二车间	6500.00	1000.00	600.00	400.00	1300.00	600.00	10400.00	100.00	100.00	200.00	520.00	9480.00
22	二车间	6000.00	1500.00	600.00	400.00	1200.00	500.00	10200.00	0.00	100.00	200.00	510.00	9390.00
23	**二车间 平均值**	6150.00	1110.00	600.00	415.00	1220.00	530.00	10025.00				501.25	9198.75
24	三车间	6000.00	1000.00	600.00	500.00	1200.00	500.00	9800.00	0.00	100.00	200.00	490.00	9010.00
25	三车间	6500.00	1000.00	600.00	400.00	1300.00	600.00	10400.00	0.00	100.00	200.00	520.00	9580.00
26	三车间	6000.00	1400.00	600.00	500.00	1200.00	500.00	10200.00	0.00	100.00	200.00	510.00	9390.00
27	三车间	7000.00	1000.00	600.00	400.00	1300.00	700.00	11000.00	0.00	100.00	200.00	550.00	10150.00

图 5-68　职工工资表的分类汇总结果

06在“分级显示”列表中，首先单击“2”号标签来隐藏详细数据；然后分别选中并右击“职工编号”“姓名”“考勤扣款”“伙食费”“工会会费”等各列，在弹出的快捷菜单中选择“隐藏”命令，隐藏各列；再选中 B12:O34 单元格区域，单击“插入”选项卡“图表”选项组中的“插入柱形图或条形图”下拉按钮，在弹出的下拉列表中选择“二维柱形图”中的“簇状柱形图”图表，为各项平均值创建“二维簇状柱形”图表，再单击“图表工具-设计”选项卡“数据”选项组中的“切换行/列”按钮，切换“车间”和其他列名的横坐标标签。

07单击“图表工具-设计”选项卡“位置”选项组中的“移动图表”按钮，打开“移动图表”对话框。

08在该对话框中的“选择放置图表的位置”选项组中，选中“新工作表”单选按钮，并在对应的文本框中输入“各项平均”，作为新工作表中的独立图表名称。其中，若选中“对象位于”单选按钮，则用于把创建的图表放置在已有的指定工作表中。

09单击“确定”按钮，完成独立图表的创建，结果如图 5-69 所示。

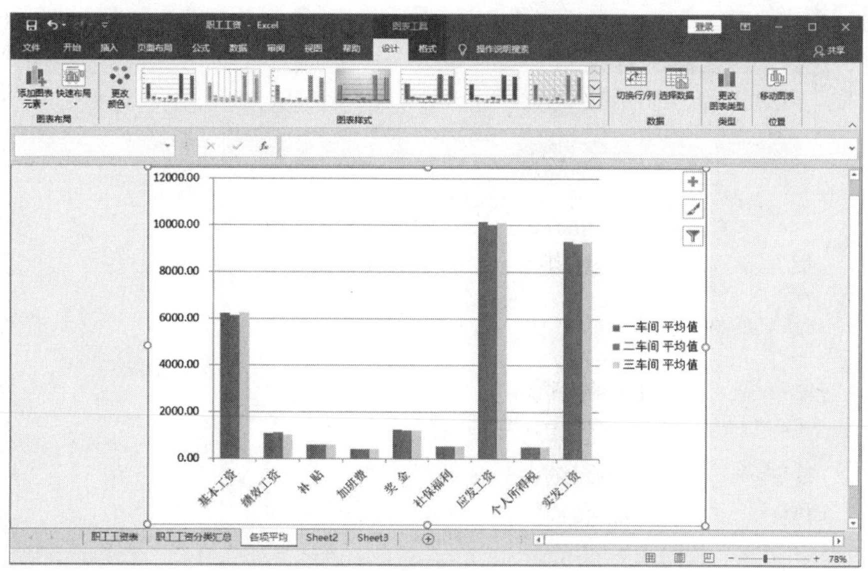

图 5-69　各项平均的“二维簇状柱形”独立图表

5.5 数据透视表和透视图

Excel 数据透视表是一种对大量数据进行快速汇总和建立交叉表的交互式表格，使用数据透视表可以方便地排列和汇总各种复杂数据，深入分析数值数据。数据透视表不仅易于创建，而且功能强大。数据透视图是数据透视表的一个更深层次的应用。与图表相似，数据透视图以图形的方式表示数据，更为直观和形象。

1. 创建数据透视表

使用数据透视表可以查询海量数据，分类汇总数值数据，创建自定义计算公式，展开或折叠要关注结果的数据级别，查看指定区域或摘要数据明细，通过将行移动到列或将列移动到行的方式查看源数据的不同汇总，对最有用和最关注的数据子集进行筛选、排序、分组和有条件地设置格式。下面以如图 5-70 所示的员工医疗费用统计表中各部门每项医疗报销的总费用为例，创建数据透视表的具体操作步骤如下。

员工医疗费用统计表

日期	员工编号	员工姓名	性别	工资情况（元）	所属部门	医疗报销种类	医疗费用（元）	企业报销金额（元）
2020-04-01	20201801	王　娜	女	1300	行政部	药品费	300	240
2020-04-01	20201802	黄　军	男	1200	销售部	住院费	550	440
2020-04-01	20201803	李　原	男	2000	销售部	手术费	1600	1280
2020-04-01	20201804	张　静	女	1600	策划部	理疗费	180	144
2020-04-01	20201805	刘江海	男	1800	策划部	注射费	100	80
2020-04-01	20201806	吴树民	男	1800	研发部	针灸费	300	240
2020-04-01	20201807	张建业	男	1500	广告部	输血费	1400	1120
2020-04-01	20201808	闻传华	女	1000	办公室	接生费	300	240
2020-04-01	20201809	赵　亮	男	1600	策划部	接生费	70	56
2020-04-01	20201810	李惠惠	女	1000	广告部	住院费	400	320
2020-04-01	20201811	苏　爽	男	1700	人资部	X光透射费	150	120
2020-04-01	20201812	郑小叶	女	1400	人资部	住院煎药费	30	24
2020-04-01	20201813	曾　冉	女	1500	广告部	药品费	200	160
2020-04-01	20201814	李雪梅	女	1500	广告部	药品费	400	320

图 5-70　员工医疗费用统计表

步骤01 单击“插入”选项卡“表格”选项组中的“数据透视表”按钮，打开“创建数据透视表”对话框，如图 5-71 所示。

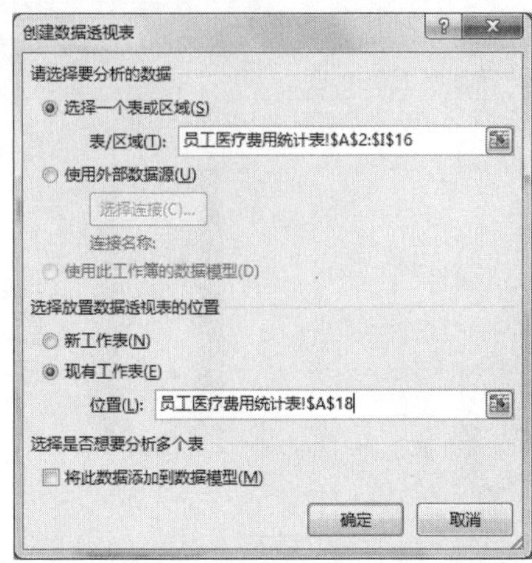

图 5-71 “创建数据透视表”对话框

步骤02 选中“选择一个表或区域”单选按钮，表明要为当前工作表的指定单元格区域创建数据透视表。此时，单击“表/区域”文本框右侧的按钮，选取要创建数据透视表的单元格区域 A2:I16。如果选中“使用外部数据源”单选按钮，则引用其他数据表作为创建透视表的数据源；再选中“现有工作表”单选按钮，表明将要创建的数据透视表显示在当前工作表中。此时，单击“位置”文本框右侧的按钮，选取数据透视表显示区域，本例选取 A18 为开始的单元格区域。如果选中“新工作表”单选按钮，则创建的数据透视表将显示在另一个新的工作表中。

步骤03 单击“确定”按钮，得到的数据透视表框架如图 5-72 所示。

图 5-72 数据透视表框架

步骤04 根据需要，分别拖动“数据透视表字段”窗格中已经指定好的列名到“行”列表框和“列”列表框。对于本例，将“所属部门”拖动到“行”列表框，表明要显示的行标签内容来源于“所属部门”；将“医疗报销种类”拖动到“列”列表框，表明显示的列标签内容来源于“医疗报销种类”。再选中要统计的列，本例选中“企业报销金额（元）”复选框，这将会在“数”列表框中增加相应的下拉按钮，单击增加的下拉按钮，在弹出的下拉列表中选择“值字段设置”命令，打开“值字段设置”对话框，如图 5-73 所示。

图 5-73 “值字段设置”对话框

步骤 05 在该对话框的“自定义名称”文本框中重新输入名称，如“求和”。在“计算类型”列表框中选择不同的数据统计方式，如平均值、最大值、最小值等。最终创建的数据透视表如图 5-74 所示。

	A	B	C	D	E	F	G	H	I	J	K	L
13	2020-04-01	20201811	苏　爽	男	1700	人资部	X光透射费	150	120			
14	2020-04-01	20201812	郑小叶	女	1400	人资部	住院煎药费	30	24			
15	2020-04-01	20201813	曾　冉	女	1500	广告部	药品费	200	160			
16	2020-04-01	20201814	李雪梅	女	1500	广告部	药品费	400	320			
17												
18	求和	列标签										
19	行标签	X光透射费	接生费	理疗费	手术费	输血费	药品费	针灸费	住院费	住院煎药费	注射费	总计
20	办公室		240									240
21	策划部		56	144							80	280
22	广告部					1120	160		320			1600
23	人资部	120								24		144
24	销售部				1280				440			1720
25	行政部						240					240
26	研发部							240				240
27	总计	120	296	144	1280	1120	400	240	760	24	80	4464

图 5-74 最终创建的数据透视表

2. 更新和维护数据透视表

成功创建数据透视表后，如果更改数据源中的数据，则更改也必须反映到数据透视表中，实现数据透视表的更新，才能保证数据透视表的正确统计。更新时，首先选中数据透视表，在功能区弹出“数据透视表工具-分析”选项卡，如图 5-75 所示，再单击“数据”选项组中的“刷新”按钮，即可实现数据透视表的更新。

图 5-75 “数据透视表工具-分析”选项卡

如果在数据区域增加或删除了数据，则应更改数据源，将数据变化同步到数据透视表。单击“数据透视表工具-分析”选项卡“数据”选项组中的“更改数据源”按钮，打开“更改数据透视表数据源”对话框，如图 5-76 所示，更改数据源后，单击“确定”按钮即可。

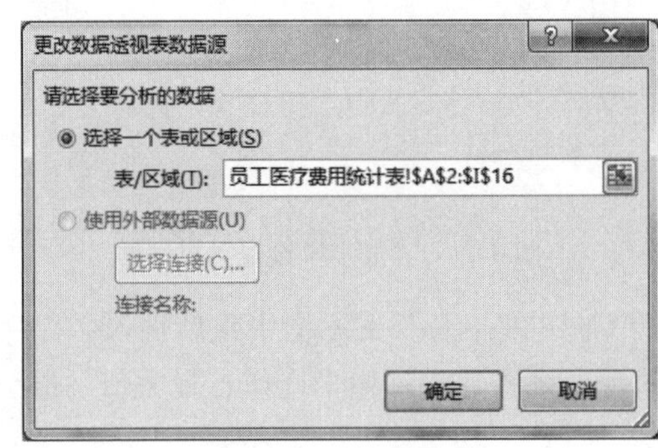

图 5-76 “更改数据透视表数据源”对话框

此外，在“数据透视表工具-分析”选项卡“数据透视表”选项组的“数据透视表名称”文本框中可直接更改数据透视表名称。删除数据透视表的方法是，首先选中数据透视表，然后单击“数据透视表工具-分析”选项卡“操作”选项组中的“选择”下拉按钮，在弹出的下拉列表中选择“整个数据透视表”命令，再按 Delete 键即可删除数据透视表。

3. 创建数据透视图

与图表类似，数据透视图是对数据透视表的图形显示，它建立在数据透视表的基础上，可使数据的分析和统计更为直观。创建数据透视图的具体操作步骤如下。

步骤01 选中要创建数据透视图的数据透视表。例如，选中上面创建的各部门每项医疗报销总费用数据透视表。

步骤02 单击“数据透视表工具-分析”选项卡“工具”选项组中的“数据透视图”按钮，打开“插入图表”对话框。

步骤03 与创建图表的方法相同，选择相应的图表类型，单击“确定”按钮即可完成创建，结果如图 5-77 所示。

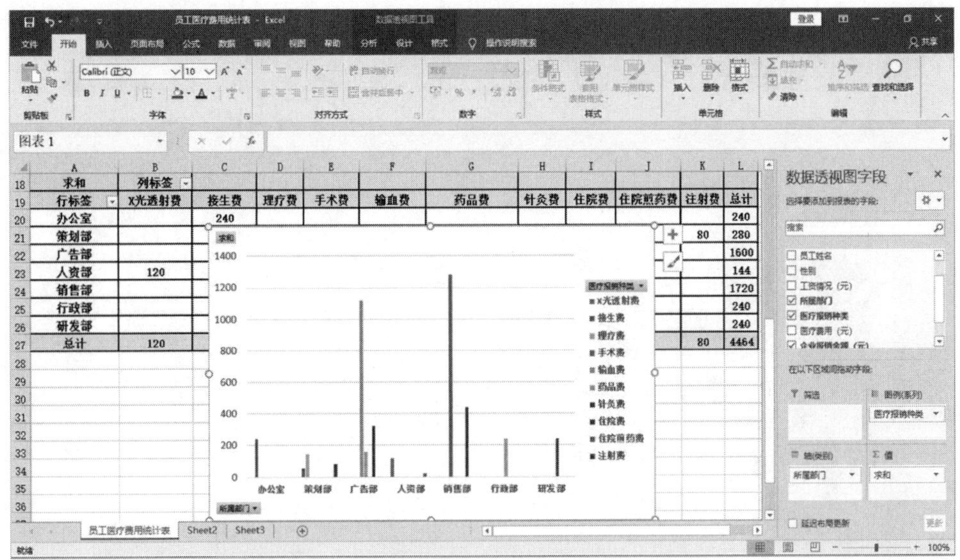

图 5-77　数据透视图

若要删除数据透视图，可先将其选中，再按 Delete 键即可。需要指出的是，删除与数据透视图相关联的数据透视表后，数据透视图将变为普通图表，并从源数据中取值。

5.6 Excel 与其他程序的协同与共享

用户可以使用 Excel 方便地获取来自其他数据源的数据，也可以把在 Excel 中建立和保存的数据提供给其他程序使用，以达到共享数据资源的目的。一个 Excel 数据表格文件也被称为一个工作簿，可以对 Excel 工作簿实现共享，使多个用户协同工作，实现多个用户共同编辑。为了提高效率，还可以使用 Excel 提供的宏定义功能，快速完成重复性的工作。

5.6.1 插入批注

与 Word 的批注类似，为 Excel 工作簿插入批注是指为单元格数据添加解释或说明性文字，便于其他用户理解。为 Excel 工作簿插入批注的具体操作步骤如下。

步骤01 打开工作簿，选中要添加批注的单元格。

步骤02 单击“审阅”选项卡“批注”选项组中的“新建批注”按钮，选中的单元格旁边会弹出批注输入框。

步骤03 在输入框中直接输入批注即可，如图 5-78 所示。

如果单元格右上角有红色的三角形标记，则表明该单元格已有批注。将鼠标指针移到红色的三角形标记上，可显示批注内容，移开鼠标指针后批注被隐藏。若希望固定显示批注，则选中要显示批注的单元格，单击“审阅”选项卡“批注”选项组中的“显示/隐藏批注”按钮来显示该批注。以非编辑方式选中一个固定显示的批注时，单击“显示/隐藏批注”按钮，即可取消该批注的固定显示。若要显示所有批注，则单击“审阅”选项卡“批注”选项组中的“显示所有批注”按钮即可，再次单击此按钮，则隐藏所有批注。若要删除批注，首先选中要删除批注的单元格，然后单击“审阅”选项卡“批注”选项组中的“删除”按钮即可。

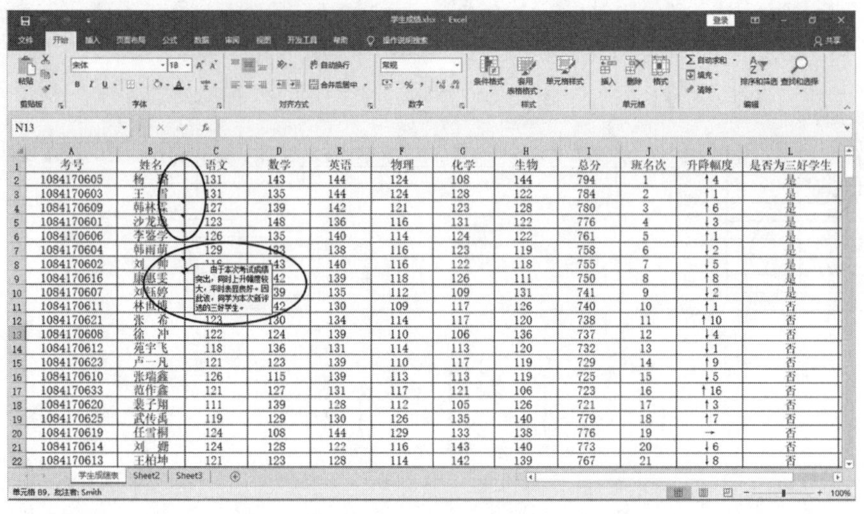

	A	B	C	D	E	F	G	H	I	J	K	L
1	考号	姓名	语文	数学	英语	物理	化学	生物	总分	班名次	升降幅度	是否为三好学生
2	1084170605	杨 [illegible]	131	143	144	124	108	144	794	1	↑4	是
3	1084170603	王 [illegible]	131	135	144	124	128	122	784	2	↑1	是
4	1084170609	韩林[illegible]	127	139	142	121	123	128	780	3	↑6	是
5	1084170601	沙龙[illegible]	123	148	136	116	131	122	776	4	↓3	是
6	1084170606	李鉴学	126	135	140	114	124	122	761	5	↑1	是
7	1084170604	韩雨萌	129	[illegible]	138	116	123	119	758	6	↓2	是
8	1084170602	刘 [illegible]	[illegible]	143	140	116	122	118	755	7	↓5	是
9	1084170616	[illegible]惠雯	[illegible]	[illegible]42	139	118	126	111	750	8	↑8	是
10	1084170607	刘[illegible]婷	[illegible]	[illegible]39	135	112	109	131	741	9	↓2	是
11	1084170611	林[illegible]	[illegible]	[illegible]42	130	109	117	126	740	10	↑1	否
12	1084170621	张 希	123	130	134	114	117	120	738	11	↑10	否
13	1084170608	徐 冲	122	124	139	110	106	136	737	12	↓4	否
14	1084170612	苑宇飞	118	136	131	114	113	120	732	13	↓1	否
15	1084170623	卢一凡	121	123	139	110	117	119	729	14	↑9	否
16	1084170610	张瑞鑫	126	115	139	113	113	119	725	15	↓5	否
17	1084170633	范作鑫	121	127	131	117	121	106	723	16	↑16	否
18	1084170620	裴子翔	111	139	128	112	105	126	721	17	↑3	否
19	1084170625	武传禹	119	129	130	126	135	140	779	18	↑7	否
20	1084170619	任雪桐	124	108	144	129	133	138	776	19	→	否
21	1084170614	刘 姗	124	128	122	116	143	140	773	20	↓6	否
22	1084170613	王柏坤	121	123	128	114	142	139	767	21	↓8	否

图 5-78　添加的批注

5.6.2 获取外部数据

Excel 允许从其他来源获取数据，如导入文本文件、数据库文件包含的数据到 Excel 工作簿，插入链接来登录网站查看数据等。这极大地提高了 Excel 数据的编辑效率，扩展了数据的获取来源。

1. 导入文本文件

用户不仅可以通过输入数据的方法来建立 Excel 工作簿，还可以在 Excel 的编辑环境中通过导入其他格式的外部数据来建立工作簿，如使用 Excel 导入文本文件。

使用 Excel 导入文本文件时，要求文本文件包含的数据必须是以制表符、冒号、分号、空格或其他分隔符分隔。例如，如图 5-79 所示的“学生信息表”文本文件，其各数据项均以逗号“,”分隔。

```
编号, 姓 名, 性别, 出生年月, 政治面貌, 籍贯, 所在公寓, 入学成绩, 平均成绩, 名次, 备注
001, 马依鸣, 男, Aug-81, 党员, 山东省日照市, 17#E103, 628, 125.6, 1,
002, 高 英, 女, Apr-82, 党员, 山东省滨州市, 19#N713, 621, 124.2, 2,
003, 郭建华, 男, Jan-81, 团员, 山西省阳泉市, 17#E103, 619, 123.8, 3,
004, 张厚营, 男, Jun-81, 团员, 河北省唐山市, 17#E103, 618, 123.6, 4,
005, 周广冉, 男, Sep-81, 团员, 山东省荷泽市, 17#E103, 616, 123.2, 5,
006, 张 琳, 男, Mar-82, 党员, 山东省威海市, 17#E103, 611, 122.2, 6,
007, 马 刚, 男, Jan-83, 团员, 甘肃省天水市, 18#E605, 609, 121.8, 7,
008, 田清涛, 男, Sep-80, 团员, 广东省东莞市, 18#E605, 603, 120.6, 8,
009, 白景泉, 男, Jun-82, 团员, 吉林省九台市, 18#E605, 601, 120.2, 9,
010, 张以恒, 男, Dec-82, 团员, 云南省大理市, 18#E605, 600, 120.0, 10,
011, 荆艳霞, 女, Feb-81, 党员, 山东省济宁市, 19#N713, 598, 119.6, 11,
012, 林丽娜, 女, Feb-83, 团员, 山东省烟台市, 19#N713, 597, 119.4, 12,
013, 刘 丽, 女, Feb-82, 团员, 河北省廊坊市, 19#N713, 593, 118.6, 13,
014, 何孝艳, 女, Jun-82, 党员, 浙江省嘉兴市, 19#N713, 589, 117.8, 14,
015, 胡小灵, 女, Jul-83, 党员, 江苏省杭州市, 19#N713, 589, 117.8, 15,
016, 李春铃, 女, Dec-82, 团员, 山东省日照市, 19#N713, 587, 117.4, 16,
017, 郑 妤, 女, Mar-82, 团员, 江西省南昌市, 19#N713, 586, 117.2, 17,
018, 李淑慧, 女, Mar-82, 团员, 吉林省九台市, 19#N713, 584, 116.8, 18,
019, 王继民, 男, Mar-81, 党员, 吉林省通化市, 17#E103, 583, 116.6, 19,
020, 杨丽丽, 女, Dec-82, 团员, 吉林省榆树市, 19#E713, 581, 116.2, 20,
021, 杨佳惠, 女, Dec-82, 团员, 吉林省九台市, 19#E713, 580, 116.0, 21,
022, 刘勇浩, 男, Jul-81, 党员, 山东省菏泽市, 17#E103, 579, 115.8, 22,
023, 王 浩, 男, Sep-82, 团员, 辽宁省大连市, 17#E103, 578, 115.6, 23,
024, 王 禹, 男, Sep-82, 团员, 辽宁省铁岭市, 18#E605, 576, 115.2, 24,
025, 胡美霞, 女, Feb-82, 团员, 山东省日照市, 18#N713, 575, 115.0, 25,
026, 胡玉舒, 女, Feb-83, 团员, 山东省菏泽市, 18#N713, 574, 114.8, 26,
027, 王文斌, 男, Jan-80, 团员, 吉林省通化市, 18#E605, 573, 114.6, 27,
028, 刘海泉, 男, Jan-80, 团员, 吉林省通化市, 18#E605, 572, 114.4, 28,
029, 李海珍, 女, Mar-82, 团员, 云南省大理市, 18#N713, 571, 114.2, 29,
030, 王宇豪, 男, Mar-82, 党员, 吉林省九台市, 18#E605, 570, 114.0, 30,
031, 刘淑丽, 女, Mar-82, 团员, 江西省南昌市, 18#N713, 570, 114.0, 30,
032, 田秀娟, 女, Jun-82, 团员, 浙江省嘉兴市, 18#N713, 570, 114.0, 30,
```

图 5-79　“学生信息表”文本

以该文本文件为例，实现导入外部数据的具体操作步骤如下。

步骤01 在要导入文本文件的工作表中单击“数据”选项卡“获取外部数据”选项组中的“自文本”按钮，如图 5-80 所示，打开“导入文本文件”对话框，如图 5-81 所示。

图 5-80 “数据”选项卡

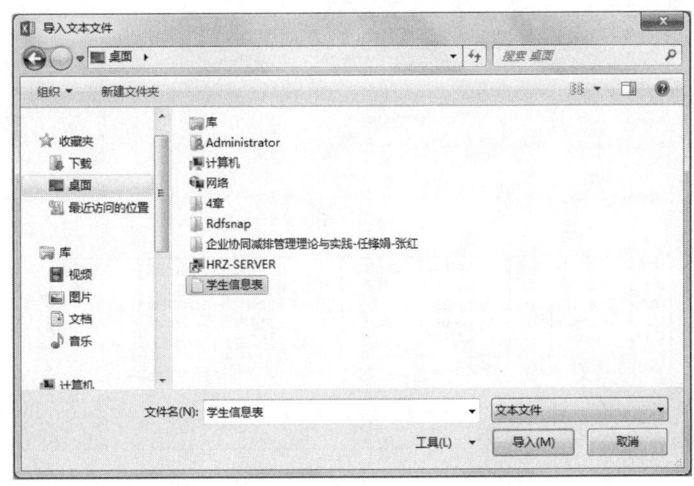

图 5-81 “导入文本文件”对话框

步骤02 选择要导入的文本文件，本例选择“学生信息表”，单击“导入”按钮，打开“文本导入向导-第 1 步，共 3 步”对话框，如图 5-82 所示。

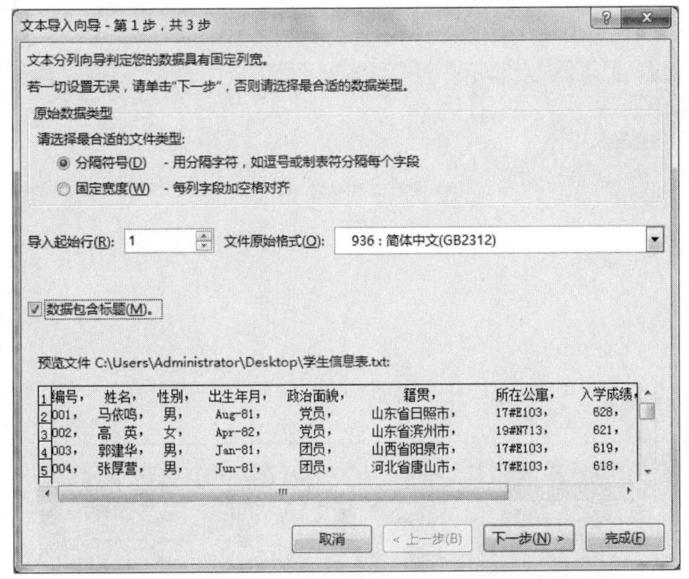

图 5-82 “文本导入向导-第 1 步，共 3 步”对话框

步骤03 在“请选择最合适的文件类型”选项组中选择所导入文本的列分隔方式。如果文本中的各项是以制表符、冒号、分号、空格或其他字符分隔，则选中“分隔符号”单选

按钮；如果文本中每一列的长度都相等，则选中“固定宽度”单选按钮。本例选中“分隔符号”单选按钮，再在“导入起始行”编辑框中输入要导入文本的起始行号，并在“文件原始格式”下拉列表中选择语言编码，通常选用“简体中文(GB2312)”。单击“下一步”按钮，打开“文本导入向导-第 2 步，共 3 步”对话框，如图 5-83 所示。

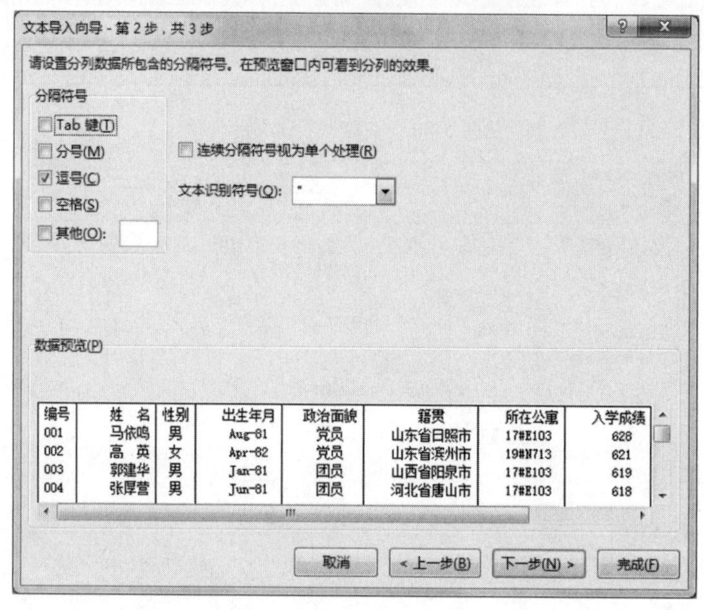

图 5-83　“文本导入向导-第 2 步，共 3 步”对话框

步骤04 在“分隔符号”选项组中选择文本文件实际使用的分隔符号，本例选中“逗号”复选框。如果列表中不包含文本使用的分隔符号，则选中“其他”复选框，并在其右侧文本框中输入文本中使用的分隔符号。单击“下一步”按钮，打开“文本导入向导-第 3 步，共 3 步”对话框，如图 5-84 所示。

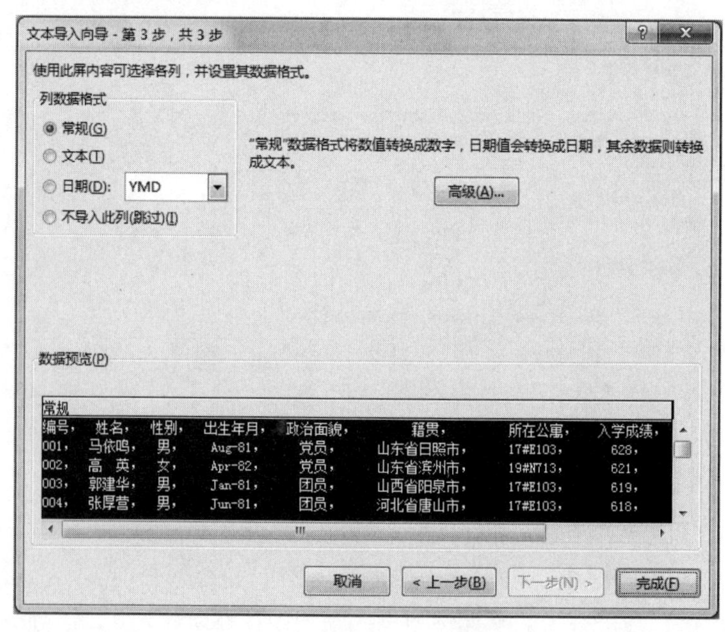

图 5-84　“文本导入向导-第 3 步，共 3 步”对话框

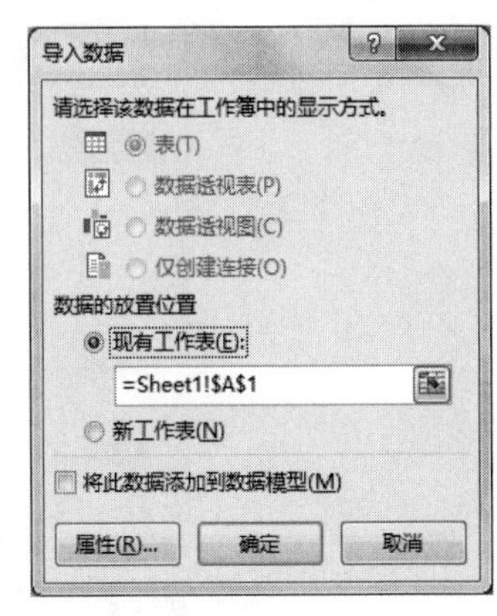

图 5-85　“导入数据”对话框

步骤05 在该对话框中为每一列要导入的数据设置格式。如果选中“数据预览”选项组中的“编号”列，可在“列数据格式”选项组中为“编号”列设置数据格式；如果选中“姓名”列，可在“列数据格式”选项组中为“姓名”列设置数据格式，以此类推。本例导入数据的所有列均设置为“常规”。

步骤06 单击“完成”按钮，打开“导入数据”对话框，如图 5-85 所示，在“请选择该数据在工作簿中的显示方式”选项组中默认选中“表”单选按钮，表明被导入的数据是以表的形式显示在工作簿中；在“数据的放置位置”选项组中选中“现有工作表”单选按钮，使被导入的数据放在工作簿的当前工作表中，并选择数据被放置的位置，本例中，数据被放置的位置选为 A1 单元格开始的区域。

步骤07 单击“确定”按钮，完成导入，结果如图 5-86 所示。

编号	姓　名	性别	出生年月	政治面貌	籍贯	所在公寓	入学成绩	平均成绩	名次	备注
1	马依鸣	男	Aug-81	党员	山东省日照市	17#E103	628	125.6	1	
2	高　英	女	Apr-82	党员	山东省滨州市	19#N713	621	124.2	2	
3	郭建华	男	Jan-81	团员	山西省阳泉市	17#E103	619	123.8	3	
4	张厚营	男	Jun-81	团员	河北省唐山市	17#E103	618	123.6	4	
5	周广冉	男	Sep-81	团员	山东省荷泽市	17#E103	616	123.2	5	
6	张　琳	男	Mar-82	党员	山东省威海市	17#E103	611	122.2	6	
7	马　刚	男	Jan-83	团员	甘肃省天水市	18#E605	609	121.8	7	
8	田清涛	男	Sep-80	团员	广东省东莞市	18#E605	603	120.6	8	
9	白景泉	男	Jun-82	团员	吉林省九台市	18#E605	601	120.2	9	
10	张以恒	男	Dec-82	团员	云南省大理市	18#E605	600	120.0	10	
11	荆艳霞	女	Feb-81	党员	山东省济宁市	19#N713	598	119.6	11	
12	林丽娜	女	Feb-83	团员	山东省烟台市	19#N713	597	119.4	12	
13	刘　丽	女	Feb-82	团员	河北省廊坊市	19#N713	593	118.6	13	
14	何孝艳	女	Jun-82	党员	浙江省嘉兴市	19#N713	589	117.8	14	
15	胡小灵	女	Jul-83	党员	江苏省杭州市	19#N713	589	117.8	15	
16	李春铃	女	Dec-82	团员	山东省日照市	19#N713	587	117.4	16	
17	郑　妤	女	Mar-82	团员	江西省南昌市	19#N713	586	117.2	17	
18	李淑慧	女	Mar-82	团员	吉林省九台市	19#N713	584	116.8	18	
19	王继民	男	Mar-81	党员	吉林省通化市	17#E103	583	116.6	19	
20	杨丽丽	女	Dec-82	团员	吉林省榆树市	19#E713	581	116.2	20	

图 5-86　导入的“学生信息表”

被导入的数据与外部数据在默认情况下仍然保持连接关系，当外部数据变化时，通过单击“数据”选项卡“连接”选项组中的“全部刷新”按钮，可刷新导入的数据，以使数据与外部数据保持一致。若要断开连接，首先单击“数据”选项卡“连接”选项组中的“连接”按钮，打开“工作簿连接”对话框，如图 5-87 所示；然后在列表框中选择要断开的数据源，单击“删除”按钮，弹出提示框，如图 5-88 所示，单击“确定”按钮，被导入数据与数据源的连接关系即被断开。

使用类似的方法，通过单击“数据”选项卡“获取外部数据”选项组中的其他按钮或“自其他来源”下拉按钮，可以导入其他类型的数据到 Excel 工作簿，如 SQL Server 数据库等。

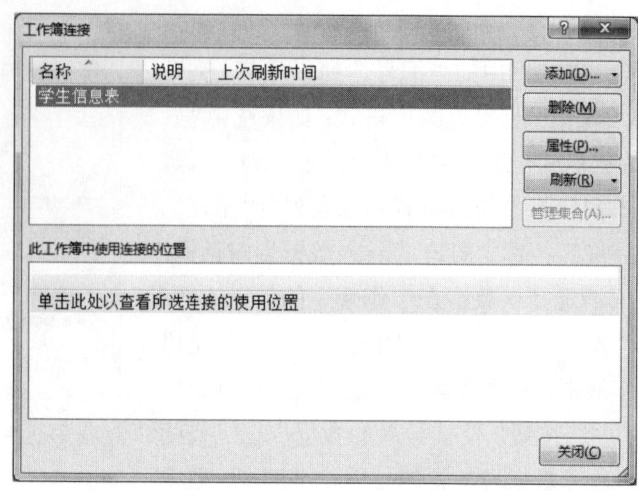

图 5-87 “工作簿连接”对话框

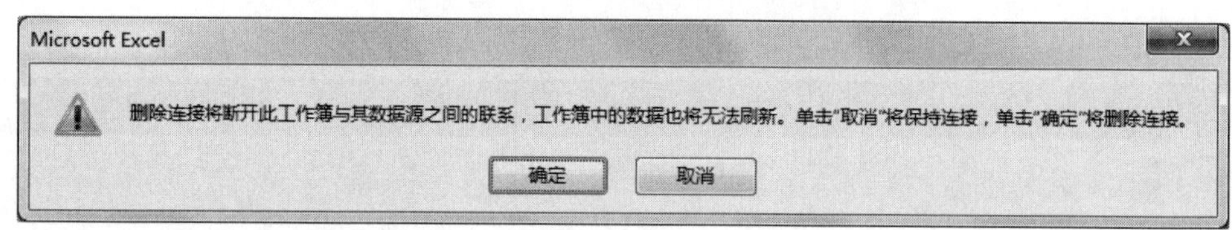

图 5-88 导入数据与数据源断开连接的提示框

2. 插入超链接

根据需要，可以为 Excel 工作簿包含的单元格数据、图表、透视表或透视图等对象设置超链接，通过单击这些已设置了超链接的对象，可以打开对象所链接的文件或网页。例如，向图 5-86 所示的“学生信息表”中的学生编号插入“入学简历”超链接，单击每一个学生的编号时，自动打开该学生的入学简历供用户查看。插入超链接的具体操作步骤如下。

步骤01 打开工作簿，选中要插入链接的对象。本例首先选中编号“001”单元格。

步骤02 单击“插入”选项卡“链接”选项组中的“链接”按钮，如图 5-89 所示，打开“插入超链接”对话框，如图 5-90 所示。

图 5-89 “插入”选项卡

步骤03 在该对话框中指定被链接的对象。选择“当前文件夹”命令，首先链接到“..\My Documents\入学简历\马依鸣.doc”。在“地址”文本框中可以输入网址，使选中的单元格链接到网络对象。

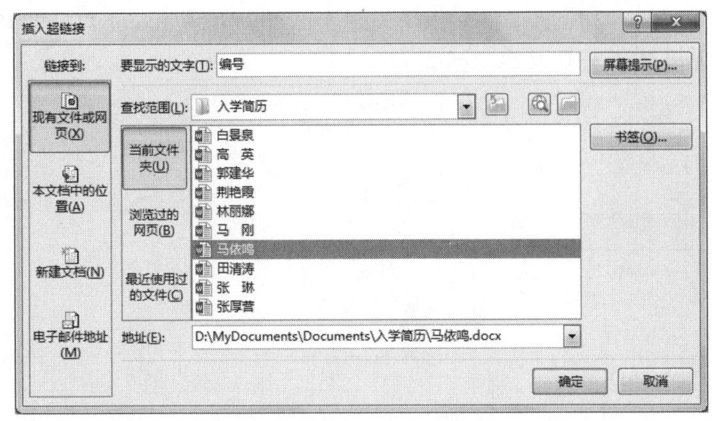

图 5-90　“插入超链接”对话框

步骤04 单击“确定”按钮，完成本单元格插入超链接的设置。

步骤05 以此类推，对表格中的其他学生编号也按照这种方式插入超链接。

插入了超链接的对象将以蓝色加下划线的形式显示在表格中，如果单击该对象，将打开被链接的对象。例如，单击编号“001”，打开被链接的对象“..\My Documents\入学简历\马依鸣.doc”，如图 5-91 所示。如果被链接的对象是网页，当单击插入超链接的对象时，将打开浏览器，通过网络加载并显示对应的网页。

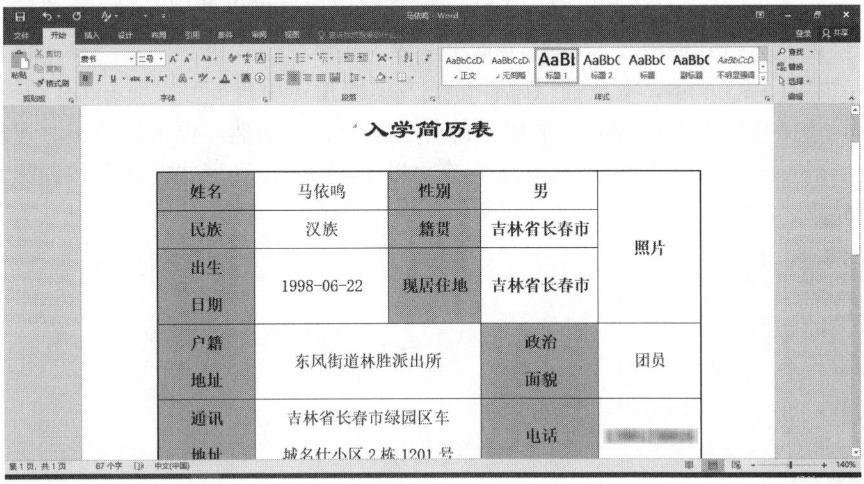

入学简历表

姓名	马依鸣	性别	男	照片
民族	汉族	籍贯	吉林省长春市	
出生日期	1998-06-22	现居住地	吉林省长春市	
户籍地址	东风街道林胜派出所		政治面貌	团员
通讯地址	吉林省长春市绿园区车城名仕小区 2 栋 1201 号		电话	[illegible]

图 5-91　被链接的对象

5.6.3　与其他程序共享数据

与 Word 一样，用户也可以使用多种方法实现 Excel 与其他程序的数据共享，共享主要包括云端共享、电子邮件共享、与使用早期版本的 Excel 用户交换工作簿和将工作簿发布为 PDF/XPS 格式。

1. 云端共享

与 Word 文档的共享相似，工作簿建立完成以后，可使用 Excel 提供的云共享功能将工作簿发送至云端，提供给其他用户使用。单击“文件”→“共享”→“与人共享”→“保存到云”按钮，如图 5-92 所示，将工作簿发送至云端，实现 Excel 数据的共享，其具体操作步骤与编辑 Word 实现云端共享一致。

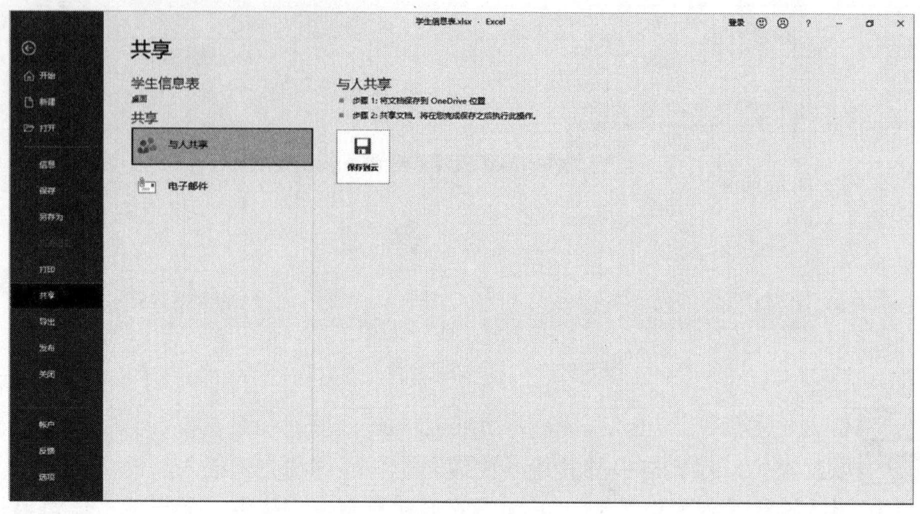

图 5-92　使用云实现 Excel 数据共享

2. 电子邮件共享

同样，与 Word 文档的共享相似，工作簿建立完成后也可以使用 Excel 提供的电子邮件功能将工作簿发送给其他用户。单击“文件”→“共享”→“电子邮件”→“作为附件发送”按钮，如图 5-93 所示，将文档以邮件方式发送给指定用户，可实现 Excel 数据的共享，其共享的具体操作步骤也与 Word 的电子邮件共享一致。当然，也可以单击“发送链接”、“以 PDF 形式发送”、“以 XPS 形式发送”或“以 Internet 传真形式发送”按钮来发送电子邮件实现共享。

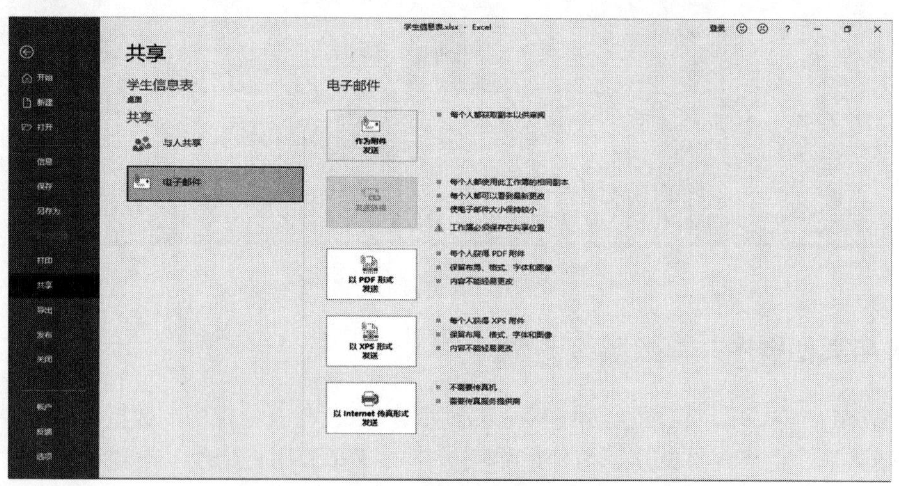

图 5-93　使用电子邮件实现 Excel 数据共享

3. 与使用早期版本的 Excel 用户交换工作簿

此交换方式又分为两种情况。①将 Excel 2016 工作簿另存为早期版本工作簿。首先，打开要转换为早期版本的 Excel 2016 工作簿；其次，选择“文件”→“另存为”中的某个保存命令，打开“另存为”对话框，在“保存类型”下拉列表中选择“Excel 97-2003 工作簿”命令，并在“文件名”文本框中输入要另存的文件名，再选择保存路径，并单击“保存”按钮即可实现交换。②将早期版本的 Excel 工作簿另存为 Excel 2016 工作簿。首先，在 Excel 2016 环境下打开要保存的 Excel 97-2003 工作簿；其次，选择“文件”→“另存为”中的某个保存命令，打开“另存为”对话框，在“保存类型”下拉列表中选择“Excel 工作簿”命令，并在“文件名”文本框中输入要另存的文件名，再选择保存路径，并单击“保存”按钮即可实现交换。

4. 将工作簿发布为 PDF/XPS 格式

PDF 和 XPS 格式的文件通常为只读属性，只允许用户查看其中的数据。查看 PDF 的文件数据时，事先必须安装相关的 PDF 阅读软件。发布时，首先，打开要发布的 Excel 工作簿；其次，选择“文件”→“另存为”中的某个保存命令，打开“另存为”对话框，再在“保存类型”下拉列表中选择“PDF”或“XPS 文档”命令，并在“文件名”文本框中输入要发布的 PDF 或 XPS 文档的文件名，并单击“保存”按钮即可实现发布。

第 6 章

PowerPoint 2016 演示文稿软件

PowerPoint 2016 是 Office 2016 的一个重要组成部分，主要用于制作电子演示文稿。演示文稿文件扩展名为.pptx。演示文稿是由若干张幻灯片组成的，所以 PowerPoint 也称为幻灯片制作软件。在 PowerPoint 中，可以通过不同的方式播放幻灯片，实现生动活泼的信息展示效果。

6.1 PowerPoint 2016 基本知识

PowerPoint 是 Microsoft 公司开发的演示文稿软件，也是 Office 软件包中的一个重要组件。用户可以在投影仪或计算机上进行演示，也可以将演示文稿打印出来，制作成胶片，以便应用到更广泛的领域。利用 PowerPoint 不仅可以创建演示文稿，还可以在互联网上召开面对面会议、远程会议或在网上给观众展示演示文稿。使用 PowerPoint 制作出来的文件称为演示文稿，其扩展名为.ppt、.pptx；也可以保存为 PDF、图片格式等。利用 PowerPoint 2016 及以上版本制作的演示文稿可以保存为视频格式。演示文稿中的每一页称为一张幻灯片。

6.1.1 PowerPoint 2016 窗口

PowerPoint 窗口具有与 Word 相同的标题栏、快速访问工具栏、功能区，与 Word 的主要区别在于文稿编辑区、视图切换按钮，PowerPoint 2016 窗口如图 6-1 所示。

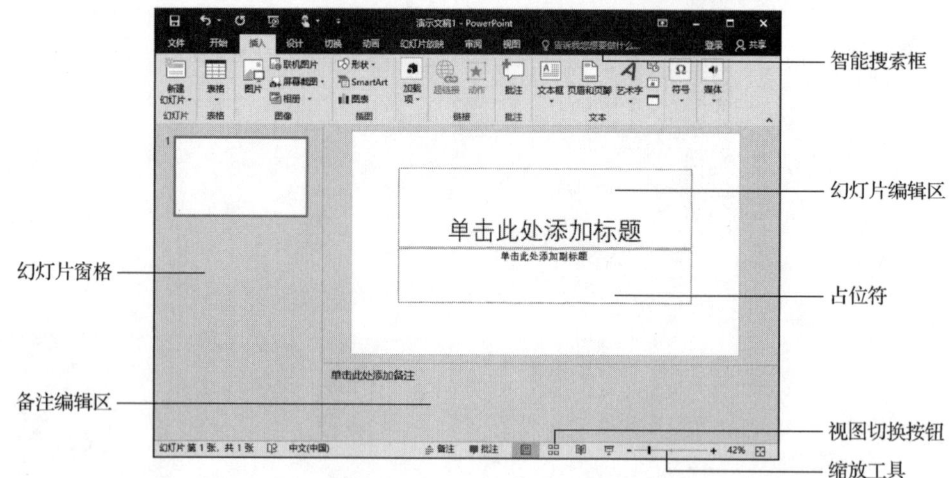

图 6-1　PowerPoint 2016 窗口

1. 文稿编辑区

文稿编辑区包括 3 部分，即幻灯片编辑区、幻灯片窗格和备注编辑区，它们是对文稿进行创作和编排的区域。

1）幻灯片编辑区：用于输入幻灯片内容、插入图片和表格、设置格式。

2）幻灯片窗格：显示幻灯片的标题和正文。

3）备注编辑区：可以为演示文稿创建备注页，用于写入幻灯片中没有列出的内容，并可以在演示文稿放映过程中进行查看。

2. 视图切换按钮

视图切换按钮允许用户在不同视图中显示幻灯片，从左至右依次为“普通视图”“幻灯片浏览”“阅读视图”“幻灯片放映”按钮。

1）普通视图：是默认的视图模式，集大纲、幻灯片、备注 3 种模式为一体，使用户既能全面考虑演示文稿的结构，又能方便地编辑幻灯片的细节。

2）幻灯片浏览：可在屏幕上同时看到演示文稿中的所有幻灯片，适合于插入幻灯片、删除幻灯片、移动幻灯片位置等操作。

3）阅读视图：适合于方便地在屏幕上阅读文档，不显示“文件”菜单、功能区等窗口元素。

4）幻灯片放映：放映幻灯片，与选择“幻灯片放映”选项卡中的“开始放映幻灯片”命令的功能是相同的。

6.1.2 创建幻灯片

PowerPoint 2016 创建新的演示文稿的方法有多种，如新建空白演示文稿、使用模板创建演示文稿，或者使用搜索到的联机模板和主题来创建演示文稿。

选择“文件”→“新建”命令，打开“新建”演示文稿界面，如图 6-2 所示。

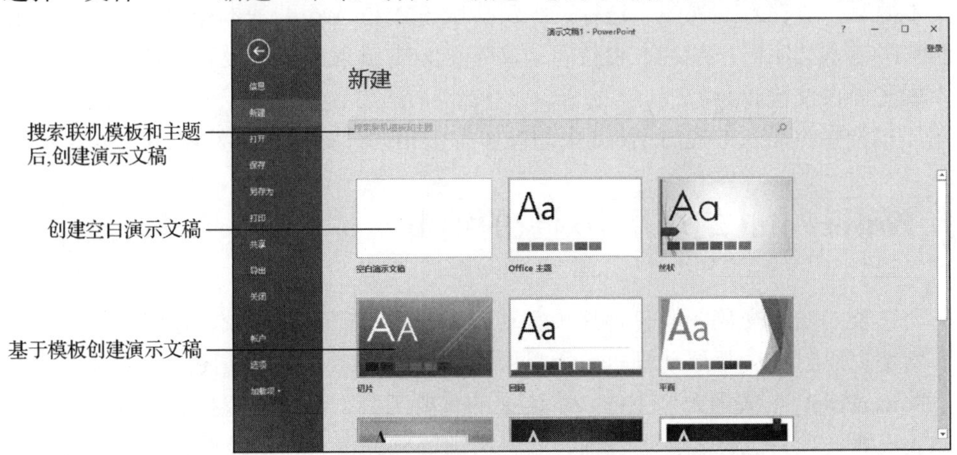

图 6-2 “新建”演示文稿界面

创建空白演示文稿时，新建的演示文稿不含任何文本格式图案和色彩，适用于准备自己设计图案、配色方案和文本格式的情况。PowerPoint 2016 提供了丰富的模板，利用其提供的基本演示文稿模板，输入相应的文字即可自动快速形成演示文稿。PowerPoint 2016 还提供网上搜索模板的功能。

PowerPoint 演示文稿的保存、打开和关闭操作与 Word、Excel 的文档操作方法相同。

6.1.3 编辑演示文稿

在 PowerPoint 中，可以方便地输入和编辑文本、插入图片和表格等。插入、删除、复制、移动幻灯片是编辑演示文稿的基本操作。

1. 插入新幻灯片

在各种幻灯片视图中都可以方便地插入幻灯片。

单击“开始”选项卡“幻灯片”选项组中的“新建幻灯片”下拉按钮，在弹出的下拉列表中将出现各类幻灯片版式，选择“Office 主题”列表中的某个幻灯片版式，就可以按照所选的版式插入幻灯片。

2. 删除幻灯片

在各种幻灯片视图中都可以方便地删除幻灯片，选择要删除的幻灯片，按 Delete 键即可将当前幻灯片删除。

3. 移动和复制幻灯片

在幻灯片浏览视图中移动和复制幻灯片较为方便。选中待移动的幻灯片，单击“开始”选项卡“剪贴板”选项组中的“剪切”按钮，确定目标位置后，再单击“剪贴板”选项组中的“粘贴”按钮，即可将幻灯片移动到新位置。

如果将“剪切”按钮换为“复制”按钮，则可执行复制操作。

4. 文本编辑

文本编辑一般在普通视图下进行，编辑排版方式与 Word 基本相同。需要注意的是，在幻灯片中输入文字时，应当在占位符（文本框）中输入，如果没有占位符，需要提前插入文本框充当占位符。

图片和表格的插入方式与 Word 中的操作方法相同，这里不再赘述。

6.2 PowerPoint 幻灯片中对象的编辑

一套完整的演示文稿一般包含片头、动画、封面、前言、目录、过渡页、图表页、图片页、文字页、封底、片尾动画等；所采用的素材有文字、图片、图表、动画、声音、影片等。PowerPoint 正成为人们工作、生活中的重要工具，在工作汇报、企业宣传、产品推介、婚礼庆典、项目竞标、管理咨询、教育培训等领域占有举足轻重的地位。

6.2.1 使用图形

用户可以根据需要在幻灯片中插入合适的图形，并能以 PowerPoint 提供的图形为元素构造复杂的图形。

1. 常规图形

常规图形是指 PowerPoint 中包含的基本图形，如线条、基本形状、箭头、公式形状、流程图、星与旗帜、标注等。在幻灯片中插入基本图形的具体操作步骤如下。

步骤01 单击“插入”选项卡“插图”选项组中的“形状”下拉按钮，如图 6-3 所示，弹出下拉列表。

图 6-3　“插入”选项卡

步骤02 根据制作幻灯片的需要，在弹出的下拉列表中选择指定形状。

步骤03 将鼠标指针移到要插入图形的位置，再按住鼠标左键并拖动鼠标来进行绘制，直至图形尺寸满足要求后，再释放鼠标左键，完成绘制。

2. SmartArt 图形

SmartArt 图形是信息和观点的视觉表达形式。用户可以从多种不同的布局中进行选择以创建 SmartArt 图形，从而快速、轻松、有效地传达信息，它是一系列已经成型的表示某种关系的逻辑图、组织结构图，相对于在幻灯片中输入“单薄”的文字而言，使用 SmartArt 功能美化幻灯片能够达到专业演示的效果，使幻灯片更加美观。在幻灯片中插入 SmartArt 图形的具体操作步骤如下。

步骤01 在幻灯片窗格中选择要插入剪贴画的幻灯片，如图 6-4 所示。如果幻灯片窗格未显示在工作区，则单击“视图”选项卡“演示文稿视图”选项组中的“普通”按钮，如图 6-5 所示，可将该窗格显示在工作区。

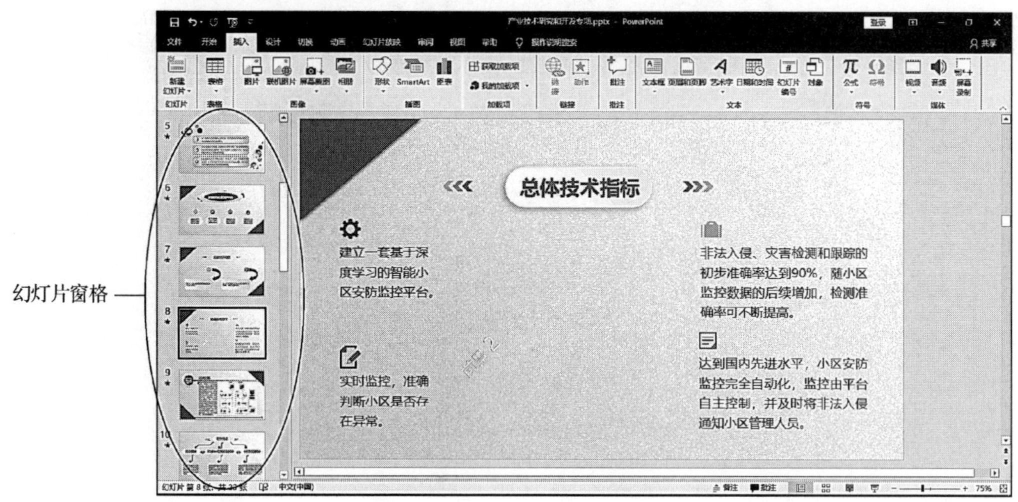

图 6-4　从窗格中选择幻灯片

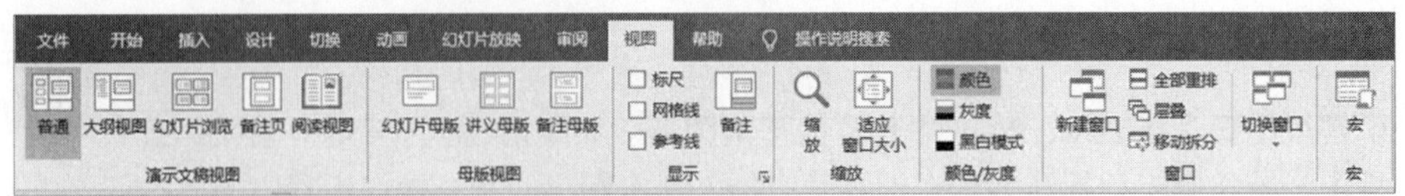

图 6-5　“视图”选项卡

步骤02 单击“插入”选项卡“插图”选项组中的“SmartArt”按钮，打开“选择 SmartArt 图形”对话框，如图 6-6 所示。

步骤03 根据需要，在该对话框中选择一类 SmartArt 图形的某一种样式。例如，选择“矩阵”SmartArt 图形中的“带标题的矩阵”样式，单击“确定”按钮，即可插入带标题的矩阵 SmartArt 图形模板，如图 6-7 所示，可向模板中标有“[文本]”字样的编辑框中输入文字。对于其他模板，如果其元素上未标明“[文本]”字样，则可右击该元素，在弹出的快捷菜单中选择“编辑文字”命令，再输入文字。

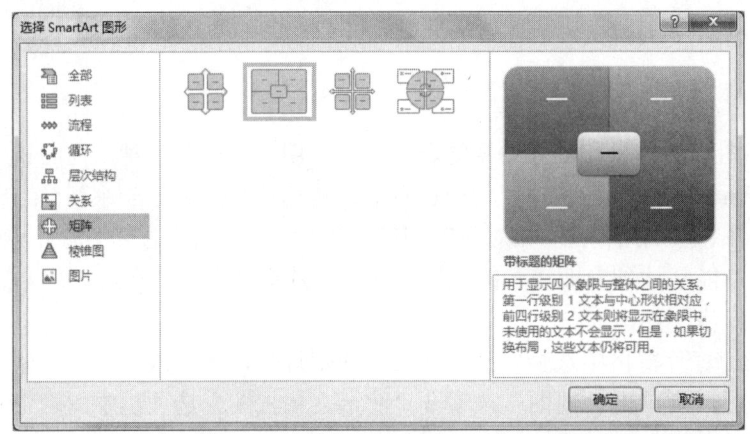

图 6-6　“选择 SmartArt 图形”对话框

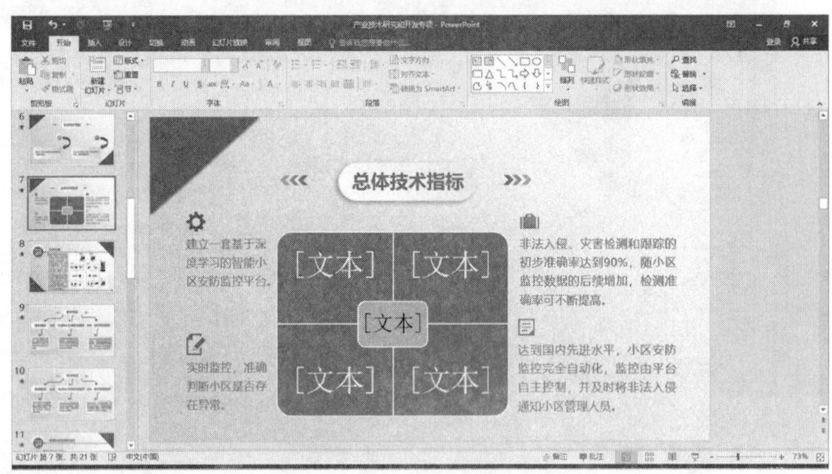

图 6-7　向幻灯片中插入 SmartArt 图形

选中插入的 SmartArt 图形后，PowerPoint 会自动在功能区加载“SmartArt 工具-设计”选项卡和“SmartArt 工具-格式”选项卡，分别如图 6-8 和图 6-9 所示。如果用户对建立的图形不满意，则可使用“SmartArt 工具-设计”选项卡和“SmartArt 工具-格式”选项卡进一步完善 SmartArt 图形。

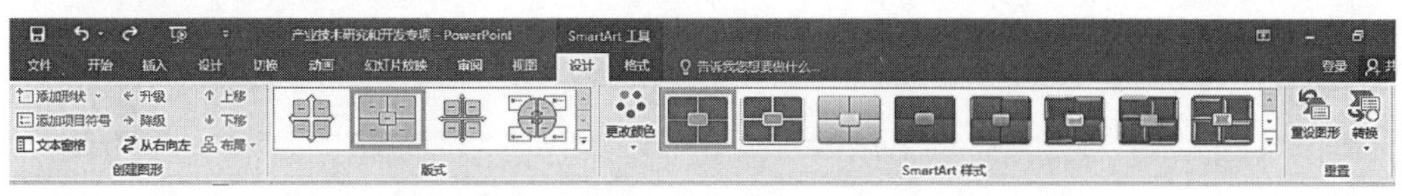

图 6-8　“SmartArt 工具-设计”选项卡

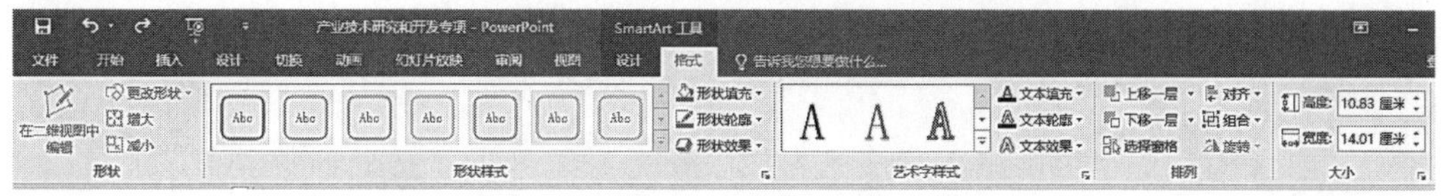

图 6-9　“SmartArt 工具-格式”选项卡

用户也可以把输入的文本转换为 SmartArt 图形。首先，选中要转换为 SmartArt 图形的文本，然后在选中的文本上右击，在弹出的快捷菜单中选择“转换为 SmartArt”命令，在弹出的级联菜单中选择指定类型的 SmartArt 图形即可完成转换。

6.2.2　使用图片

当用户要向幻灯片中加入照片、场景画面等图像数据时，就不能使用简单的图形来表达，而应该向幻灯片中插入图片，它是比图形更为复杂的对象。向幻灯片中插入的图片主要被划分为两类：①剪贴画，它是 Office 自带的插图、照片和图片，在安装 PowerPoint 时，就已经被嵌入 Office 中；②来自外部的图像文件，如 TIFF、BMP、PNG、JPG 等格式的图像文件。

（1）插入剪贴画

步骤01 在幻灯片窗格中选择要插入剪贴画的幻灯片。

步骤02 单击“插入”选项卡“图像”选项组中的“剪贴画”按钮，打开“剪贴画”窗格。

步骤03 选择指定的剪贴画插入幻灯片中。

（2）插入外部图片

步骤01 在幻灯片窗格中选择要插入剪贴画的幻灯片。

步骤02 单击“插入”选项卡“图像”选项组中的“图片”按钮，打开“插入图片”对话框，如图 6-10 所示。

图 6-10　“插入图片”对话框

步骤03 选择要插入的图片，单击“插入”按钮，添加所选图片，如图 6-11 所示。

图 6-11　向幻灯片中插入图片

用户可以使用图片作为一页幻灯片的背景。此时，首先右击插入的图片，在弹出的快捷菜单中选择“置于底层”命令，然后在弹出的级联菜单中选择“置于底层”命令即可。

6.2.3　使用表格

为了使演示的文稿数据规则化，同样可以像在 Word 和 Excel 中那样，在幻灯片中插入表格来表达数据，使演示的数据更为清楚和简洁。向幻灯片中插入表格的具体操作步骤如下。

图 6-12　“表格”下拉列表

步骤01 打开要插入表格的演示文稿，并在幻灯片窗格中选择要插入表格的幻灯片。

步骤02 选中后，单击“插入”选项卡“表格”选项组中的“表格”下拉按钮，弹出的下拉列表如图 6-12 所示。

步骤03 在下拉列表中，用户根据需要和使用习惯，可以使用以下 4 种方法在幻灯片中插入表格。

① 在列出的 8 行 10 列的方格区域内，移动鼠标指针来选择要插入表格的行数和列数，如选择 7 行 9 列大小的表格，则移动鼠标指针到第 7 行、第 9 列位置时单击，将表格插入幻灯片，如图 6-13 所示。

② 选择“插入表格”命令，打开“插入表格”对话框，如图 6-14 所示，在“行数”和“列数”编辑框中输入行数和列数，再单击“确定”按钮，即可插入表格。

③ 选择“绘制表格”命令，使鼠标指针变为画笔形态，移动鼠标指针到要插入表格的位置，按住鼠标左键并拖动鼠标绘制矩形，直至矩形大小满足要求，再释放鼠标左键。右

击矩形区域，在弹出的快捷菜单中选择“拆分单元格”命令，打开如图 6-15 所示的“拆分单元格”对话框，在“行数”和“列数”编辑框中输入行数和列数，单击“确定”按钮，拆分矩形区域为表格，如图 6-16 所示。

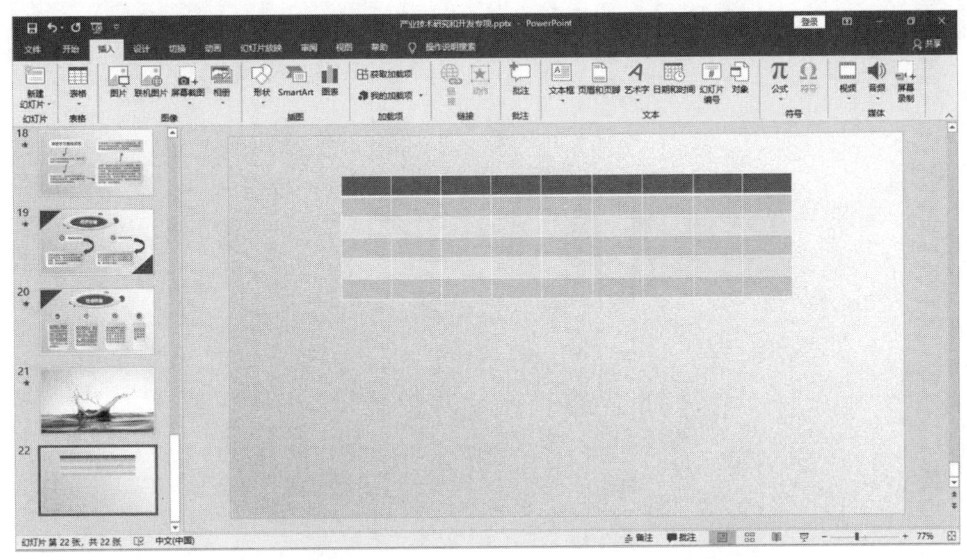

图 6-13　通过移动鼠标指针选取方格来插入表格

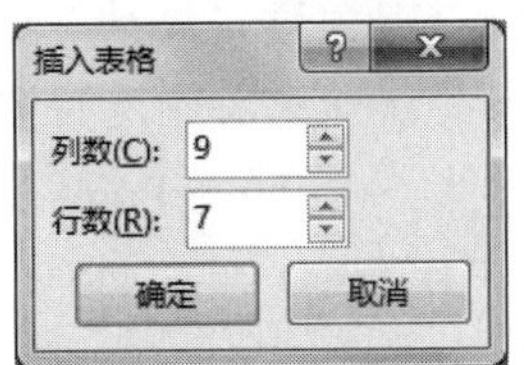

图 6-14　“插入表格”对话框

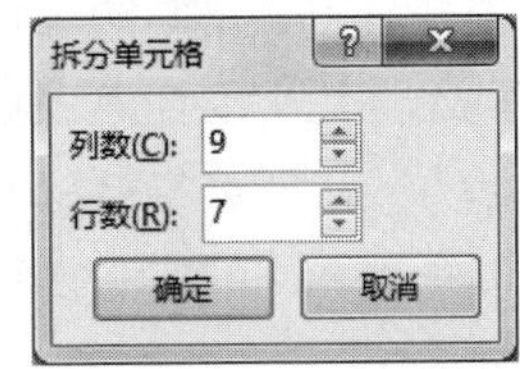

图 6-15　“拆分单元格”对话框

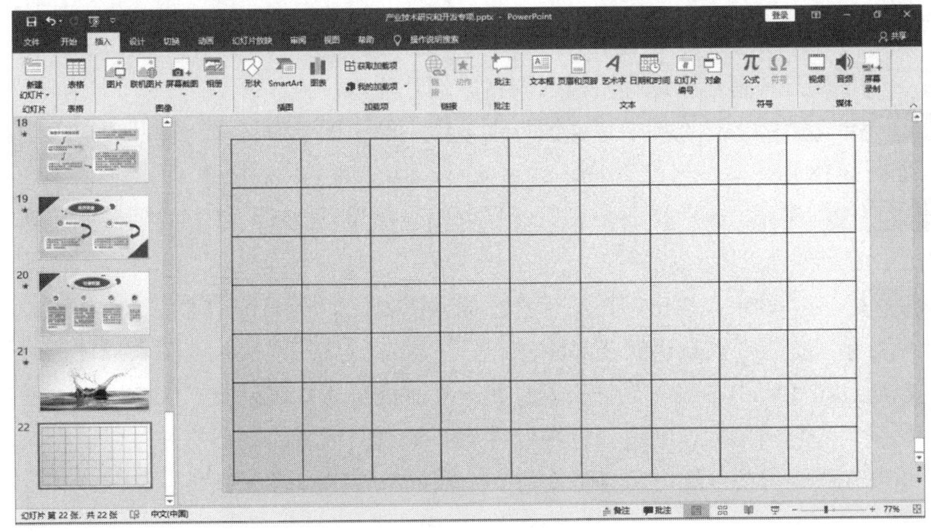

图 6-16　以绘制方式插入表格

④ 选择“Excel 电子表格”命令，在幻灯片中生成 Excel 形式的表格，并缩放表格至

合适尺寸，如图 6-17 所示，它将 Excel 的编辑环境嵌入 PowerPoint 编辑环境，因此与使用 Excel 的方法相同，可以在其中编辑任何形式的 Excel 数据。

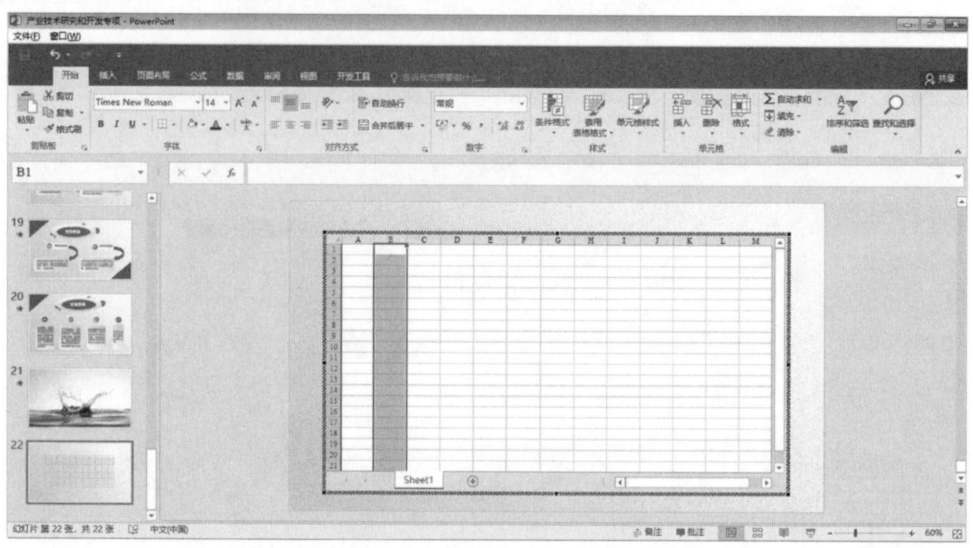

图 6-17 插入 Excel 电子表格

Word 或 Excel 中的表格可以复制到 PowerPoint 幻灯片中。首先打开 Word 文档或 Excel 工作簿，选中并右击要复制的表格区域，在弹出的快捷菜单中选择“复制”命令；然后将鼠标指针移到幻灯片中要插入表格的位置并右击，在弹出的快捷菜单中选择“粘贴选项”中的一种粘贴方式，即可将复制的表格插入幻灯片中。当然，在 PowerPoint 幻灯片中插入的表格也可以采用相同的方法复制到 Word 文档或 Excel 工作簿中。

6.2.4 使用图表

在演示过程中，为了更加生动、形象和直观地表达数据信息的差别和走势，使观看者一目了然，可以采用向幻灯片中插入图表的方式描述数据，具体操作步骤如下。

步骤01 在幻灯片窗格中选择要插入表格的幻灯片。

步骤02 单击“插入”选项卡“插图”选项组中的“图表”按钮，打开“插入图表”对话框，如图 6-18 所示。

步骤03 根据需要，在“插入图表”对话框中选择需要插入的图表类型，如选择“曲面图”中的“三维曲面图”。

步骤04 单击“确定”按钮，在幻灯片中插入图表，如图 6-19 所示。此时，进入 Excel 编辑环境，系统提供一组默认的 Excel 数据，并由在幻灯片中插入的图表描述该组数据，用户可以通过在 Excel 中编辑数据来设计符合要求的图表。如果要扩大图表使其能够如实地反映所编辑数据的范围，则将鼠标指针移到有效数据区域的右下角并按住鼠标左键拖动鼠标，这样在数据有效区域内所编辑的每一个数据都将如实地反映到图表中。

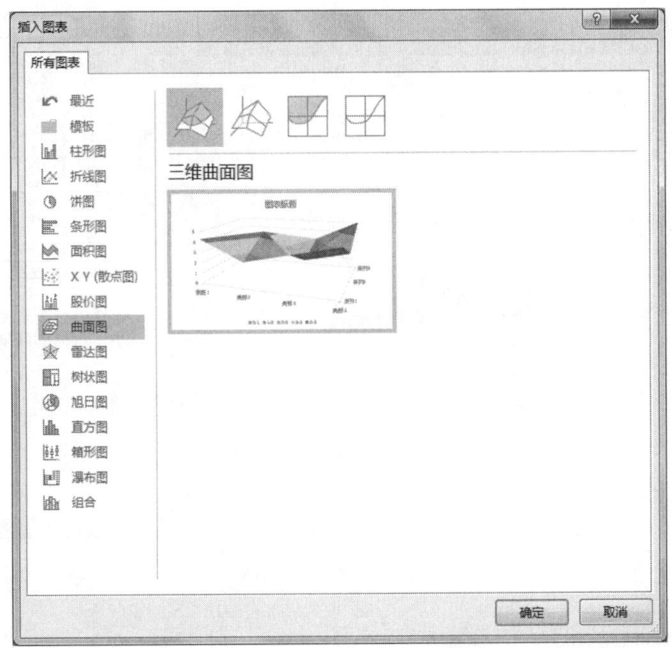

图 6-18　“插入图表”对话框

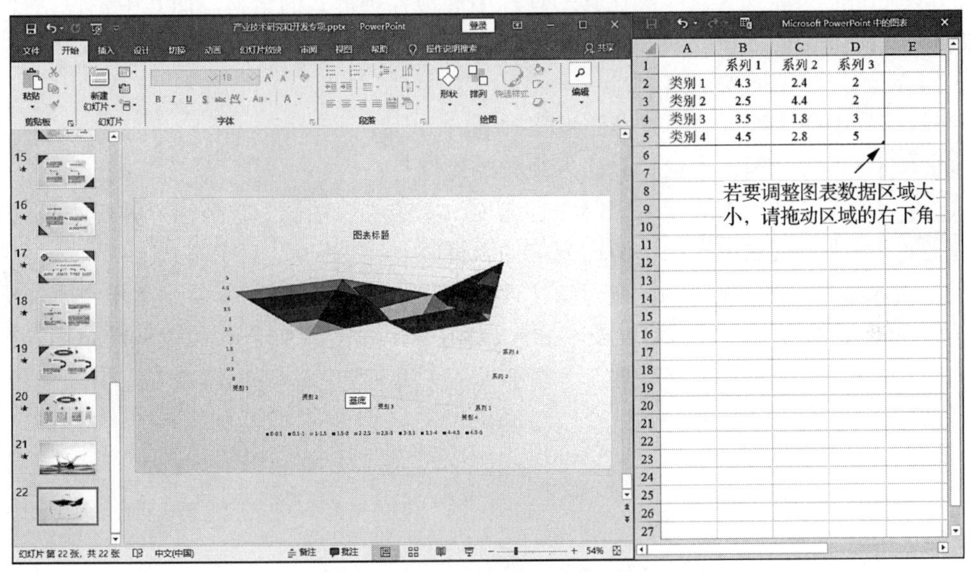

图 6-19　默认的图表数据和图表

步骤05 在自动打开的 Excel 环境中编辑数据，并在 PowerPoint 中编辑图表，完成图表的插入，如图 6-20 所示。

用户也可以事先在 Excel 环境中将图表建立好，然后把建立好的图表从 Excel 中复制到 PowerPoint 的幻灯片中，实现图表的插入。

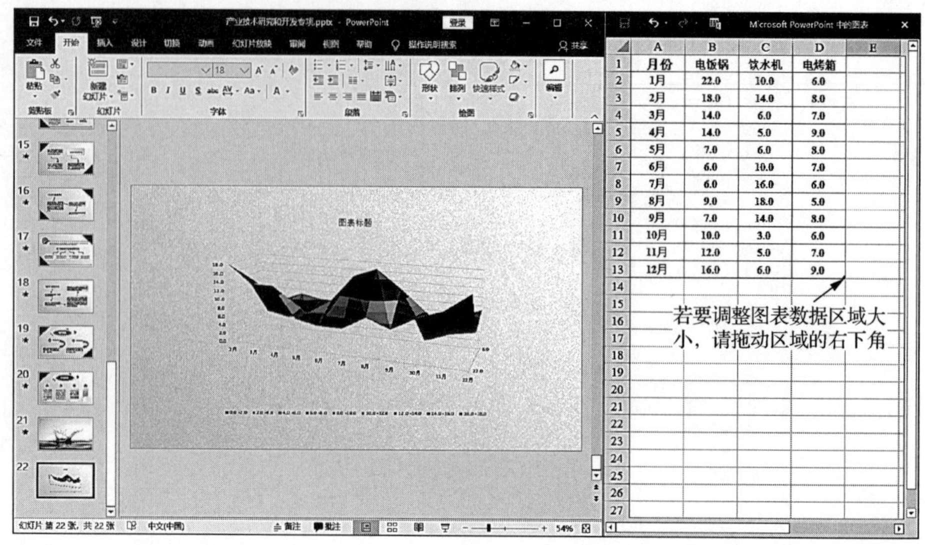

图 6-20　插入的图表

6.2.5　使用视频和音频

PowerPoint 功能强大，能够在其幻灯片中展现各种形式的素材，而其中也包括视频素材和音频素材。

（1）在幻灯片中插入视频

在幻灯片中插入视频的具体操作步骤如下。

步骤01 在幻灯片窗格中选择要插入视频的幻灯片。

步骤02 单击“插入”选项卡“媒体”选项组中的“视频”下拉按钮，弹出下拉列表。

步骤03 在下拉列表中有以下两种方法插入视频。

① 插入来自于网站的视频。在下拉列表中选择“联机视频”命令，打开“插入视频”对话框，如图 6-21 所示。可以通过搜索插入视频，也可以粘贴嵌入代码以从网站插入视频。

图 6-21　“插入视频”对话框

② 插入本地视频。在下拉列表中选择“PC 上的视频”命令，打开“插入视频文件”对话框，如图 6-22 所示。在该对话框的文件列表中选择视频文件，然后单击“插入”按钮，即可在幻灯片中插入所选视频，通过播放幻灯片可以查看视频。

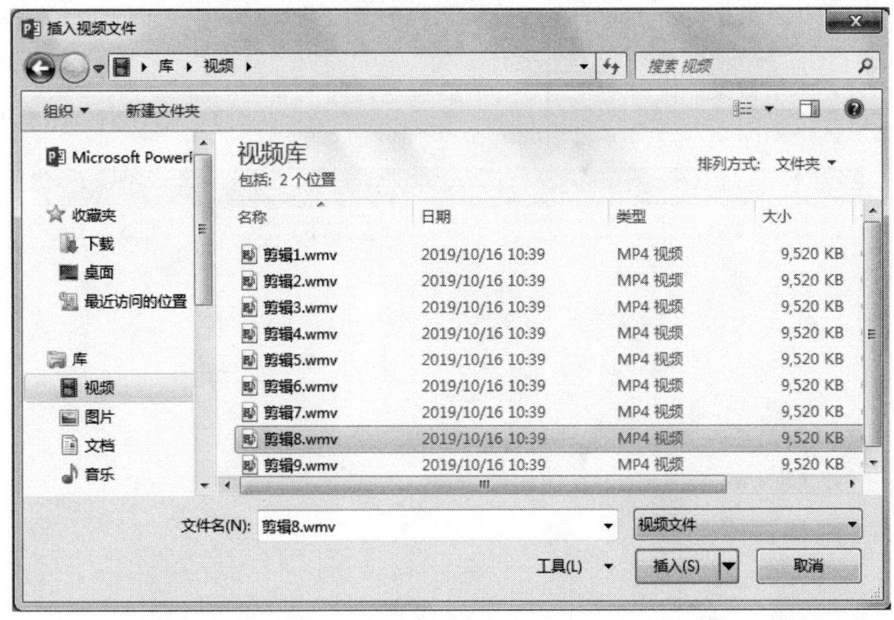

图 6-22　“插入视频文件”对话框

（2）在幻灯片中插入音频

在幻灯片中插入音频与插入视频的方法类似，具体操作步骤如下。

步骤01 在幻灯片窗格中选择要插入音频的幻灯片。

步骤02 单击“插入”选项卡“媒体”选项组中的“音频”下拉按钮，弹出下拉列表。

步骤03 在下拉列表中包含两种插入音频的方法：一种是插入本地音频，它对应“PC 上的音频”命令，与插入视频时使用的方法一致。另外一种是录制音频的方法，选择“录制音频”命令，打开“录制声音”对话框，如图 6-23 所示。在该对话框中若单击●按钮，将开始录音；录音完成后单击■按钮，则停止录音；单击▶按钮，则可以试听录制的音频。在“名称”文本框中输入录制的音频名称，然后单击“确定”按钮，即可将录制的音频插入幻灯片中。

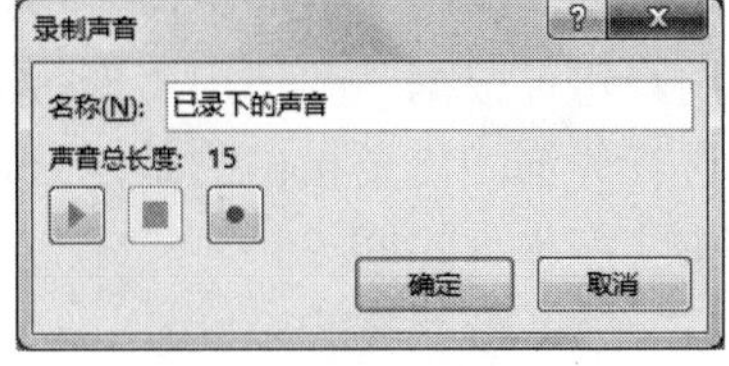

图 6-23　“录制声音”对话框

6.2.6　使用艺术字

幻灯片能够给观看者一种直观的美感，使人容易理解其表达的内容。如果加入艺术字就会让人耳目一新，吸引观看者的眼球。艺术字是一种高度风格化的文字表现形式，经常被用于各种演示文稿，从而达到更为理想的演示效果。

1. 插入艺术字

插入艺术字的操作方法是：首先，在幻灯片窗格中选择要插入艺术字的幻灯片。然后，单击“插入”选项卡“文本”选项组中的“艺术字”下拉按钮，弹出艺术字库，如图 6-24 所示。用户可在其中选择一种艺术字效果，此时会在幻灯片中心位置自动生成相应的艺术字图形区，如图 6-25 所示，可在图形区中输入指定的文字。

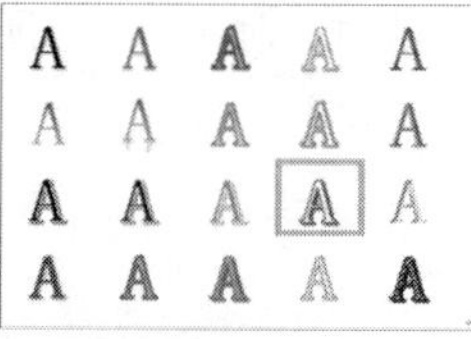

图 6-24　艺术字库

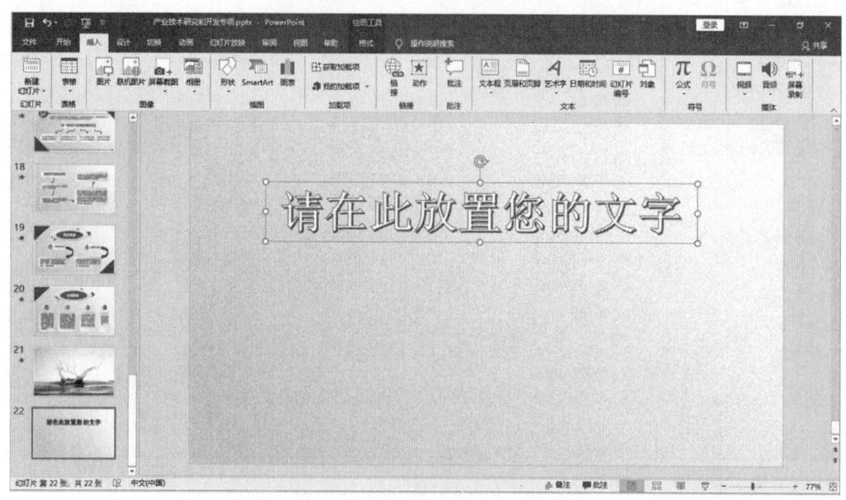

图 6-25　艺术字图形区

在幻灯片中每插入一种艺术字，就会相应地生成一个艺术字图形区，每一个艺术字图形区可分别独立地进行编辑。

2. 编辑艺术字

插入艺术字后，单击某一艺术字图形区，将在功能区显示“绘制工具-格式”选项卡，用户可以根据需要使用“形状样式”选项组和“艺术字样式”选项组中的各选项对艺术字进行修饰。需要指出的是：“形状样式”指包含艺术字的矩形区域的样式；“艺术字样式”指文字本身的样式。

（1）形状样式

1）形状填充。使用纯色、纹理、渐变色或图片填充矩形区域。

2）形状轮廓。设置矩形边框的颜色、线条样式、线条粗细等属性。

3）形状效果。使用预设、阴影、映像、发光、柔化边缘、棱台和三维旋转等方式设置矩形区域的效果。

（2）艺术字样式

1）文本填充。使用纯色、纹理、渐变色或图片填充文本。

2）文本轮廓。设置文本边线的颜色、线条样式、线条粗细等属性。

3）文本效果。使用阴影、映像、发光、棱台、三维旋转和转换等方式设置文本效果。

6.2.7 使用自动版式插入对象

PowerPoint 为用户定义了多种形式的幻灯片版式，并且可以在设置幻灯片版式的同时，利用版式向幻灯片的不同位置插入表格、图表、SmartArt 图形、图片、剪贴画、视频等对象。设置幻灯片版式的具体操作步骤如下。

步骤01 在幻灯片窗格中选择要设置版式的幻灯片。

步骤02 单击“开始”选项卡“幻灯片”选项组中的“版式”下拉按钮，如图 6-26 所示，弹出幻灯片版式库，如图 6-27 所示。

图 6-26　“开始”选项卡

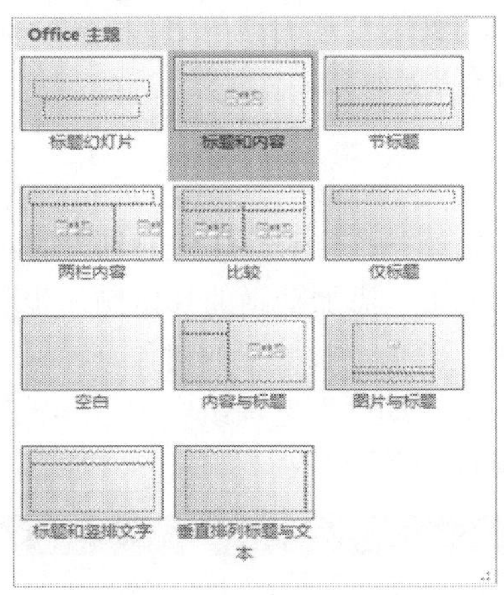

图 6-27　幻灯片版式库

步骤03 选择一种版式插入幻灯片，如选择“标题和内容”版式，如图 6-28 所示。

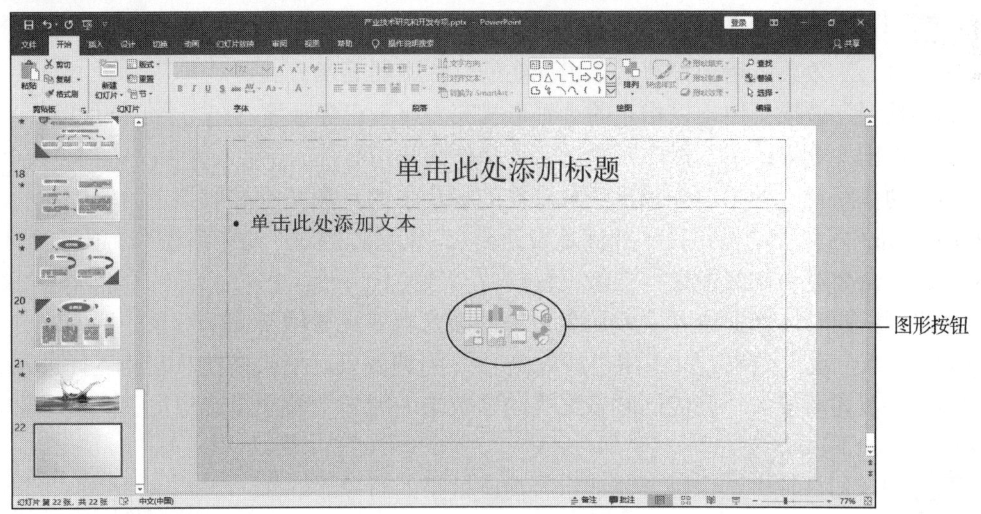

图 6-28　“标题和内容”版式

步骤04 单击指定的图形按钮，可实现向幻灯片中插入表格、图表、SmartArt 图形、图片、剪贴画、视频等对象。

6.3 PowerPoint 幻灯片交互效果的设置

制作精良的演示文稿要求具有良好的交互性，制作者不仅能在幻灯片中嵌入内容丰富的图形、图片、表格、视频和声音等对象，还能增加各种对象的动画显示效果、幻灯片的切换效果和实现对象的超链接功能，使播放更为生动和更有感染力。

6.3.1 动画效果

在演示文稿的制作过程中，为了更加完美地呈现幻灯片的播放效果，可以在幻灯片的播放过程中加入一些动画效果，使幻灯片的播放更加生动，既能突出重点，吸引观看者的注意力，又能使播放变得更为有趣。

1. 为对象添加动画

在播放幻灯片时，能够以动画方式显示幻灯片中包含的对象。对象包括文本框、图表、图片、剪贴画、表格、图形等元素。添加动画的具体操作步骤如下。

步骤01 在幻灯片中选中需要添加动画效果的对象。

步骤02 单击“动画”选项卡“动画”选项组中的“其他”下拉按钮，如图 6-29 所示，弹出动画效果下拉列表，如图 6-30 所示。

图 6-29 “动画”选项卡

步骤03 选择要为对象添加的动画效果。PowerPoint 中有以下 4 类动画效果。

①“进入”效果：用于设置对象出现在幻灯片中的显示方式。

②“强调”效果：用于以指定的动画形式突出显示已经放置在幻灯片中的对象。

③“退出”效果：用于指定对象以何种动作离开幻灯片。

④“动作路径”效果：要求已经放置在幻灯片中的对象必须按照指定的轨迹移动。如果 PowerPoint 内置的动作路径不能满足设计要求，则可以通过“动作路径”选项组中的“自定义路径”命令对动作路径进行重新设置。

用户可以同时选择上述 4 类动画效果中的某几类效果应用于同一对象。例如，对表格既应用“飞入”进入效果，又应用“放大/缩小”强调效果，使表格在从左侧飞行进入幻灯片的同时，被逐渐放大，并能同时将某类动画效果中的多个效果组合应用于同一对象。具体操作步骤如下。

步骤01 在幻灯片中选中需要添加组合动画效果的对象。

步骤02 单击“动画”选项卡“高级动画”选项组中的“添加动画”下拉按钮，弹出的下拉列表如图 6-31 所示。

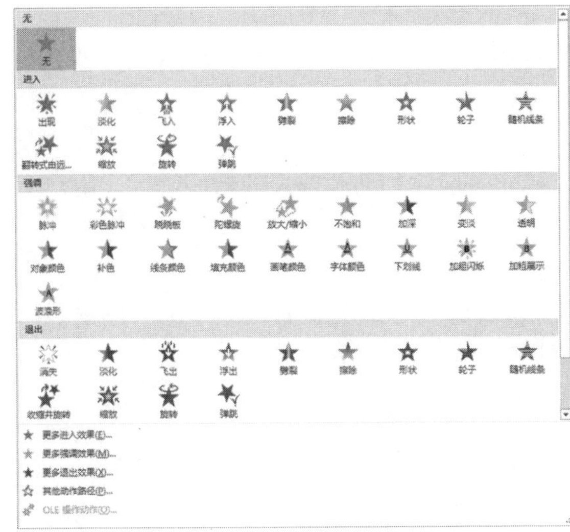

图 6-30　动画效果下拉列表

图 6-31　“添加动画”下拉列表

步骤03 选择要为对象添加的动画效果。每选择一个选项，就增加一种相应的动画效果。

利用 PowerPoint 提供的动画刷功能，可以将某对象的动画效果复制到其他对象上，具体操作步骤如下。

步骤01 在幻灯片中选中要被复制的对象。

步骤02 单击“动画”选项卡“高级动画”选项组中的“动画刷”按钮。

步骤03 选中并单击要复制的目标对象，完成动画效果的复制。

当要清除一个对象上的动画效果时，可在选中该对象后，选择“动画”选项卡“动画”选项组中的“无”动画效果即可。

2. 显示设置

用户可以对添加的动画效果进行设置，包括设置动画效果选项、动画显示计时、动画显示顺序等。具体操作步骤如下。

（1）设置动画效果选项

步骤01 选中已添加动画效果的对象。

步骤02 单击“动画”选项卡“动画”选项组中的“效果选项”下拉按钮，弹出下拉列表。

步骤03 选择指定的选项对动画效果进行设置。需要指出的是：下拉列表中包含的效果选项与在对象中添加的动画效果类型一致，动画效果类型不同，列表包含的设置选项也不同，有的动画效果类型不能设置动画效果选项。

步骤04 单击“动画”选项卡“动画”选项组右下角的对话框启动器，打开相应的对话框，可进一步设置动画效果。同样，在对象上添加的动画效果类型不同，对话框包含的设置选项也不同。

（2）动画显示计时

为对象添加动画效果后，能够设置其动画的开始显示时刻、持续时间和开始显示的延迟时间。延迟时间是指定动画开始显示的时刻到动画实际开始显示所经过的时间。

步骤01 单击“动画”选项卡“计时”选项组中的“开始”下拉按钮，在弹出的下拉列表中选择动画的开始显示时刻，包括“单击时”“与上一动画同时”“上一动画之后”。

步骤02 在“动画”选项卡“计时”选项组中的“持续时间”编辑框中输入或微调至动

画显示的持续时间。

步骤03 在“动画”选项卡“计时”选项组中的“延迟”编辑框中输入或微调至动画显示的延迟时间。

（3）动画显示顺序

当为多个对象添加动画效果后，其显示将按照添加动画效果的顺序进行。用户可以根据需要重新设置显示顺序。

步骤01 选中已添加动画效果的对象。

步骤02 单击“动画”选项卡“计时”选项组“对动画重新排序”中的“向前移动”或“向后移动”按钮，即可向前或向后调整对象的动画显示顺序。

3. 动画的触发显示

在幻灯片中，通过单击某一对象，能够触发某一事件。例如，单击某一图片，将播放一段指定的视频。被单击的图片称为触发器，而被播放的视频称为触发事件。能够在幻灯片中制作触发器，通过单击触发器的方式来控制对象的动画显示时机。以单击图 6-32 幻灯片中的“经济效益”按钮后显示的动画内容为例制作触发器。

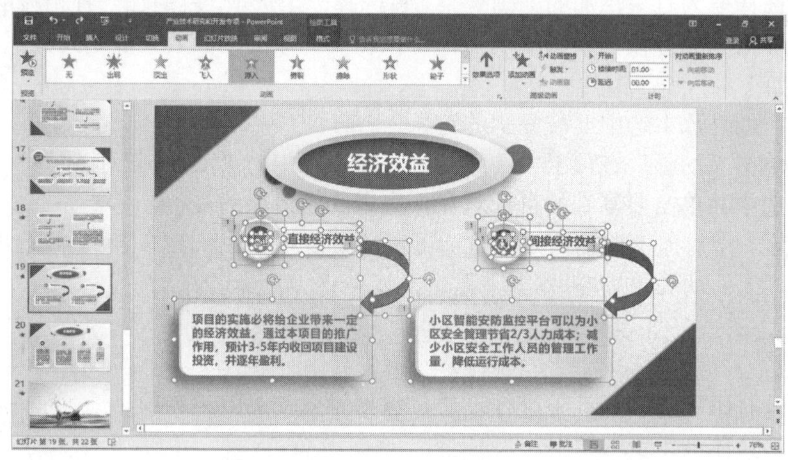

图 6-32　制作触发器实例

具体操作步骤如下。

步骤01 在幻灯片中选中被触发后要显示的对象，如图 6-32 所示，这些对象已被事先添加动画显示类型。

步骤02 单击“动画”选项卡“高级动画”选项组中的“触发”下拉按钮，弹出下拉列表。

步骤03 在弹出的下拉列表中选择“单击”命令，弹出的级联菜单如图 6-33 所示，选择作为触发器按钮的对象标题。例如，幻灯片中“经济效益”按钮的标题为“标题 4”，则选择“标题 4”命令即可完成触发器的制作。

播放幻灯片时，单击触发器按钮，将动画地显示被触发的对象。例如，单击幻灯片中的“经济效益”按钮，则与该按钮相连接的对象将动画地显示在幻灯片中。

图 6-33　触发器按钮的选择

4. SmartArt 图形的动画显示

SmartArt 图形能够让文字与文字之间的关联性更加清晰和生动，使普通用户能够以专业设计师的水准设计演示文稿。除 PowerPoint 中 SmartArt 图形的基本显示方法外，还能以动画形式显示 SmartArt 图形，使演示文稿的制作更具风格。在幻灯片中为 SmartArt 图形添加动画的具体操作步骤如下。

步骤01 选中幻灯片中要应用动画显示的 SmartArt 图形。

步骤02 单击“动画”选项卡“动画”选项组中的“其他”下拉按钮，在弹出的下拉列表中选择要为对象添加的动画效果。

步骤03 单击“动画”选项卡“高级动画”选项组中的“动画窗格”按钮，打开“动画窗格”窗格，如图 6-34 所示。其中的数字所标注的每一组对象标题与幻灯片中的相等数字所标注的对象一一对应，如“动画窗格”中数字“2”标注的对象标题“文本框 36：建立一套...”对应幻灯片中数字“2”标注的文本框对象；“Freefrom 310”对应幻灯片中数字“2”标注的齿轮状图形。

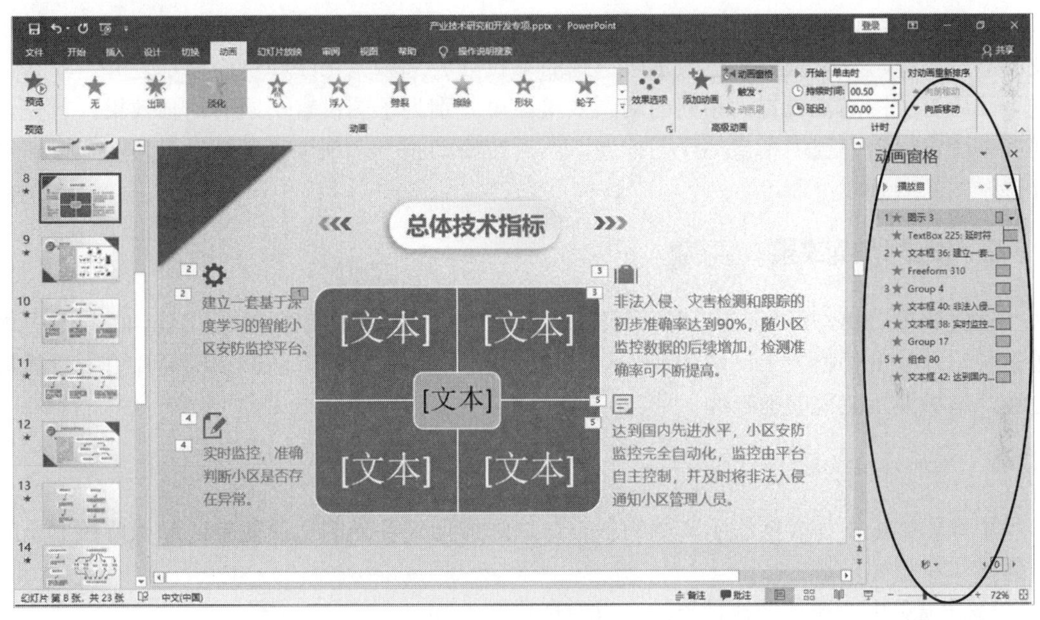

图 6-34　动画窗格

步骤04 单击 SmartArt 图形的下拉按钮，弹出下拉列表。

步骤05 选择“效果选项”命令，打开相应的动画效果设置对话框，如图 6-35 所示。如果 SmartArt 图形和它的动画效果不同，则对话框的选项设置也将有所不同。

步骤06 在“SmartArt 动画”选项卡“组合图形”下拉列表中选择 SmartArt 子图的动画显示的组合形式，其中：①作为一个对象。将全部子图视为整体应用动画效果。②整批发送。将全部子图分别应用动画效果，并同步显示。③逐个。将全部子图分别应用动画效果，并按顺序依次显示。④一次按级别。将全部子图分别应用动画效果，并从中心向外按照层次同步显示。⑤逐个按级别。将全部子图分别应用动画效果，并从中心向外依次显示。

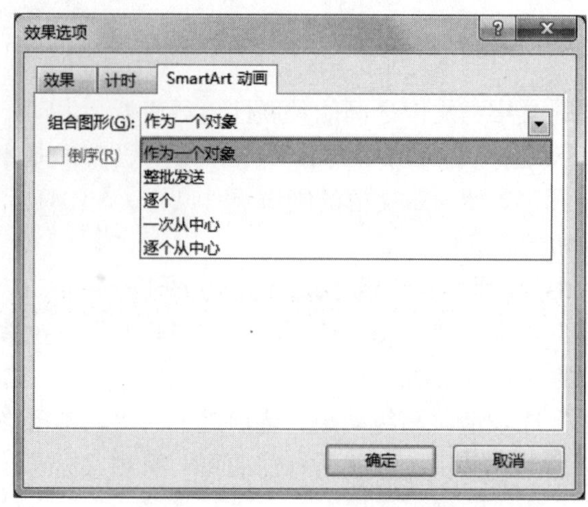

图 6-35　动画效果设置的对话框

步骤07 单击“确定”按钮，完成设置。

如果选中对话框中的“倒序”复选框，则 SmartArt 图形的动画显示将按照与选择的相反的顺序进行。复选框为灰色表示所选择的下拉列表选项无正序和倒序显示之分。默认情况下，所有子图均被设置为相同的动画效果，可分别为子图设置不同的动画效果。首先，在“动画窗格”中选中指定的子图标题，然后在“动画”选项卡“动画”选项组中重新选择该子图的动画效果即可。

6.3.2 设置切换效果

切换效果是指幻灯片进入和离开计算机屏幕时呈现的整体视觉效果。PowerPoint 提供了多种幻灯片的切换效果，适当地在幻灯片之间加入切换效果，能够使幻灯片更为自然地过渡，增加演示文稿的趣味性。

1. 添加切换效果

用户能够根据需要向演示文稿的各幻灯片添加形式各异的切换效果。添加切换效果的具体操作步骤如下。

步骤01 选中要添加切换效果的一组幻灯片。

步骤02 单击“切换”选项卡“切换到此幻灯片”选项组中的“其他”下拉按钮，如图 6-36 所示，弹出的切换效果下拉列表如图 6-37 所示。

图 6-36　“切换”选项卡

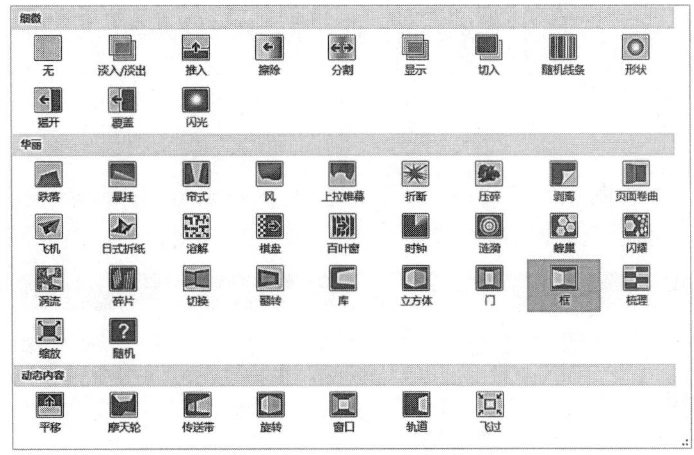

图 6-37　切换效果下拉列表

步骤03 用户可以根据需要，在切换效果下拉列表中选择指定的切换效果即可。

2. 设置切换属性

设置切换属性主要包括对幻灯片切换的运动方向、换片方式、持续时间和声音效果进行设置。设置切换属性的具体操作步骤如下。

（1）运动方向

步骤01 选中已设置好切换效果的幻灯片。

步骤02 单击“切换”选项卡“切换到此幻灯片”选项组中的“效果选项”下拉按钮，在弹出的下拉列表中选择幻灯片切换的运动方向即可。

（2）换片方式

步骤01 选中要设置换片方式的幻灯片。

步骤02 选中“切换”选项卡“计时”选项组“换片方式”中的“单击鼠标时”复选框，如图 6-36 所示，在播放时，可通过单击切换幻灯片；选中“切换”选项卡“计时”选项组“换片方式”中的“设置自动换片时间”复选框，可在对应的编辑框中输入或微调至幻灯片的自动切换时间。如果两者均被选中，则在自动切换时间内单击，幻灯片将被切换。

（3）持续时间

持续时间是指从当前幻灯片离开屏幕的时刻开始到另一幻灯片被完全显示在屏幕上为止所经历的时间。

步骤01 选中要设置切换持续时间的幻灯片。

步骤02 在“切换”选项卡“计时”选项组中的“持续时间”编辑框中输入或微调至切换到该幻灯片时的持续时间即可。

（4）声音效果

步骤01 选中要设置切换声音效果的幻灯片。

步骤02 单击“切换”选项卡“计时”选项组中的“声音”下拉按钮，在弹出的下拉列表中选择要播放的声音即可。

6.3.3　幻灯片的超链接

在对象上建立超链接能够从当前幻灯片链接到其他的幻灯片、文件或网页，它对于文稿演示具有鲜明的导航作用，保证文稿演示过程中实现快速跳转，使观看者对演示内容的理解更有条理。

1. 建立超链接

用户可以在文本、图片、剪贴画、图形、表格、SmartArt 图形等一些对象上建立超链接。下面以为图 6-38 所示的幻灯片中的“序言”建立超链接为例，具体操作步骤如下。

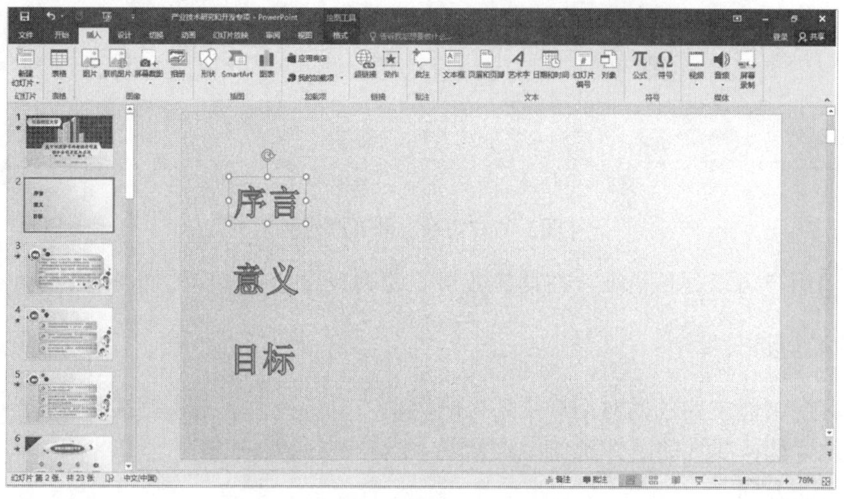

图 6-38　选中建立超链接的对象

步骤01 在幻灯片上选中要建立超链接的对象“序言”。

步骤02 单击“插入”选项卡“链接”选项组中的“链接”按钮，如图 6-39 所示，打开“插入超链接”对话框，如图 6-40 所示。

图 6-39　“插入”选项卡

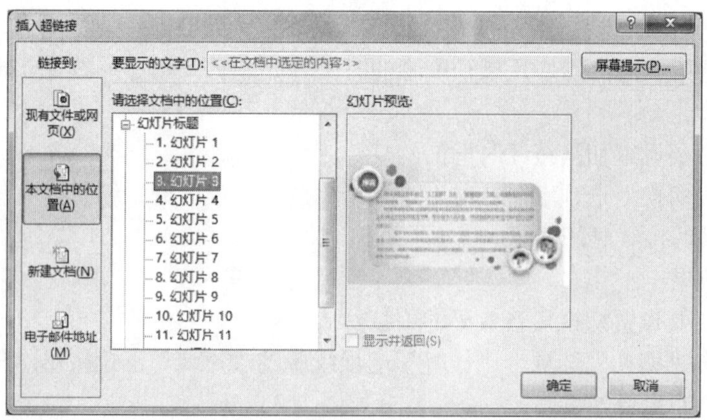

图 6-40　“插入超链接”对话框

步骤03 在“链接到”列表框中，选择被链接的对象类型，包括以下 4 种。

① 现有文件或网页。链接到本机文件或网站网页上。

② 本文档中的位置。链接到本演示文稿的其他幻灯片。

③ 新建文档。链接到 Internet 文件、Word 文件、Excel 工作簿、PowerPoint 演示文稿等各类文档。

④ 电子邮件地址。链接到网络电子邮箱。

本例选择“本文档中的位置”命令，表明单击“序言”后，将链接到当前演示文稿的其他幻灯片进行播放，如果要链接到第三页幻灯片进行播放，则在“请选择文档中的位置”列表框中选择“3. 幻灯片 3”命令。可在“要显示的文字”文本框中输入超链接对象的显示文本，本例即为“序言”。如果不能向超链接对象中输入文本，则文本框不可用。单击“屏幕提示”按钮可为对象添加提示信息，使鼠标指针移到该对象上时，自动弹出提示信息。

步骤04 单击“确定”按钮，完成超链接的建立。

2. 动作设置

在制作幻灯片的过程中，使用 PowerPoint 提供的内置动作按钮，也可以实现超链接的建立，可分为两种：①单击内置按钮时，超链接到指定对象；②当鼠标指针移到内置按钮上时，链接到指定对象。动作设置的具体操作步骤如下。

步骤01 选中要插入动作按钮的幻灯片。

步骤02 单击“插入”选项卡“插图”选项组中的“形状”下拉按钮，弹出的下拉列表如图 6-41 所示。

步骤03 用户可以根据需要，在“动作按钮”选项组选择一种动作按钮，鼠标指针将变为绘制状态。

步骤04 按住鼠标左键，在要建立超链接的位置拖动鼠标来绘制动作按钮，当动作按钮的尺寸满足要求时，释放鼠标左键即可完成绘制。此时，将会自动打开“操作设置”对话框，如图 6-42 所示。

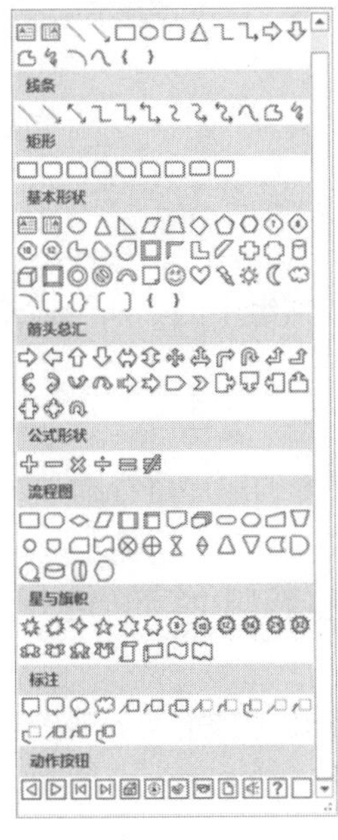

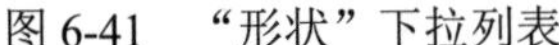

图 6-41　“形状”下拉列表

图 6-42　“操作设置”对话框

步骤05 在该对话框中设置被链接到的对象。在“单击鼠标”选项卡和“鼠标悬停”选项卡中进行的设置将分别被应用于鼠标单击动作按钮和移动鼠标指针滑过动作按钮时的超链接。

步骤06 单击“确定”按钮，完成建立。

选中幻灯片中指定的对象后，通过单击“插入”选项卡“链接”选项组中的“动作”按钮，能为其他对象设置单击或移动鼠标指针的超链接。

6.4 PowerPoint 幻灯片的播放与共享

当幻灯片制作完成后，演讲者在演讲的同时就可以将幻灯片播放给观看者观看，以达到图、文、声并茂的效果。制作者能够根据不同的应用场合对幻灯片的播放效果进行设置，并能将幻灯片发送或转换为其他格式的文档，以实现共享。

6.4.1 播放幻灯片

用户可以采用以下几种形式来播放幻灯片，每种形式的具体操作步骤如下。

（1）从头开始播放

步骤01 打开要播放的 PowerPoint 演示文稿。

步骤02 按 F5 键或单击“幻灯片放映”选项卡“开始放映幻灯片”选项组中的“从头开始”按钮，如图 6-43 所示，从头开始播放幻灯片。

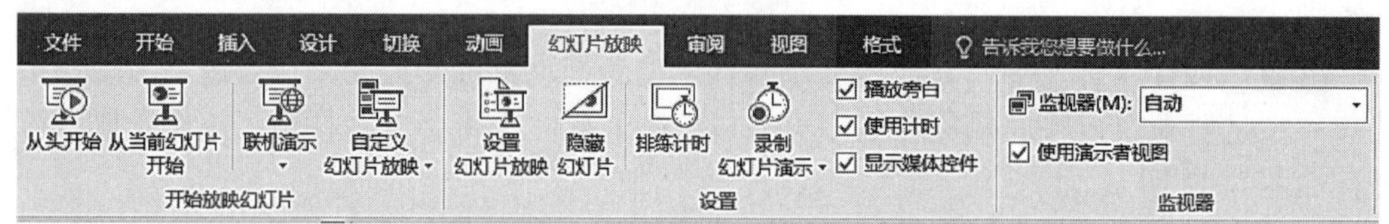

图 6-43 “幻灯片放映”选项卡

（2）从当前幻灯片开始播放

步骤01 打开要播放的 PowerPoint 演示文稿。

步骤02 选中要播放的起始幻灯片。

步骤03 单击“幻灯片放映”选项卡“开始放映幻灯片”选项组中的“从当前幻灯片开始”按钮，将从选中的幻灯片开始进行播放。

（3）自定义播放

自定义播放用于将演示文稿中的一组幻灯片按照事先设置好的顺序进行播放。

步骤01 打开要播放的 PowerPoint 演示文稿。

步骤02 单击“幻灯片放映”选项卡“开始放映幻灯片”选项组中的“自定义幻灯片放映”下拉按钮，弹出下拉列表。

步骤03 在弹出的下拉列表中选择“自定义放映”命令，打开“自定义放映”对话框，如图 6-44 所示。

步骤04 单击“新建”按钮，打开“定义自定义放映”对话框，如图 6-45 所示。

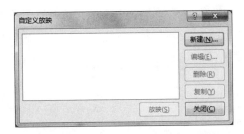

图 6-44　“自定义放映”对话框

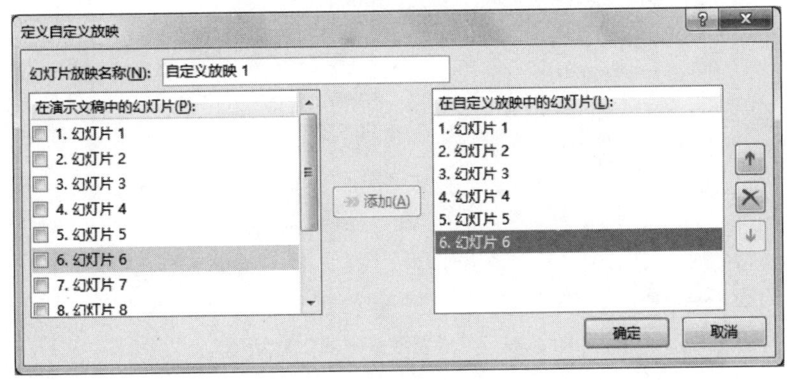

图 6-45　“定义自定义放映”对话框

步骤05 在“幻灯片放映名称”文本框中输入自定义放映幻灯片的名称，它在定义成功后，将被存入“幻灯片放映”选项卡“开始放映幻灯片”选项组中的“自定义幻灯片放映”下拉列表中，在下拉列表中选择此名称，能够自定义地放映幻灯片；在“在演示文稿中的幻灯片”列表框中，按照播放顺序分别选择要自定义播放的幻灯片，通过单击“添加”按钮，把选中的幻灯片添加到“在自定义放映中的幻灯片”列表框中，在该列表框中选中某一幻灯片后，单击右侧的按钮，可以重新调整幻灯片播放顺序；单击“删除”按钮，可以从自定义播放的幻灯片中删除该页。

步骤06 单击“确定”按钮，自定义放映的幻灯片将会被添加到“自定义放映”对话框中的“自定义放映”列表框中，如图 6-46 所示。通过单击“放映”按钮，也能够自定义地放映幻灯片。按 Esc 键即可退出幻灯片放映。

图 6-46　显示自定义放映名称

6.4.2　播放设置

演讲者可以根据需要对幻灯片的播放进行控制，也可以使幻灯片从开始播放到结束播放的整个播放过程在无任何干预的情况下自动进行。因此，为了满足不同场合的播放需求，在幻灯片播放前需要进行相应的设置工作。

1. 设置放映方式

用户能够对幻灯片的放映方式进行相关设置，以达到不同的放映效果。设置放映方式的具体操作步骤如下。

步骤01 单击“幻灯片放映”选项卡“设置”选项组中的“设置幻灯片放映”按钮，打开“设置放映方式”对话框，如图 6-47 所示。

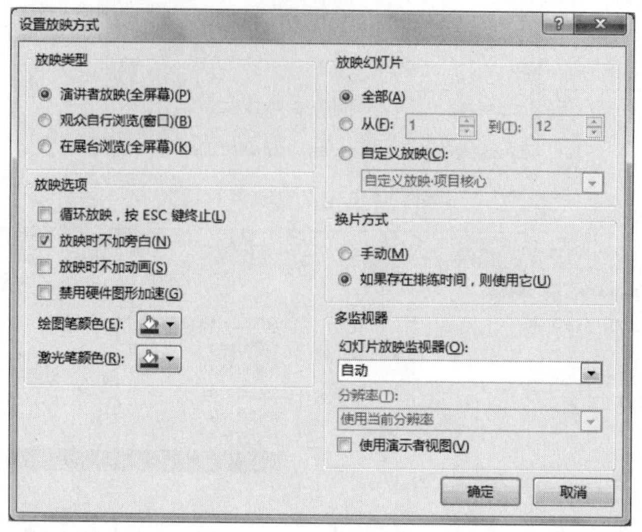

图 6-47 “设置放映方式”对话框

步骤02 在该对话框中即可进行设置。其中，包括以下 4 个选项组。

① “放映类型”选项组。

a．演讲者放映（全屏幕）：由演讲者控制、全屏幕地播放幻灯片，通常适用于教学授课或会议场合。

b．观众自行浏览（窗口）：允许观看者以交互方式控制幻灯片的播放，通常应用于展览会议场合。单击屏幕右下角的左右方向键按钮（图 6-48），可分别切换到当前幻灯片的前一页和后一页幻灯片进行播放；单击按钮中间的“菜单”按钮，可在弹出的下拉列表中选择“定位至幻灯片”命令，然后在弹出的级联菜单中选择指定的幻灯片进行播放。

c．在展台浏览（全屏幕）：该类型采用全屏播放，可采用事先编排好的演练时间循环播放，观看者只能观看，不能控制，适用于产品橱窗和展览会上循环播放产品信息等场合。

② “放映幻灯片”选项组。

a．全部：播放演示文稿的全部幻灯片。

b．从……到……：指定幻灯片的播放范围。

c．自定义放映：选择自定义放映的幻灯片进行播放。

③“放映选项”选项组。

a．循环放映，按 ESC 键终止：选择是否循环放映。

b．放映时不加旁白：选择放映时是否能够加入旁白。

c．放映时不加动画：选择是否以动画方式播放幻灯片。

d．绘图笔颜色：选择绘图笔的颜色。

e．激光笔颜色：选择激光笔的颜色。

④ “推进幻灯片”选项组。

a．手动：手动控制幻灯片的播放，适用于“演讲者放映”和“观众自行浏览”播放类型。

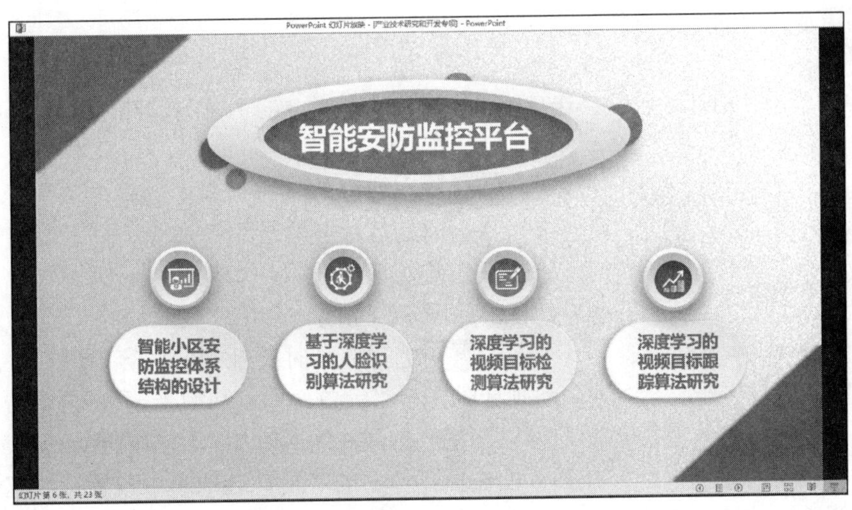

图 6-48　“观众自行浏览”播放类型

b. 如果存在排练时间，则使用它：按照排练计时自动播放幻灯片，适用于“在展台浏览”播放类型。

步骤03 单击“确定”按钮，完成设置。

2. 使用排练计时

排练计时用于记录每一页幻灯片的排练播放时长，使幻灯片在播放时，能够按照排练计时的时长自动切换每一页。使用排练计时设置幻灯片切换时间的具体操作步骤如下。

步骤01 打开要排练计时的演示文稿。

步骤02 单击“幻灯片放映”选项卡“设置”选项组中的“排练计时”按钮，系统开始以排练计时方式全屏播放幻灯片，并打开“录制”工具栏，如图 6-49 所示。

步骤03 当排练计时播放完成，单击“关闭”按钮，弹出提示对话框询问是否保留排练计时，如图 6-50 所示。

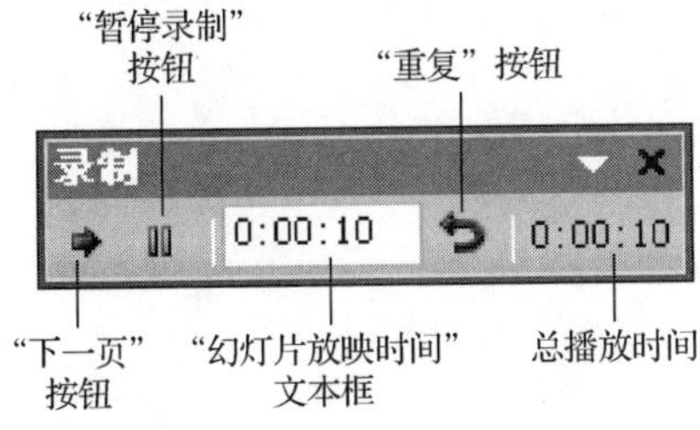

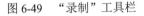

图 6-49　“录制”工具栏

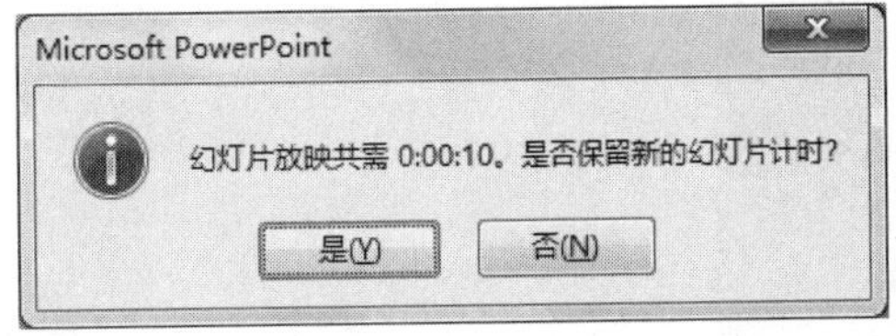

图 6-50　提示对话框

步骤04 单击“是”按钮，保留排练计时。

保留了排练计时后，首先在“设置放映方式”对话框中的“换片方式”选项组中选中“如果存在排练时间，则使用它”单选按钮，再从头播放幻灯片，即可按照排练的计时时间进行播放。

3. 录制语音旁白或鼠标轨迹

演讲者能够录制整个文稿的演示过程并加入旁白，便于将文稿转换为视频或提供给他人。录制语音旁白的具体操作步骤如下。

步骤01 打开要播放的演示文稿。

步骤02 单击“幻灯片放映”选项卡“设置”选项组中的“录制幻灯片演示”下拉按钮，弹出下拉列表。

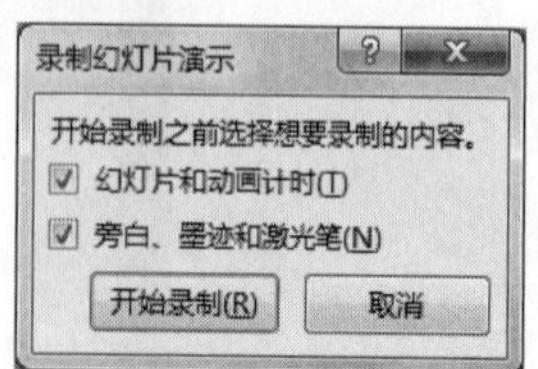

图 6-51 “录制幻灯片演示”对话框

步骤03 在弹出的下拉列表中选择“从头开始录制”或“从当前幻灯片开始录制”命令，则录制将会从头开始或从当前幻灯片开始，均打开“录制幻灯片演示”对话框，如图 6-51 所示。

步骤04 选择演示时要录制的内容，包括“幻灯片和动画计时”与“旁白、墨迹和激光笔”，再单击“开始录制”按钮，进入幻灯片播放视图，可以在播放幻灯片的同时加入旁白内容。

录制时，可右击幻灯片，在弹出的快捷菜单中的“指针选项”中设置标注笔类型和墨迹颜色等属性，使演讲者能够在幻灯片中使用鼠标勾画和标注重点内容。

6.4.3 共享幻灯片

制作完成的幻灯片也能够与其他用户实现共享，共享主要包括云端共享、电子邮件共享、联机演示、发布幻灯片等，与 Word 相类似，可以分别选择“文件”→“共享”中的“与人共享”、“电子邮件”和“联机演示”命令，如图 6-52 所示。它们的功能和实现方法都与 Word 中的相同。

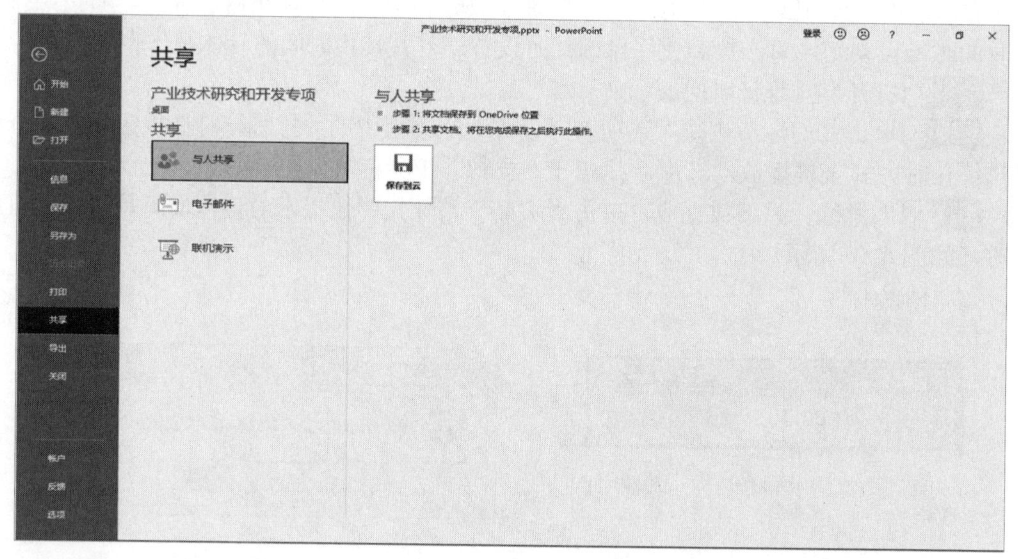

图 6-52 “共享”界面

共享幻灯片还可以保存成其他形式的文件提供给用户使用。具体操作步骤如下。

步骤01 选择“文件”→“另存为”命令，打开“另存为”界面，如图 6-53 所示。该界面包括 5 个选项，分别是“最近”、“OneDrive”、“这台电脑”、“添加位置”和“浏览”。其中，“最近”用于列出近期使用过的目录，用户可以从中选择一个来保存文件；“OneDrive”用于把文件保存到云存储器，使用之前也要求用户注册并登录到云存储器后才能进行保存；“这台电脑”用于在本地机器选择一个目录来保存文件；“添加位置”用于从云端选择其他的云存储器来保存文件；“浏览”也用于在本地机器选择一个目录来保存文件。

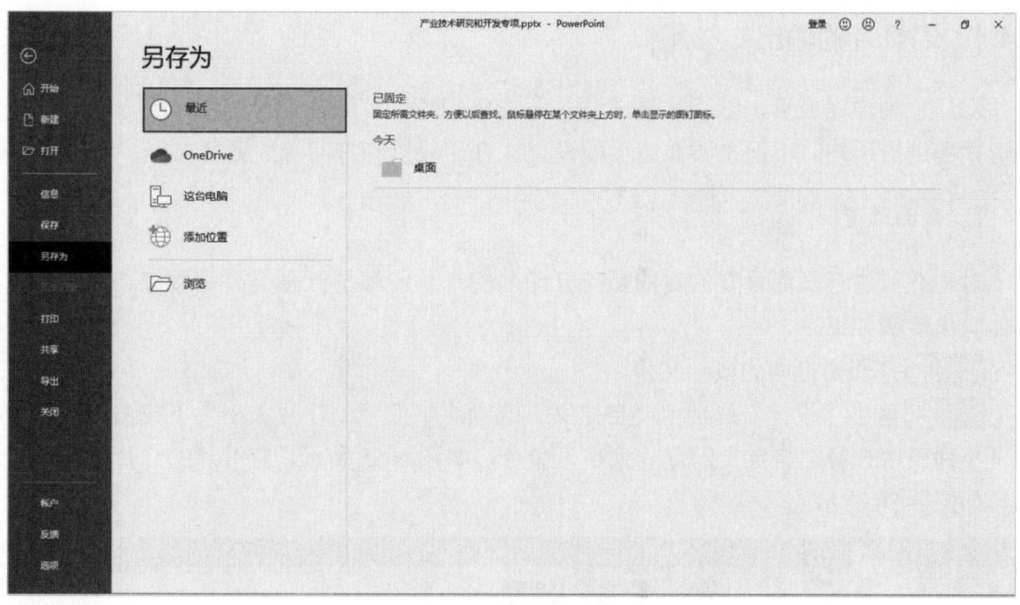

图 6-53 “另存为”页面

步骤02 当用户选择了某一项，将打开“另存为”对话框，如图 6-54 所示。此时，在“保存类型”下拉列表中选择“PowerPoint 97-2003 演示文稿”或“PowerPoint 演示文稿”命令来实现与使用早期版本的 PowerPoint 用户交换使用演示文稿；选择“pdf”或“XPS 文档”命令实现将演示文稿发布为 PDF/XPS 文档；选择“PowerPoint 放映”命令可把演示文稿转换为直接放映格式，转换为放映格式后，能在未安装 PowerPoint 的情况下直接播放演示；选择“MPEG-4 视频”或“Windows Media 视频”命令可以把演示文稿转换为视频文件，可以使用视频播放器进行播放演示。

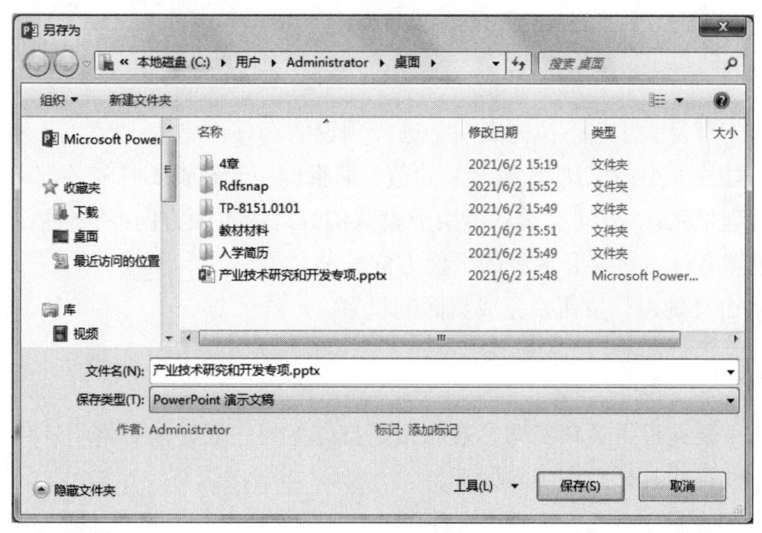

图 6-54 “另存为”对话框

6.4.4 幻灯片的输出

幻灯片制作完成后，除直接播放外，还能将幻灯片打印在适合的纸张上，以纸质文档的形式提供给用户。下面主要介绍页面设置、打印设置和打印等主要环节。

1. 页面设置

对幻灯片进行页面设置的目的是使打印的幻灯片能够与纸张类型相适应。页面设置的具体操作步骤如下。

步骤01 打开要打印的演示文稿。

步骤02 单击“设计”选项卡“自定义”选项组中的“幻灯片大小”下拉按钮，在弹出的下拉列表中选择“自定义幻灯片大小”命令，如图 6-55 所示，打开“幻灯片大小”对话框，如图 6-56 所示。

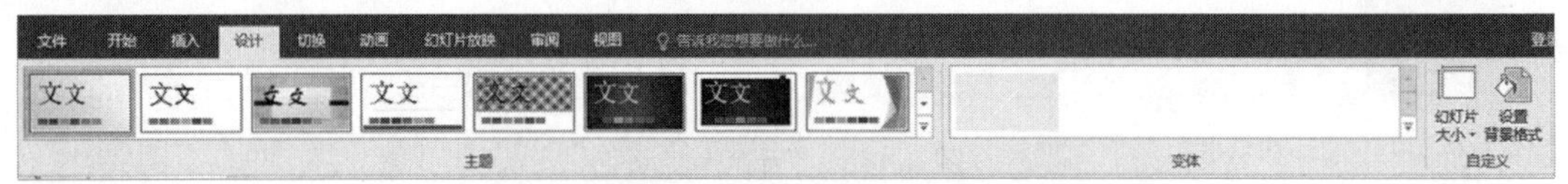

图 6-55 “设计”选项卡

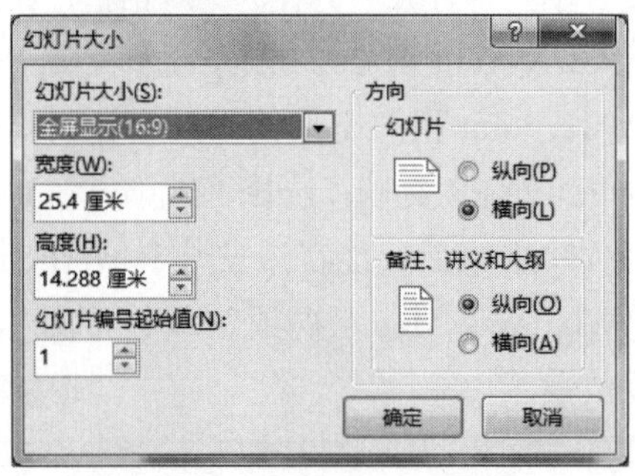

图 6-56 “幻灯片大小”对话框

步骤03 “幻灯片大小”下拉列表用于选择预设的幻灯片尺寸；“宽度”和“高度”编辑框用于设置幻灯片大小；“幻灯片编号起始值”编辑框用于设置幻灯片的起始编号，打印后可根据编号整理纸张；“方向”选项组用于设置幻灯片的页面方向；“备注、讲义和大纲”选项组用于设置备注、讲义和大纲的页面方向。

步骤04 单击“确定”按钮，完成页面的设置。

2. 打印设置

打印设置主要是设置各项打印参数和预览打印效果，保证能够将幻灯片正确地打印在纸张上。打印设置的具体操作步骤如下。

步骤01 页面设置完成后，选择“文件”→“打印”命令，打开“打印”界面，如图 6-57 所示。

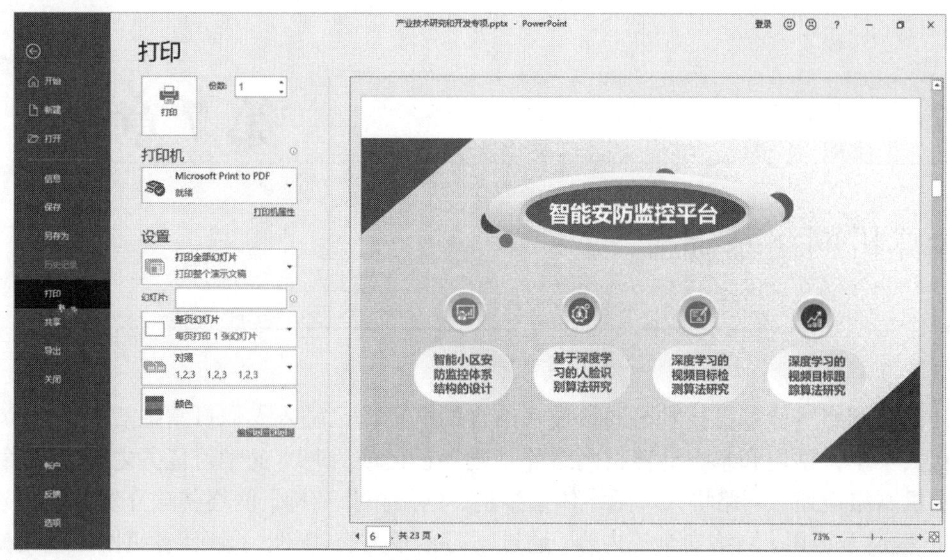

图 6-57　“打印”界面

步骤02 其中，“份数”编辑框用于设置幻灯片的打印数量；“打印机”下拉列表用于选择要使用的打印机；“设置”选项组中的下拉列表按照顺序分别用于设置幻灯片的打印范围、每页纸张上能够打印的幻灯片页数、单面打印或双面打印、调整顺序、纸张横向或纵向打印、黑白或彩色打印。

3. 打印

打印设置完成以后，通过单击页面上的“打印”按钮，即可打印幻灯片，形成纸质文档。若在“打印机”下拉列表中选择“Microsoft Print to PDF”，则表示“打印输出到 PDF 文档”，幻灯片将被转换为 PDF 文档保存起来。

第 7 章

计算机网络基础

计算机网络是计算机技术与通信技术结合的产物，已融入人们日常生活工作之中。作为当代大学生，学习和掌握计算机网络的基础知识已成为基本的学习任务之一。本章将介绍计算机网络概述、网络协议、网络体系结构、网络拓扑结构、网络传输介质及连接设备、Internet 概述及应用、网络安全等内容。通过学习本章内容，应当了解计算机网络基础知识，理解计算机网络协议，熟练使用 Internet 提供的各种应用。

7.1 计算机网络概述

7.1.1 计算机网络的产生与发展

计算机网络技术已成为发展较快的信息技术领域之一。特别是随着无线互联网的飞速发展，网络正在改变着人们日常的生活方式。

计算机网络诞生至今，主要经历了 4 个发展阶段。

（1）第一阶段（20 世纪 50 年代）

早期计算机网络可以说是一种远程联机系统，这种系统以单台计算机作为中心，采用分时系统，为不同用户终端分配可以使用的时间片。用户终端包括显示器、键盘等，没有配置 CPU 和硬盘、内存，仅具有输入/输出的基本功能。当时，这种计算机网络被定义为以传输信息为目的而连接起来，实现远程信息处理或进一步达到资源共享的系统。可以说，这个阶段的计算机网络仅仅是一个雏形，并非真正意义上的计算机网络。

（2）第二阶段（20 世纪 60～70 年代）

这一阶段的典型网络是 ARPAnet（Advanced Research Projects Agency network），它由美国国防部高级研究计划局组建。ARPAnet 是基于分组交换技术建立的。分组交换的本质是存储转发，以网络为中心，主机和网络终端设备都设置在网络外部，分组交换网可以将用户提供的硬件和软件资源利用共享资源子网实现共享，方便信息沟通交流。计算机网络应用分组交换技术后，改变了以往计算机网络的概念、结构及设计理念，基本建立了计算机网络的结构模式。

（3）第三阶段（20 世纪 70～90 年代）

随着网络体系结构的建立和国际标准的制定，计算机网络进入了具有统一网络体系结构并遵守国际标准的时期。自 ARPAnet 建立后，计算机网络逐渐从军事领域向民用领域发展。各大计算机厂商和科技公司不断推出符合自身软硬件产品要求的网络体系结构。信息要顺利沟通交流，就离不开标准化的环境，而不同的标准将使不同计算机产品之间无法进行信息互通互连。基于这种背景，网络通用体系结构逐渐建立起来，即 OSI/RM（open system interconnection/reference model，开放系统互连参考模型）体系结构和 TCP/IP 体系结构。其中，OSI/RM 体系结构是 1977 年由国际标准化组织（International Organization for Standardization，ISO）提出的，并于 1984 年正式发布。这个阶段，计算机网络具有了统一的网络体系结构，遵循国际标准化协议。

（4）第四阶段（20 世纪 90 年代至今）

这个阶段计算机网络的特点是 Internet 高速发展。随着人们对网络需求的增长，网络接入技术也不断发展，主要体现在 BISDN（broadband intergrated services digital network，宽带综合业务数字网）和 ATM（asynchronous transfer mode，异步传输模式）技术的发展。随着数字通信的出现，计算机网络呈现出高速化、协同化、智能化快速发展的态势。在这个阶段，Internet 逐渐走入千家万户，移动互联网伴随智能手机等移动智能终端得到普及推广，为人们提供了丰富多彩的移动互联生活。

7.1.2　计算机网络的定义

随着计算机网络的迅速发展，对于其定义，不同学者存在着不同的观点。目前，比较通用的定义如下：利用通信线路和通信设备，把地理位置上分散或不同，并具有独立功能的多个计算机系统互相连接，按照统一的网络协议进行通信，以实现硬件及软件资源共享和数据通信的计算机系统的集合。

计算机网络的定义体现在以下几个方面。

1）资源共享和数据通信是计算机网络建立的主要目的。其中，需要共享的资源包括软件资源和硬件资源。数据通信可将不同计算机通过网络的互通互连，实现协同工作。

2）计算机网络基本组成单位是多个具有独立功能的计算机，这种计算机在脱离网络后仍然能够独立工作。

3）构成网络的计算机之间要实现数据通信和资源共享，必须依靠网络连接设备和传输介质，并且必须严格遵守事先约定的统一的网络协议。

7.1.3　计算机网络的组成

从物理连接方面分析，计算机网络由计算机系统、通信链路、网络结点组成。其中，计算机系统进行各种数据处理，通信链路和网络结点提供通信功能。

从逻辑功能方面分析，计算机网络可分为资源子网和通信子网，如图 7-1 所示。

1. 资源子网

资源子网由计算机及各种外围设备组成，主要负责信息处理、信息分组及共享资源管理。

2. 通信子网

通信子网主要由通信设备（如路由器、交换机等）及通信线路（如光纤、无线电波等）组成，主要负责分组信息的交换。

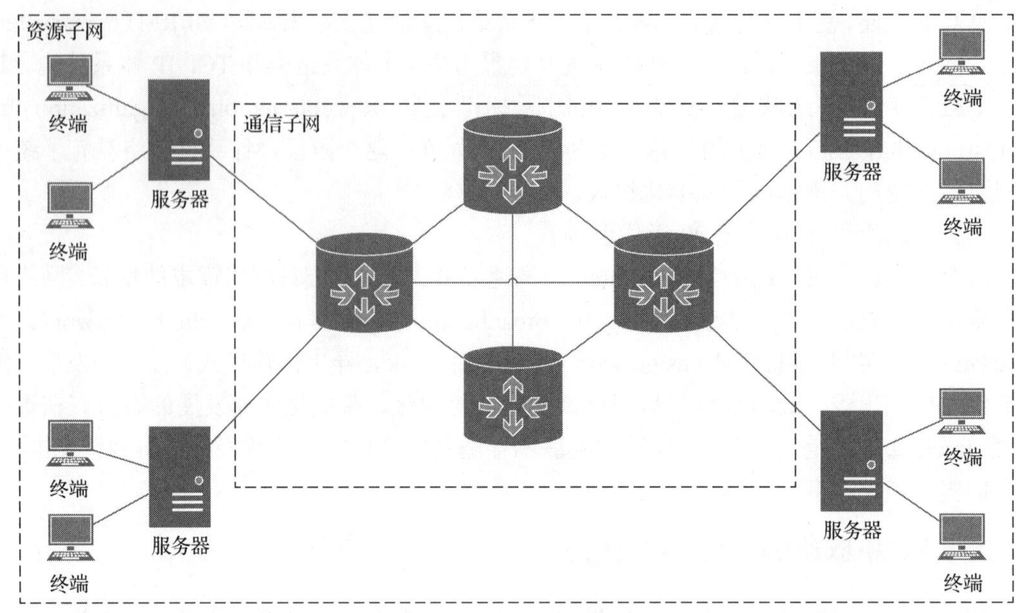

图 7-1 计算机网络的组成

7.1.4 计算机网络的功能

计算机网络主要的功能是数据通信和资源共享。另外，计算机网络还可提升系统安全性和可靠性。

（1）数据通信

数据通信是计算机网络的基本功能之一。随着大数据、人工智能的发展，每天都产生大量的数据信息，通过计算机网络将数据进行捕捉、管理和处理，将有效提升数据的利用率。电子邮件等现代化通信手段的应用，改变了以往传统信件发送的方式，还可以发送图形图像、音频、视频等，实现了分布于不同地理位置上不同用户的快速数据传输与交流。基于数据通信的网络协同办公平台的出现，为企事业单位提供了一个网络办公环境，可进行视频会议或协同办公，在家就可以完成日常工作。

（2）资源共享

资源共享包括软件资源、硬件资源的共享，是计算机网络应用的重点。通过资源共享，用户可以获得网络覆盖范围内的各类资源，实现协同工作，提高资源利用率。

1）硬件资源方面，用户共享计算机网络中的不同硬件设备，包括网络存储、打印设备、通信线路、图形图像工作站等，降低办公成本。

2）软件资源方面，随着大型数据库系统、网络应用软件的普及，允许计算机网络用户共享服务器中的数据或程序。

（3）可提升系统安全性与可靠性

系统的安全可靠对于军事、金融等部门至关重要，计算机网络的构建，可以将数据、程序等资源备份到网络中的不同终端，即实现容灾备份。这就可以防止因地震、洪水、火灾等灾害使服务器受损导致的数据丢失，提高了系统的安全性和可靠性。此外，计算机网络通信线路可以构建冗余线路，防止单一通信线路中断导致系统数据传输中断带来的损失，提高了网络系统可靠性。

7.1.5 计算机网络的分类

计算机网络可根据不同的标准进行划分。根据划分方法的不同，计算机网络具有不同的分类，一般有以下几种分类方法。

1. 按网络覆盖的地理范围分类

按网络覆盖的地理范围分类，计算机网络可分为局域网、城域网和广域网。

（1）局域网（local area network，LAN）

局域网主要应用于较小的地理范围，一般在几十米到几千米范围以内。局域网是最常见也是应用最为广泛的一种网络。随着宽带走入家庭，很多家庭开始部署自己的家庭局域网，以便于家庭成员之间的资源共享。各类机关、企事业单位也都建立了基于本机构的局域网，如政务网、校园网、企业网等。一个局域网，一般可以容纳的计算机少则几台，多则上千台。

局域网具有如下特性。

1）规模小、传输延迟小、数据传输错误率低，并可提供较高的数据传输速率（10～1000Mb/s）。

2）用户数量少、配置简单、管理方便、易于建立、使用灵活、组件成本较低，主要用于实现短距离的数据通信与资源共享。

3）覆盖的地理范围有限，一般归属于同一个组织机构，不存在寻径问题，如一个公司、一所学校、一个医院、某一幢楼等。

（2）城域网（metropolitan area network，MAN）

城域网一般覆盖一座城市，一般在十几千米到上百千米的范围内，是一个规模较大的城市范围内的网络。城域网常采用 ATM 技术构建骨干网，是局域网扩大应用范围后出现的一种网络类型，可以理解为局域网的拓展。城域网可以满足几十千米范围内的各大机关、企事业单位等机构的日常网络通信需求，实现在用户数量众多、信息量庞大的情况下的数据通信与资源共享。

城域网具有如下特性。

1）主要应用场景为几十千米范围内的多用户、多机构下的网络互连。

2）覆盖地理范围相对局域网要广。

3）网络组建复杂、建设成本高、数据传输距离远。

4）可实现大量企事业单位、机构等之间的数据通信。

（3）广域网（wide area network，WAN）

广域网覆盖范围比城域网更广，一般在不同城市之间的局域网或城域网进行网络互连，范围在几十千米到几万千米。其范围可以小到一个城市，大到一个国家，甚至跨越几个国家、越过洲界，直至整个世界。广域网的建设需要借助电话线路、卫星通信线路等公共传输网来实现。ARPAnet 是世界上第一个广域网，将分布于美国各地不同计算机和网络相互连接，实现数据通信与资源共享，为 Internet 的产生奠定了技术基础。

广域网具有如下特性。

1）覆盖地理范围相对城域网要广。

2）数据需要长距离传输，传输速率低。

3）传输介质和使用技术复杂，建设成本高。

4）传输误码率高。

2. 按传输介质分类

按照网络的传输介质分类，计算机网络可分为有线网络和无线网络两种。其中，局域网通常采用单一的传输介质，而城域网和广域网通常采用多种传输介质。

（1）有线网络

有线网络是指使用同轴电缆、双绞线等有线介质作为网络中全部通信介质的网络。常用的有线介质包括同轴电缆、双绞线、光缆、电话线等。其优点是技术成熟、安装便利、产品较多、实施方便、建设成本低、受气候环境的影响较小。同时，也存在传输速率低、抗干扰能力差、传输距离短等问题。

（2）无线网络

无线网络是指使用微波、无线电波等作为载体传输数据的网络。网络结点之间不再依赖有线介质的连接，网络部署灵活，建设成本低。其优点是具备高度移动性，架设维护简单，有利于智能手机等智能无线终端应用的普及。同时，也存在无线技术发展相对缓慢，信号质量和强度容易受到地理位置、天气等外在环境影响等问题。

3. 按拓扑结构分类

按拓扑结构分类，计算机网络可分为星形网络、总线型网络、环形网络、网形网络、树形网络等。

除了上述 3 种主要的计算机网络的分类方式外，按通信传输方式来划分，可以分为广播式网络和点到点网络；按照信号频带的占用方式来划分，可以分为基带网和宽带网；按照信息传输模式来划分，可以分为同步传输网和异步传输网等。

7.2 计算机网络协议

计算机网络协议是指网络上的计算机之间交换信息时必须遵守的规则、标准或约定的集合，是计算机网络的核心组成部分。协议明确规定了信息传输顺序、格式和内容，以及发送和接收方法的一系列规则。在网络各层中存在许多协议，接收方和发送方同层的协议必须一致，否则一方将无法识别另一方发送的信息。

网络协议主要由以下 3 个要素组成。

1）语法，即用户数据与控制信息的结构或格式。

2）语义，即需要发出何种控制信息，以及完成的动作与做出的响应。

3）时序，即对事件实现顺序的详细说明。

网络协议也有很多种，具体选择哪一种协议应视情况而定。常见的协议有 IPX/SPX 协议、NetBEUI 协议、TCP/IP 等。目前，Internet 上的计算机广泛使用的是 TCP/IP。

7.2.1 IPX/SPX 协议

IPX/SPX（Internet work packet exchange/sequences packet exchange，Internet 分组交换/顺序分组交换），是 Novell 公司开发的通信协议，具有很强的适应性，安装方便，同时具有路由功能，可实现多网段间的通信。其中，IPX 协议负责数据包的传送，SPX 负责数据包传输的完整性。在小型局域网中，IPX/SPX 协议的运行速度比 TCP/IP 快。IPX/SPX 协议多用于 Netware 网络环境及联网游戏。

7.2.2 NetBEUI 协议

NetBEUI（NetBios enhanced user interface，NetBios 增强用户接口）协议是由 IBM 公司于 1985 年发布的，是一种短小精悍、通信效率高的广播型通信协议，特别适用于所有网络运行都在一个局域网区段内的小型网络，并且安装后不需要进行设置。NetBEUI 协议主要用于本地局域网中，一般不能用于与其他网络的计算机进行沟通。

7.2.3 TCP/IP

TCP/IP（transmission control protocol/Internet protocol）即网络通信协议，是 Internet 最基本的协议，用于计算机之间的通信，目前已经成为网络尤其是 Internet 上进行数据传输的事实标准。

TCP/IP 由网络层的 IP 和传输层的 TCP 组成。TCP/IP 是互联网上广泛使用的一种协议，使用 TCP/IP 的 Internet 网络提供的主要服务有电子邮件、文件传输、远程登录、网络文件系统、电视会议系统和 WWW。TCP/IP 是 Internet 的基础，提供了在广域网内的路由功能，使 Internet 上的不同主机可以互连。

7.3 计算机网络体系结构

计算机网络是一个复杂的系统，一般由多台主机、网络连接设备和传输介质等组成，并且主机之间需要不断地交换数据。为确保主机之间可以有条理地交换数据，计算机网络中的每台主机或网络结点必须遵守科学合理的结构化管理体系，即计算机网络体系结构。常见的计算机网络体系结构有 OSI/RM 体系结构、TCP/IP 体系结构等。

7.3.1 OSI/RM 体系结构

为了使不同体系结构的计算机网络都能互连，国际标准化组织于 1977 年成立专门机构进行研究，提出了著名的 OSI/RM 体系结构，简称为 OSI 参考模型。OSI 参考模型分为 7 层，从下到上分别是物理层、数据链路层、网络层、传输层、会话层、表示层和应用层，如图 7-2 所示。

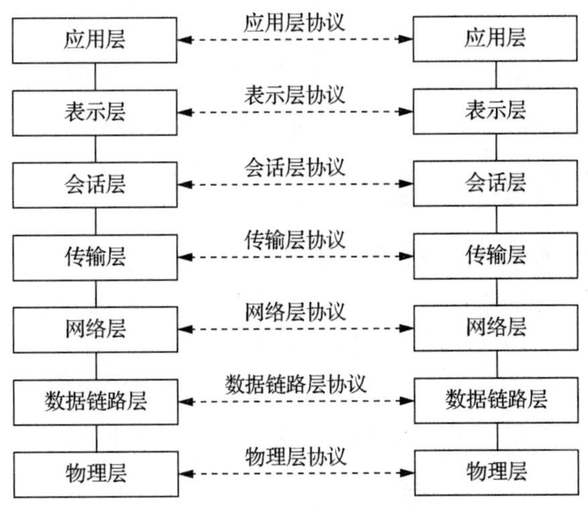

图 7-2 OSI 参考模型

（1）物理层

物理层是 OSI 参考模型中的最低层，它既不是指连接计算机的具体物理设备，又不是指负责信号传输的具体物理介质，而是指在连接开放系统的物理介质上为上邻的数据链路层提供传送比特流的一个物理连接。物理层的主要功能是为它的服务用户（即数据链路层的实体）在具体的物理介质上提供发送或接收比特流的能力。常见的物理层设备有中继器、集线器、无线 AP 等。

（2）数据链路层

数据链路层是 OSI 参考模型中的第二层，介于物理层和网络层之间。数据链路层在物理层提供的服务的基础上向网络层提供服务，其最基本的服务是将源主机网络层传来的数据可靠地传输到相邻结点的目标机网络层。常见的数据链路层设备有网络适配器、网桥、二层交换机等。

（3）网络层

网络层位于 OSI 参考模型的第三层，介于传输层和数据链路层之间，管理网络中的数据通信，设法将从发送端传输层传来的数据经过若干中间结点传输到接收端，进而将数据传输到接收端的传输层。网络层的目的是实现端到端的数据透明传输。常见的网络层设备有路由器等。

（4）传输层

传输层位于 OSI 参考模型的第四层，主要在通信子网提供的服务基础上，为源计算机和目的计算机之间提供可靠、透明的数据传输。可针对用户端的需求，采用一定的手段，屏蔽不同网络的性能差异，使用户无须了解网络传输的细节，获得相对稳定的数据传输服务。

（5）会话层

会话层位于 OSI 参考模型的第五层，主要为两个会话层实体进行会话提供会话连接管理服务。会话层为客户端的应用程序提供了打开、关闭和管理会话的机制，即半永久会话。

（6）表示层

表示层位于 OSI 参考模型的第六层，它从应用层获得数据并进行格式化供通信使用。该层将应用程序数据排序成一个有含义的格式并提供给会话层。这一层通过提供如数据加密等服务来负责安全问题，并压缩数据以使网络上需要传输的数据尽可能少。

（7）应用层

应用层位于 OSI 参考模型的最高层，主要为用户之间的通信提供专用的应用服务和程序，如事务处理程序、文件传输服务、电子邮件服务、WWW、Telnet 等。

7.3.2 TCP/IP 参考模型

尽管 OSI 参考模型理论上比较完整，但是由于其设计过于复杂，完全符合各层协议的商用产品很少，无法满足用户的需求。鉴于此，IETF（Internet Engineering Task Force，Internet 工程任务组）推出的 TCP/IP 参考模型得到了广泛应用。

TCP/IP 参考模型包括 4 个层次，由下到上分别为网络接口层、网络层、传输层、应用层。TCP/IP 参考模型与 OSI 参考模型相比，更加注重互连设备之间的数据传输，如图 7-3 所示。

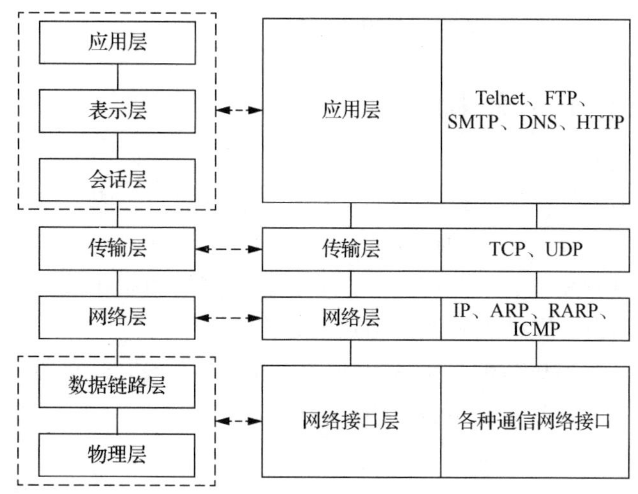

图 7-3 TCP/IP 参考模型与 OSI 参考模型对比

（1）网络接口层

网络接口层是 TCP/IP 参考模型的最低一层，负责通过网络发送和接收 IP 数据报。网络接口层与 OSI 参考模型中的数据链路层和物理层相对应，没有自己的协议，它指出计算机应用何种协议可以连接到网络中，是计算机接入网络的接口。

（2）网络层

网络层是 TCP/IP 参考模型的第二层，又称网际层，以数据报形式向传输层提供面向无连接的服务。网络层包括主要协议有网际协议（internet protocol，IP）、地址解析协议（address resolution protocol，ARP）、逆地址解析协议（reverse address resolution protocol，RARP）、互联网控制报文协议（internet control message protocol，ICMP）和一系列路由协议。网络层主要功能是使主机可以把分组发往任何网络并使分组独立地传向目标。

（3）传输层

传输层是 TCP/IP 参考模型的第三层，它负责主机应用程序之间端口到端口的数据传输。传输层的基本任务是提供一个应用程序到另一个应用程序之间的通信，这种通信通常称为端到端通信。传输层对信息流有调节作用，能提供可靠传输，确保数据正确到达，而且不颠倒顺序。在传输层中有两个主要协议，分别为传输控制协议（transmission control protocol，TCP）和用户数据报协议（user datagram protocol，UDP）。TCP 是面向连接的协议，提供可靠传输服务。UDP 是面向无连接的协议，提供不可靠传输服务。

TCP 会检查服务器和客户端之间的数据是否正确传输，这是因为数据在中间网络环节可能会丢失。TCP 检测到错误或数据丢失后会启动重传，直到数据被正确、完整地接收。因此，TCP 可以在不可靠的底层网络上提供面向连接的、可靠的传输服务。UDP 在通信前不需要建立连接，通信后也不需要释放，提供传输服务，不恢复任何错误和丢包。但是，UDP 在实时应用时非常有用，因为在这种场景下，重传会带来比丢包更多的问题。

（4）应用层

应用层是 TCP/IP 参考模型的最高层。应用程序与协议相互配合，发送或接收数据。应用层包括所有高层协议，如文件传输协议（file transfer protocal，FTP）、域名服务器（domain name server，DNS）、虚拟终端协议（Telnet）等。

7.4 计算机网络拓扑结构

计算机网络的拓扑结构从图论演变而来，如果将计算机、服务器、工作站、网络连接设备等实体抽象为点，将网络中的传输介质抽象为线，这样就可以将一个复杂的计算机网络系统，抽象成由点和线组成的几何图形，即计算机网络的拓扑结构。从拓扑结构考虑，计算机网络可以视为由一组结点和连接结点的通信线路组成。

计算机网络常见的拓扑结构有星形、环形、总线型、树形、网形、蜂窝形等。在实际网络设计过程中，经常会综合上述多个拓扑结构。

7.4.1 星形拓扑结构

星形拓扑结构是以结点为中心与各结点连接而组成的，各结点与结点通过点与点方式连接，如图 7-4 所示。星形拓扑结构的中心结点是主结点，它接收各分散点的信息再转发给相应的结点。

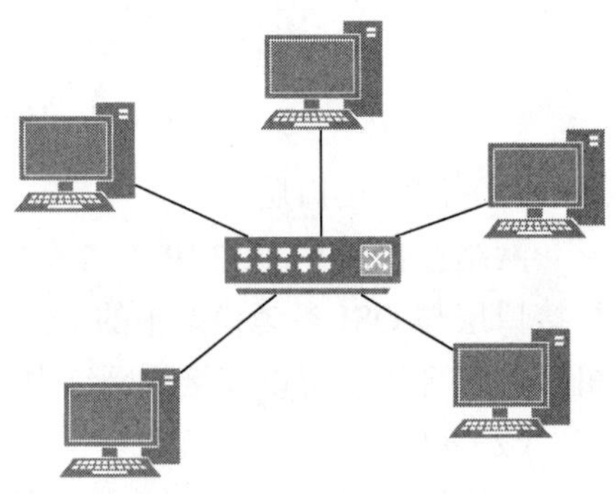

图 7-4 星形拓扑结构

在星形拓扑结构中，其中心结点是由交换机或集线器承担的。星形拓扑结构的优点是网络结构简单、建设难度低、维护管理方便、网络延迟较短、故障诊断简便，缺点是建设成本较高、安装费用较高、过于依赖中心结点、可靠性低、网络共享能力较差。

7.4.2 总线型拓扑结构

总线型拓扑结构是指所有接入网络的设备共用一条物理传输线路，所有工作站、服务器等主机都通过相应的硬件接口连接在一根传输线路上，这根传输线路称为总线。总线型拓扑结构通常使用同轴电缆进行连接，如图 7-5 所示。

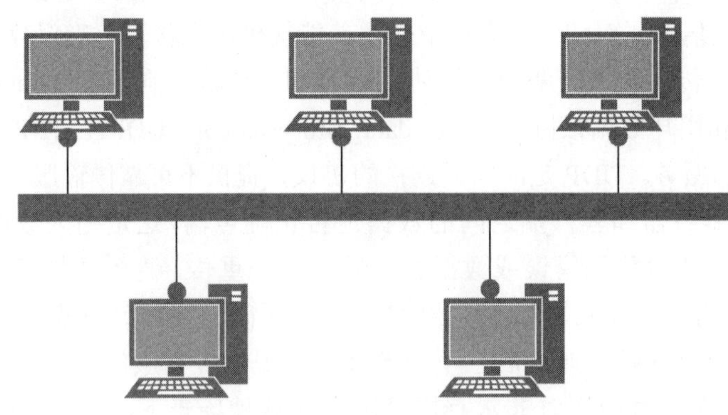

图 7-5 总线型拓扑结构

总线型拓扑结构的优点是布线容易、电缆用量小、结构简单灵活、可扩充性好、布线方便且成本低、易于扩展，缺点是多个主机共享一个通道，同一时刻只允许一个结点发送数据，故障诊断困难，一旦发生故障会引发整个网络瘫痪。

7.4.3　环形拓扑结构

环形拓扑结构是指网络中的各结点通过环路接口连在一条首尾相连的闭合环形通信线路中，类似首尾两端相连的总线型拓扑结构，如图 7-6 所示。

环形拓扑结构中网络的每个结点都与两个相邻的结点相连，结点之间采用点到点的链路，网络中的所有结点构成一个闭合的环，环中的数据沿着一个方向绕环逐站传输。在环形拓扑结构中，所有结点共用一个环形信道，环上传输的任何数据都必须经过所有结点。在传输数据时，会以顺时针或逆时针的固定方向，经由所在结点的主机进行分析判断，如数据不属于自己，就会将数据传递给下一结点。

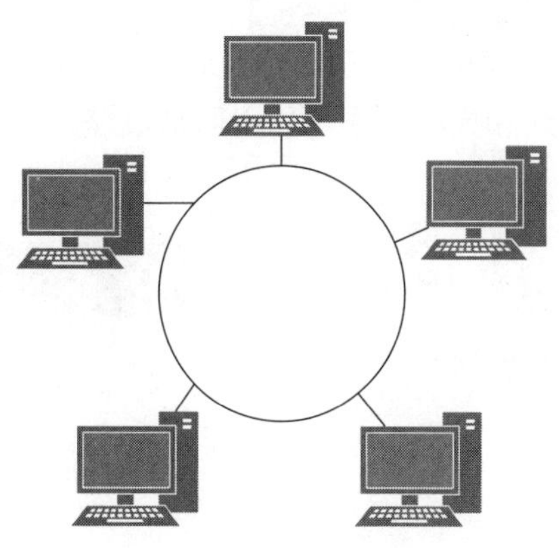

图 7-6　环形拓扑结构

环形拓扑结构的优点是电缆长度短、传输速率高、建设成本低、无差错传输，缺点是可靠性低、故障诊断困难，环中任意一处出现故障就会造成网络瘫痪。

7.4.4　其他拓扑结构

计算机网络还有其他类型的拓扑结构，如树形、网形、蜂窝形等。在实际应用中，计算机网络往往采用多种拓扑结构的混合连接，如总线型与星形混合连接等。

7.5　计算机网络传输介质与连接设备

计算机网络需要若干计算机和网络设备相互连接才能实现数据传输，发挥连接作用的就是各种传输介质，包括有线介质、无线介质等。有线介质包括双绞线、同轴电缆、光纤等。无线介质包括无线电波、微波等。

网络连接设备和传输介质一样，也是计算机网络中不可缺少的部分，是计算机网络通信子网的组成部分。

7.5.1　网络传输介质

1. 双绞线

双绞线（图 7-7）是局域网常用的一种传输介质，由两根绝缘铜线均匀地绞合而成，包含 4 个双绞线对，两端接头为具有国际标准的 RJ-45 插头，用于连接计算机、交换机、集线器、网卡等设备。双绞线分为屏蔽双绞线（shielded twisted pair，STP）和非屏蔽双绞线（unshielded twisted pair，UTP）两种，前者比后者多了一层金属丝编制成的屏蔽层，可以更为有效地抵抗在传输信息过程中的电磁干扰，但价格稍高。因此，一般常用的是非屏蔽双绞线。此外，双绞线通常传输距离不超过 100 米。

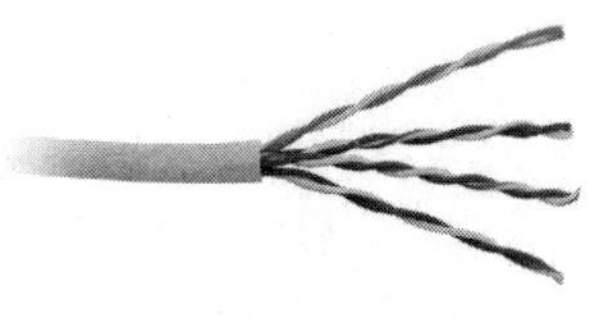

图 7-7　双绞线

2. 同轴电缆

同轴电缆（图 7-8）是以硬质铜线为芯，外部包裹一层绝缘材料的传输介质。这层绝缘材料用密织的网状导体环绕，网状导体外再覆盖一层塑料护套作为保护性材料。同轴电缆的组成结构，决定了其可以抵抗外界电磁场的干扰，提供较高速率的传输带宽，适用于早期局域网。由于同轴电缆一般适用于总线型网络，网络维护困难，现在局域网基本采用双绞线和光纤，不再使用同轴电缆。

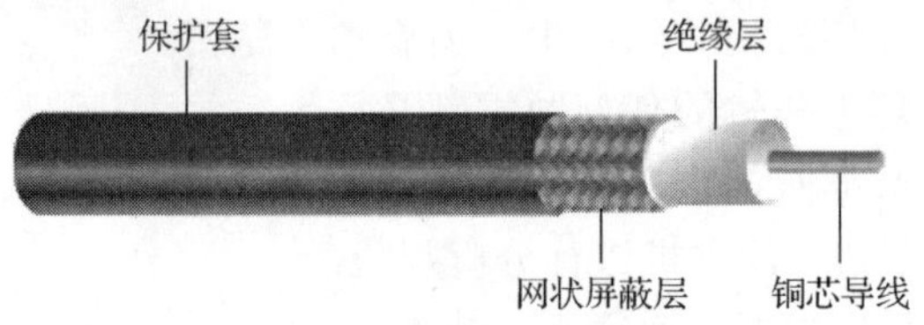

图 7-8 同轴电缆

3. 光纤

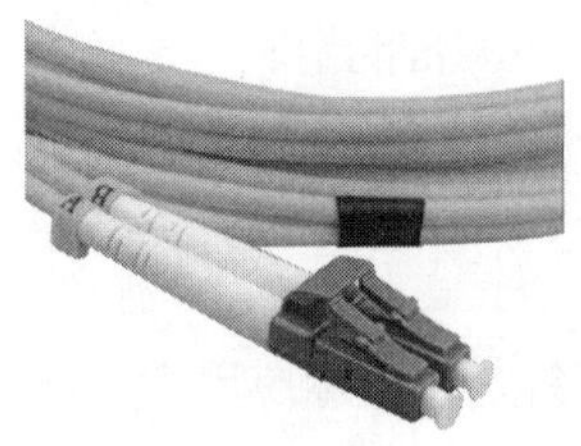

图 7-9 光纤

光纤（图 7-9）全称为光导纤维，由一组极细的具有高折射率的固体玻璃纤维组成，制作材料一般为石英玻璃，主要用于传输距离较长、抗干扰能力要求高的环境，如主干网连接。光纤可以传导光信号，利用光的全反射原理实现信号传输。由于光纤纤细，非常容易因受到外力而破损，且断裂后难以修复，因此其外部有一层外罩。当通过具有韧性的外壳将光纤封装起来，光纤就成为网络布线中的光纤线缆，简称光缆。

光纤一般分为单模光纤和多模光纤两种。单模光纤的光源一般为激光，只能传输一种波长模式的光信号，可沿着光纤直线传播，传输信息信号质量高，用于远距离传输，传输距离可以达到十几千米甚至几十千米。多模光纤的光源一般为激光或者发光二极管，利用光的色散原理，可以同时传输多种波长的光信号，但支持短距离低速传输，一般为几千米。

4. 无线电波

无线电波是一种常用的无线传输介质，对于很多无法使用有线介质或者架设困难的区域而言，利用无线电波传输信息是一种较好的方式。无线电波分为中波、短波、微波。

中波所处频率范围是 300kHz～3MHz，主要依靠地面波和天空波两种方式进行传播。在传播过程中，地面波和天空波同时存在，有时会给接收造成困难，传输距离较近，一般为几百千米，主要用于近距离的本地无线电广播、海上通信、无线电导航等。

短波所处频率范围是 3MHz～30MHz，主要依靠电离层反射进行传播。短波的波长较短，电离层不稳定，绕射能力差，传播的有效距离短，主要应用于国际无线电广播、海上和航空通信。

微波所处频率范围是 300MHz～300GHz，主要包括地面微波接力通信和卫星通信。微波通信具有可用频带宽、通信容量大、传输损伤小、抗干扰能力强等特点，可用于点对点、一点对多点或广播等通信方式。微波通信技术在长距离、大容量的数据通信中占有重要地位。微波通信建设费用低、抗灾害性强，能满足各种电信业务的传输质量要求，是一种应用广泛、具有强大生命力的通信方式。其主要用于空中、海上、大型会议、矿山、运动会、展览会、油田等临时通信。

5. 红外线

红外线是计算机网络的一种无线传输介质，以红外二极管或红外激光管作为信号发射源，以光敏二极管作为接收设备，主要用于近距离通信。

7.5.2　网络连接设备

网络连接设备是将网络中的通信线路连接起来的各种设备的总称。在计算机网络中，传输介质只是建立物理连接并传输信息的通路，仅依靠传输介质是不能实现计算机与计算机之间的信息传输的，还必须通过一些网络连接设备来控制信息在传输介质中有效可靠地传输。网络连接设备中的连接是指物理上连接在一起，实现网络距离上的延伸。常用的网络连接设备有网络适配器、中继器、集线器、交换机、路由器等。

1. 网络适配器

网络适配器又称网络接口卡，简称网卡（图 7-10 和图 7-11），作为构建网络不可缺少的重要设备，一般插在计算机主板插槽中，负责将用户要传递的数据转换为网络上其他设备能够识别的格式。每台联网的计算机内至少有一块网卡。网卡将计算机与网络从物理上及逻辑上连接起来。在网络中，网卡承担着双重任务：一方面，需要读取由网络设备传输过来的数据包，经过拆包并解析，将数据包转换为计算机可以读取的数据，并通过主板上的总线传输给本地计算机；另一方面，将计算机要发送的数据打包后输送至网络，将数据传输给其他计算机。

图 7-10　普通网卡

图 7-11　集成网卡

2. 中继器

图 7-12　中继器

中继器（图 7-12）是最简单的网络连接设备，可以将因为远距离传输而衰减的信号进行放大、调整、转发，多用于两个网络结点之间物理信号的双向转发工作，可以扩展局域网的覆盖距离，延长网络的长度。由于存在传输线路噪声，网络信号在传输介质的传输过程中会随着距离的增加而逐渐衰减，当衰减持续到一定程度，会导致网络信号完全失真，无法正常传输信号。考虑上述问题，中继器的设计除了完成正常的网络连接功能外，还可以对衰减的信号进行放大，使网络传输中的数据与原数据保持相同。中继器只能将网络信号进行放大、再生，连接两个以上的网络段，但无法检查数据是否发生错误，也无法对已发生的错误进行纠正。

3. 集线器

集线器（图 7-13）是对网络进行集中管理的最小单元，属于中继器的一种，区别仅在于集线器相对于中继器可提供更多的端口服务，所以集线器又称多口中继器，主要应用于建设星形拓扑结构的局域网。集线器的主要功能和中继器相似，可以将接收的网络信号进行调整、放大，扩大网络的覆盖距离，并将所有网络结点集中在以集线器为核心的结点上。其优点是网络系统中的线路或结点出现异常，不会影响其他结点的信号传输，提高了网络通信效率。

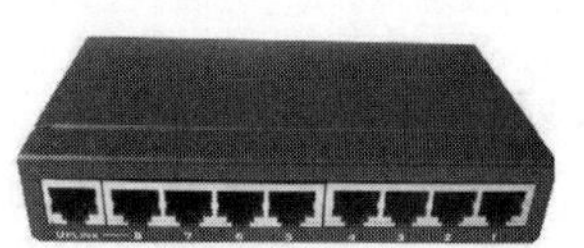

图 7-13 集线器

4. 交换机

交换机（图 7-14）在外形上和集线器很相似，是一种高性价比和高端口密度的网络连接设备。与集线器不同，交换机独占线路带宽，而集线器共享线路带宽。交换机主要用于完成与其相连的线路之间的数据单元的交换，是一种基于 MAC 地址识别，完成封装、转发数据帧功能的网络设备。交换机可直接连接主机或者其他网段，将数据进行高速准确转发，传输速度比集线器更快，结构也更复杂。此外，交换机对用户是透明的，基本不需要配置参数就可以直接部署在网络中，在网络规划设计中应用十分普遍。

图 7-14 交换机

5. 路由器

路由器（图 7-15）又称选径器，是一种内置或外置的网络硬件设备，用于连接多个逻辑上分开的网络，根据网络地址选择信息传输的路径，将数据从一个网络传输到另外一个网络。在网络中，路由器会选择通畅快捷的短路径，减轻路由管理的负担，能提高路由管理效率及通信速度，减轻网络通信负荷，确保网络的通畅。

图 7-15 路由器

7.6 Internet 概述及应用

7.6.1 Internet 简介

Internet 起源于美国。20 世纪 60 年代末，出于国际军事战略考虑，由美国国防部高级研究计划局（Advanced Research Projects Agency，ARPA）提供资金，开展计算机网络互连研究。1969 年，第一个远程分组交换网 ARPAnet 诞生。ARPAnet 正是 Internet 的前身。1986 年美国国家科学基金会（National Science Foundation，NSF）用 TCP/IP 建立了 NSFnet，1989 年，NSFnet 更名为 Internet 向公众开放。从此，Internet 真正走上其发展道路并在全球范围内迅速普及。

Internet 是国际计算机互联网的英文名称，又称全球信息资源网，是一组全球信息资源的总汇。因特网是 Internet 的中文译名。Internet 是以相互交流信息资源为目的，基于一些共同的协议，并通过网络互连设备连接而成的网络，它是一个全球信息资源和资源共享的集合。随着通信线路的不断改进、计算机技术的不断提高及计算机的普及，Internet 无所不在。

我国 Internet 的发展以电子邮件的联通为起点。1987 年 9 月，北京计算机应用技术研究所通过拨号 X.25（分组交换网）线路，联通了 Internet 的电子邮件系统。1994 年 4 月，我国正式接入 Internet。为了发展国际科研合作的需要，我国先后建立了四大主干网，分别为中国科学技术网（CSTNET）、中国教育和科研网（CERNET）、中国公用计算机网（ChinaNET）、中国金桥信息网（ChinaGBN）。近年来，Internet 在我国得到了快速增长和多元化应用，并且还在蓬勃发展。

7.6.2　Internet 接入方式

接入 Internet 的方式有很多，常用的接入方式有以下几种。

1. 公用电话网

公用电话网（public switched telephone network，PSTN）是利用公用电话网，通过调制解调器（modem）拨号实现用户接入 Internet 的方式，只需要一个内置或外置的调制解调器，通过本地电话网 PSTN 接入 Internet。这是最容易实施的方法，费用较低，适合家庭、个人用户或小规模的局域网使用，但传输速度慢、线路可靠性差，不适合大规模网络。

2. 综合业务数字网

综合业务数字网（integrated service digital network，ISDN）是以综合数字电话网为基础发展而来，采用数字传输和数字交换技术，能够同时提供多种服务的综合性的公用电信网络。

3. 数字用户线路

数字用户线路（digital subscriber line，DSL）是以铜质电话线为传输介质的传输技术组合，包括 HDSL、SDSL、VDSL、ADSL 和 RADSL 等，一般称为 xDSL。

其中，非对称数字用户线（asymmetrical digital subscriber line，ADSL）技术是一种用非对称数字用户线实现宽带接入互联网的技术。ADSL 可充分利用现有电话线资源，采用先进的复用技术和调制技术，将数字数据和模拟电话业务在同一根电话线上的不同频段同时进行传输，在高速传输数据的同时不影响现有电话业务及质量。

4. 局域网接入

局域网接入方式采用以太网技术，以光纤加双绞线的方式对社区进行综合布线，充分利用小区局域网资源优势，提供比拨号上网更大的带宽。局域网接入方式技术相对成熟、建设成本低、稳定性好、维护管理方便，可满足日常上网需求。

5. 光纤接入

光纤接入方式是先通过光纤接入社区结点或楼道，再使用网线连接到各个共享点。和其他接入方式相比，光纤接入方式可提供较大的带宽，可达到 100～1000Mb/s，远超过以往的电话拨号、ADSL 接入等方式。光纤接入方式具有传输速度快、通信容量大、抗干扰能力强、扩容便捷、衰减小、不受电磁干扰、网络可靠性高等优点。

6. 无线接入

随着智能手机等移动用户终端的普及，无线接入方式逐渐受到欢迎。无线接入是指采用无线技术（如移动通信技术）为终端用户提供固定或移动接入网络的服务。无线接入方式有微波接入、卫星接入等。

7.6.3 IP 地址及域名

1. IP 地址

IP 地址（internet protocol address）是 TCP/IP 体系中的一个重要概念。在 Internet 中，所有网络中的计算机称为主机，为了实现不同主机之间的通信，每台主机都必须有一个全球唯一的地址，这个地址就是 IP 地址。IP 地址由 Internet 名称和数字分配机构（internet corporation for assigned names and numbers，ICANN）进行分配。常见的 IP 地址分为 IPv4 与 IPv6 两个版本。

IP 地址是 Internet 主机的一种数字型标志，由网络号和主机号组成，如图 7-16 所示。同一个物理网络上的主机都用同一个网络号，网络上的每个主机都有一个主机号与其对应。

网络号	主机号

图 7-16　IP 地址结构

目前，广泛使用的 IP 地址是 IPv4 版本，长度是 32 位（bit），以 4 字节（byte，B）表示，每个字节的数字使用十进制表示，数字范围是 0～255，数字之间使用实心圆点间隔，如 192.168.0.5，这种记录方法称为“点-分”十进制记号法。

为了适应不同规模的物理网络，根据网络规模的大小，IP 地址分为 A、B、C、D、E 五类，但在 Internet 上可分配使用的 IP 地址只有 A、B、C 三类。D 类地址称为组播地址，可用于视频广播或视频点播系统，而 E 类地址作为保留地址尚未使用。

不同类别IP地址的网络号和主机号的长度划分不同，它们所能识别的物理网络数不同，每个物理网络能容纳的主机个数也不相同，如图 7-17 所示。

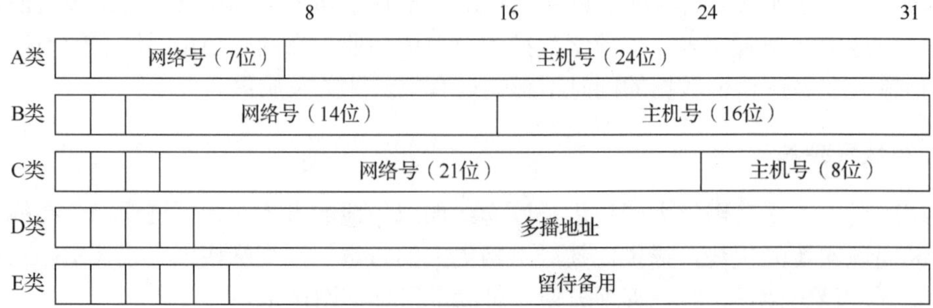

图 7-17　IP 地址分类

A 类地址：第 1 个字节的最高位为 0，网络号占 1 字节（8 位），主机号占 3 字节（24

位）。因为网络号全0和全1保留用于特殊目的，所以A类地址有效的网络数为126个（2^7-2），其范围是1～126。另外，主机号全0和全1也有特殊作用，所以每个网络号包含的主机数为16777214个（$2^{24}-2$），约为1600多万台主机。因此，A类地址常用于大型网络。

B类地址：第1个字节的前2位为10，网络号占2字节（16位），主机号占2字节（16位）。B类地址有效的网络数为16382个（$2^{14}-2$，全0全1不能用）。每个网络号包含的主机数为65534个（$2^{16}-2$，全0全1不能用）。因此，B类地址常用于中等规模网络。

C类地址：第1个字节的前3位为110，网络号占3字节（24位），主机号占1字节（8位）。C类地址有效的网络数为2097150个（$2^{21}-2$，全0全1不能用），约为200多万台主机，每个网络号包含的主机数为254个（2^8-2，全0全1不能用）。因此，C类地址常用于小型网络。

D类地址：前4位为1110，用来支持组播。组播地址是唯一的网络地址，用来转发目的地址为预先定义的一组IP地址的分组。

E类地址：前5位为11110，作为研究使用，目前Internet上没有发布E类地址使用。

根据A、B、C、D、E的高位数值，可以总结出它们的第1个字节的取值范围，如A类地址的第1个字节的数值为1～126。

随着Internet中计算机数量的增长，由于IPv4能提供的网络地址资源非常有限，严重制约了Internet的应用和发展。IPv6使用126位地址，其支持的地址是IPv4的296倍，可以满足未来IP地址数量的需求。

2. 域名

虽然IP地址能够唯一地标识网络上的主机，但IP地址是用一长串数字表示的，并不直观，而且用户记忆十分不便。与IP地址相对应的字符型地址，即域名解决了上述问题。

IP地址和域名是一一对应的，域名信息存放在域名服务器内，用户只需了解记忆的域名，其对应转换工作交由域名服务器处理。域名服务器是提供IP地址和域名之间的相互转换服务的服务器，可以将域名和IP地址相互映射，能够使用户更方便地访问互联网。

（1）域名构成

域名使用层次命名法，使用的字符包括字母、数字、连字符等，必须以字母或数字开头和结尾。每个域名都由标号系列组成，各标号之间用点隔开（小数点“.”不是中文句号“。”），每个标号不超过63个字符，也不区分大小写。级别最低的域名写在最左边，级别最高的顶级域名写在最右边。例如，域名ccucm.edu.cn，其中cn是顶级域名，edu是二级域名，ccucm是三级域名，如图7-18所示。

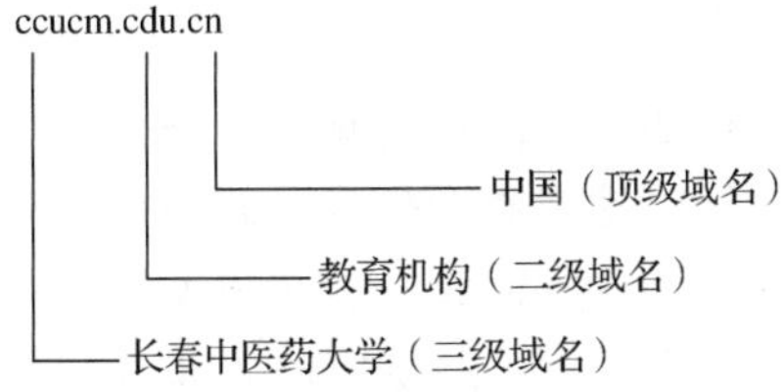

图7-18　长春中医药大学域名结构

（2）顶级域名

顶级域名目前分为两类，行业性顶级域名和地域性顶级域名，如表7-1所示。

表 7-1 常用的顶级域名

行业性顶级域名	含义	地域性顶级域名	含义
com	商业组织	au	澳大利亚
edu	教育机构	ca	加拿大
gov	政府部门	cn	中国
net	网络技术组织	de	德国
org	非营利性组织	fr	法国
mil	军事组织	jp	日本
int	国际组织	us	美国

（3）域名解析

域名和网址并不是同一个含义，域名注册好之后，只说明对这个域名拥有了使用权，如果不进行域名解析，那么此域名就无法发挥作用，经过解析的域名就可作为网址来访问。虽然域名也是标识地址的一种方式，但是计算机不能用域名进行通信，因为 IP 不能识别域名，只能识别 IP 地址，所以必须把域名转换成 IP 地址，网络中的两个主机才能进行通信。这种把域名转换成 IP 地址的过程称为域名解析。

7.6.4 Internet 基础服务

1. WWW 服务

WWW（world wide web）简称 Web，中文译为万维网，是一个在 Internet 上运行的全球性的、交互的、多平台的分布式信息系统。为用户提供友好的信息查询接口，通过它用户可以查阅 Internet 上的信息资源。WWW 的信息主要是以 Web 网页的形式组织起来的，每个 Web 网页都是超文本或超媒体，通过超文本传输协议（hyper text transfer protocol，HTTP）进行传输。Web 网页存放在全球各地的 WWW 服务器上，并用超链接互相关联起来。用户可以通过 WWW 摆脱地域的限制，方便地访问分布在全球各地的 WWW 服务器，获取所需信息。如今，WWW 的应用已遍及社会的各个领域，成为 Internet 上的最大信息资源库。

以下是 WWW 服务相关知识的介绍。

（1）超文本和超链接

超文本不仅包含文本信息，还包含指向其他网页的链接，这种链接称为超链接。一个超文本文件中可包含多个超链接，这些超链接可分别指向本地或远程服务器上的超文本，使用户可以根据自己的意愿任意切换不同网页，以跳跃的方式进行阅读。

（2）超媒体

超媒体将文本、图像、音频和视频的组合集成到一个信息存储辅助系统中，用户可以从一个主题跳到另一个相关主题以搜索有关信息。超媒体提供一个与人的思维方式相似的环境，即用户可以在不同主题之间建立联系，而可以不像在按字母顺序排列的列表中那样一个个地查找。如果信息主要是文本，则被视为超文本；如果还包括视频、音频、动画等，则被视为超媒体。

（3）统一资源定位符

统一资源定位符（uniform resource locator，URL）是一种通用的地址格式，指出了文件在 Internet 中的位置，描述了 Web 页的地址和访问它时所使用的协议，Internet 上的每个网页都有唯一的 URL 地址。

一个完整的 URL 地址由协议名、主机 IP 地址或域名、端口、路径 4 个部分组成，格式如下：

协议名://主机 IP 地址或域名:端口/路径

其中，://是规定的格式；协议是服务方式或获取数据的方法，如 http、ftp 等；IP 地址或域名是指存放该资源的主机 IP 地址或域名；路径是指网页在主机中的具体位置和文件名。

例如，http://www.ccucm.edu.cn/index.html，其中，http 为所使用的传输协议名称，www.ccucm.edu.cn 为域名，index.html 为访问网页所在的路径。

（4）超文本标记语言

超文本标记语言（hyper text mark-up language，HTML）是 WWW 上通用的描述语言，用于制作网页。HTML 标记用于修饰、设置 HTML 文件的内容及格式，通过特定的标记来定义网页内容在屏幕上的外观和操作方式。用户只需要输入文件内容和必要的标记，文件内容在浏览器窗口中就会按照标记定义的格式显示出来。

（5）HTTP

HTTP 是 Web 浏览器与 WWW 服务器之间相互通信的最主要的协议。通过这个跨平台的通信协议，用户可以在浏览器中输入网址，浏览器将用户请求发送给服务器，目标服务器收到请求后，将满足用户需求的网页发送出去，用户接收后即可浏览网页。

（6）网站和主页

网站就是在 Internet 上通过超链接形式构成的相关网页的集合。简单地说，网站是一种通信工具，用户可以通过网页浏览器访问网站，获取所需资源或享受网络提供的服务。例如，可以通过搜索引擎网站搜索需要的信息。

主页既是网站设置的起始页，又是打开浏览器时开始浏览的那一页，对该站点的其他 Web 页起着导航和索引作用。网站的主页一般包括栏目名称、内嵌 Web 地址链接的目录等，便于用户浏览网站内容。河北大学的主页如图 7-19 所示。

（7）浏览器

浏览器是用来浏览 Internet 资源的客户端软件，可向服务器发送各种请求，并对从服务器发来的超文本信息和各种多媒体数据格式进行解释、显示和播放。通常所说的浏览器一般是指网页浏览器，可以在 Internet 中根据链接地址确定信息资源的位置，并将用户感兴趣的信息资源传输回来。常见的浏览器有 Internet Explorer、搜狗浏览器、火狐浏览器、360 安全浏览器等。

（8）搜索引擎

WWW 信息资源具有信息量大、信息类型多样、内容丰富、信息时效性强、信息分散无序、关联程度高等特点。因此，要想在如此众多的资源中快速查找所需要的内容，必须借助于搜索工具来提高信息检索的效率。在 WWW 中用来搜索的工具称为搜索引擎，搜索引擎是 Internet 上的站点，拥有自己的数据库，保存了 Internet 上数以亿计网页的检索信息，而且通过网络爬虫不断更新。用户可以访问它们的主页，通过输入、提交与要查找信息相关的关键词，让搜索引擎在自己的数据库中检索，并返回与关键词相关的网页。

图 7-19　河北大学的主页

常见的搜索引擎有必应（https://www.bing.com）、百度（https://www.baidu.com）、搜狗搜索（https://www.sogou.com/）等，如图 7-20～图 7-22 所示。

图 7-20　必应搜索引擎

图 7-21　百度搜索引擎

图 7-22　搜狗搜索引擎

搜索引擎的使用比较简单，每个搜索都提供了关键词输入栏，在该栏中输入要查找的关键词即可。

2. 电子邮件

电子邮件（E-mail）是 Internet 上使用最广泛的一种服务，可利用计算机网络交换电子信件。通过电子邮件，用户可以方便快捷地收发文本邮件，并且可以将音频、视频、图片等多媒体信息以附件的形式发送。电子邮件采用“存储转发”的方式，用户发送邮件后，邮件被保存在收件人邮件服务器的邮箱中，收件人可从任何一个接入 Internet 的计算机上收到邮件。

常用的提供网页形式的电子邮件服务的软件有网易 126 邮箱、腾讯 QQ 邮箱等，提供电子邮件客户端服务的软件有 Foxmail、Outlook Express 等。

3. FTP

FTP 是 Internet 上使用广泛的文件传输协议。它能屏蔽计算机所处的位置、连接方式及操作系统等，让 Internet 中的计算机之间实现文件的传输。文件传输可以在两个方向进行，从远程计算机复制文件到本地计算机称为下载，而将本地计算机文件传输给远程计算机称为上传。用户登录到远程计算机上搜索需要的文件或程序，然后下载到本地计算机，也可以将本地计算机上的文件上传到远程计算机上。

4. 远程登录

远程登录（Telnet）指在网络通信协议 Telnet 的支持下，使用户的计算机通过 Internet 暂时成为远程计算机终端的过程，远程登录计算机与本地终端具有同样的权力。远程登录需要使用支持 Telnet 协议的 Telnet 软件。要实现计算机的远程登录，首先要成为系统的合法用户并有相应的账号和口令。一旦登录成功，用户便可以使用远程计算机对外开放的全部资源。Telnet 界面如图 7-23 所示。

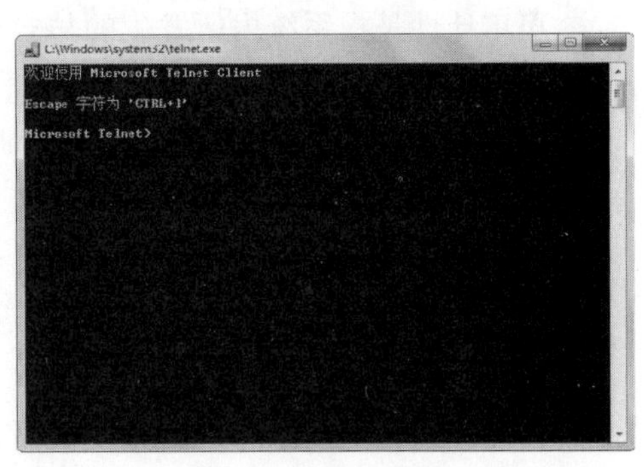

图 7-23　Telnet 界面

7.7 计算机网络安全

7.7.1 计算机网络安全概述

计算机网络安全是指计算机网络系统的硬件、软件及系统中的数据受到保护，不因偶然的或者恶意的原因而遭受破坏、更改、泄露，系统连续可靠地正常运行，网络服务不被中断。

计算机网络面临两大类威胁，即被动攻击和主动攻击。被动攻击是指攻击者从网络上窃听他人的通信内容，这类攻击通常称为截获。主动攻击包括篡改、恶意程序（计算机病毒、特洛伊木马、逻辑炸弹、后门入侵、流氓软件）、拒绝服务（denial of service，Dos）等。

计算机网络安全特性包括如下几点。

1. 保密性

保密性是指防止信息泄露给非授权个人或实体，而只向已被授权的用户提供信息，合法用户之外的人员和组织不可获取，也不能理解这些信息。保密性是保证计算机网络信息安全的基本要求。

2. 完整性

完整性是指网络中的信息安全、精确、有效，不因人为的因素而改变信息原有的内容、形式与流向，保持信息原样，确保信息正确生成、存储、传输。系统只允许合法的用户修改信息，以保证能提供完整、正确的信息。

3. 可用性

可用性是指计算机网络系统应在需要时，能随时向所有合法授权用户提供应得到的信息资源服务。

4. 可审计性

可审计性是指系统内所发生的与安全相关的活动均有记录可查。

5. 不可抵赖性

不可抵赖性是指计算机网络信息交互过程中，所有参与者都不可能否认或抵赖曾经完成的操作的特性。

7.7.2 防火墙技术

传统防火墙是为了防止火灾蔓延而人为设置的障碍。计算机网络防火墙的功能与此类似，它是用于防止网络外部的恶意攻击对网络内部造成不良影响而设置的安全防护设施，即在 Internet 和内部网络之间设置的一个网络安全系统。

1. 防火墙的定义与构成

计算机网络防火墙是一种特殊的网络互连设备，是建立在内外网络边界的过滤封锁机制，用来加强网络之间访问控制，防止恶意、未经许可的访问。防火墙对两个或多个网络之间的连接方式按照一定的安全策略来实施检查，以决定网络之间的通信是否被允许，并监视网络运行状态。

通常防火墙由一组硬件设备和相关软件构成。硬件可能是一台路由器或一台计算机。这台计算机控制受保护区域访问者的出入，防止不希望的、未经授权的通信进出被保护的内部网络，为防火墙内的网络提供安全保障。防火墙必须依靠在具体网络系统中实施安全控制策略的软件。这些软件具有网络连接、数据转发、数据分析、安全检查、数据过滤和操作记录等功能。

2. 防火墙的作用

1）过滤进出网络的数据包。

2）强化网络安全策略，限制未授权用户进入内部网络。

3）限制内部用户访问非授权计算机，防止内部信息外泄。

4）数据安全与用户认证、防止病毒与黑客侵入。

5）对网络存取和访问活动进行监控审计。

7.7.3 计算机病毒

《中华人民共和国计算机信息系统安全保护条例》第二十八条中明确指出："计算机病毒，是指编制或者在计算机程序中插入的破坏计算机功能或者毁坏数据，影响计算机使用，并能自我复制的一组计算机指令或者程序代码。"

通过上述定义可以看到，计算机病毒是人为编制的一种计算机程序，它具有破坏计算机信息系统、毁坏数据、影响计算机正常使用的能力。它不是独立存在的，需依附于其他计算机程序，就如同生物病毒一样，具有破坏性、传染性、可激发性、隐蔽性。

1. 计算机病毒的特性

（1）破坏性

计算机病毒的主要目的是破坏计算机系统，使系统资源受到损失、数据遭到破坏、计算机运行受到干扰，严重的甚至会使计算机系统瘫痪，造成严重的破坏后果。计算机病毒不断自我复制，占用计算机大部分系统资源，减慢计算机速度，导致用户无法正常使用，甚至系统瘫痪。

（2）传染性

传染性是计算机病毒的重要特性。计算机系统一旦接触到病毒就可能被传染。用户使用带病毒的计算机上网操作时，一旦一个文件被病毒感染，那么不久整个计算机甚至整个网络中的计算机均有可能被传染病毒，且病毒传播速度极快。

（3）可激发性

计算机病毒会在一定的条件下激活。激活条件根据病毒程序制作者的前期设定，可以是某个时间或日期、特定用户标识符的出现、特定文件的出现或使用、用户的安全保密等级或者一个文件的使用次数等。

（4）隐蔽性

计算机病毒具有很强的隐蔽性，在发作前，一般隐藏在内存或硬盘之中，难以被发现。

2. 计算机病毒的分类

按照不同的划分标准，计算机病毒可以大概分为以下几类。

（1）按破坏性划分

1）良性病毒：这类病毒不直接破坏计算机的软件、硬件，对源程序不做修改，一般只进入内存，侵占一部分内存空间。这类病毒除了传染时减少磁盘的可用空间和消耗 CPU 资源之外，对系统的危害较小。

2）恶性病毒：这类病毒可以封锁、干扰和中断输入、输出，甚至中止计算机运行。这类病毒会给计算机系统带来严重的危害。

3）极恶性病毒：可以造成系统死机、崩溃，可以删除普通程序或系统文件并且破坏系统配置，导致系统无法重启。

4）灾难性病毒：这类病毒破坏分区表信息和主引导信息，删除数据文件，甚至破坏CMOS、格式化硬盘等。这类病毒会引起无法预料的、灾难性的破坏。

（2）按传染方式划分

1）引导型病毒：这类病毒的攻击目标首先是引导扇区，它将引导代码链接隐藏在正常的代码中。每次启动时，病毒代码首先执行，获得系统的控制权。由于引导扇区的空间很小，病毒的其余部分常驻留在其他扇区，并将这些空间标识为坏扇区。待初始引导完成后，病毒代码会跳到驻留扇区继续执行。例如，“小球”病毒、“巴基斯坦”病毒等均属于引导型病毒。

2）文件型病毒：这类病毒一般只传染磁盘上的可执行文件（.com 和.exe）。在用户调用感染病毒的可执行文件时，病毒首先被运行，然后病毒体驻留内存并伺机传染其他文件或直接传染其他文件。其特点是附着于正常程序文件中，成为程序文件的一个外壳或部件。例如，CIH 病毒即属于文件型病毒。

3）混合型病毒：这类病毒同时具备引导型和文件型病毒的特点，既感染引导区又感染文件，其危害性要比单纯引导型和文件型病毒更大，传染性和存活率更高。

4）蠕虫病毒：这类病毒是一个程序或程序系统，利用网络进行复制和传播，造成网络服务遭到拒绝，甚至导致系统瘫痪。蠕虫病毒一般是通过用户操作系统存在的漏洞对计算机进行攻击。其传染途径是通过网络、电子邮件、移动硬盘等移动存储设备。

5）宏病毒：这类病毒是一种寄存在微软公司 Office 软件中的文档或模板的宏中的计算机病毒。一旦打开这样的文档，其中的宏就会被执行，于是，宏病毒就会被激活，转移到计算机上，并驻留在文档模板内。之后，所有自动保存的文档都会“感染”这种病毒。

6）特洛伊木马病毒：这类病毒泛指采用伪装技巧的计算机病毒，又称特洛伊木马程序，或后门病毒。这类病毒将病毒代码混在表面正常的程序内进入计算机系统，使计算机在完成原指定任务的情况下，执行非授权功能，如在特定的时机病毒自动开始运行，从而使计算机中毒。

参 考 文 献

丛飚，2017．全国计算机等级考试教程二级 MS Office 高级应用[M]．北京：科学出版社．

付兵，芮明辉，2017．Office 高级应用实验指导[M]．北京：科学出版社．

付兵，蒋世华，2017．Office 高级应用案例教程[M]．北京：科学出版社．

何鹍，刘妍，刘光洁，2019．计算思维与大学计算机基础实验指导[M]．北京：科学出版社．

何鹍，孙明玉，姚亦飞，2019．计算思维与大学计算机基础[M]．北京：科学出版社．

侯锟，2017．全国计算机等级考试教程二级 MS Office 高级应用（实验教材）[M]．北京：科学出版社．

教育部考试中心，2016．全国计算机等级考试二级教程：MS Office 高级应用[M]．北京：高等教育出版社．

教育部考试中心，2016．全国计算机等级考试二级教程：MS Office 高级应用上机指导[M]．北京：高等教育出版社．

吴登峰，晏愈光，2015．大学计算机基础教程[M]．北京：中国水利水电出版社．

徐士良，2017．全国计算机等级考试二级教程：公共基础知识[M]．北京：高等教育出版社．